有 机 合 成 反 应 原 理 丛 书

重排反应原理

孙昌俊　茹淼焱　主编

U0318908

化学工业出版社

·北京·

图书在版编目（CIP）数据

重排反应原理/孙昌俊，茹淼焱主编.—北京：化学
工业出版社，2017.3
（有机合成反应原理丛书）
ISBN 978-7-122-29006-9

Ⅰ.①重… Ⅱ.①孙… ②茹… Ⅲ.①重排反应
Ⅳ.①O621.25

中国版本图书馆 CIP 数据核字（2017）第 022125 号

责任编辑：王湘民   装帧设计：韩　飞
责任校对：边　涛

出版发行：化学工业出版社（北京市东城区青年湖南街 13 号　邮政编码 100011）
印　　刷：三河市航远印刷有限公司
装　　订：三河市瞰发装订厂
710mm×1000mm　1/16　印张 14¾　字数 284 千字　2017 年 5 月北京第 1 版第 1 次印刷

购书咨询：010-64518888（传真：010-64519686）　售后服务：010-64518899
网　　址：http://www.cip.com.cn
凡购买本书，如有缺损质量问题，本社销售中心负责调换。

定　　价：88.00 元

前　言

　　重排反应是有机化学的重要组成部分，在有机合成、药物合成中有重要的应用。

　　有机化学重排反应很早就被人们发现。一般在进攻试剂作用或者介质的影响下，有机分子发生原子或原子团的转移和电子云密度重新分布，或者重键位置改变，环的扩大或缩小，碳架发生了改变等，统称为重排反应。

　　有机重排反应到目前为止已经有近二百种，有多种不同的分类方法。按反应是分子内还是分子间进行的，可以分为分子内和分子间重排反应；按照迁移基团迁移的距离可以分为1,2-重排和非1,2-重排；按照反应机理可以分为亲核重排、亲电重排、自由基重排、周环反应等；按照迁移起点和迁移终点的化学元素可以分为C→C、C→N、C→O、N→C、O→C、O→P等重排；也有按光学活性或官能团类型进行分类的。但无论按照哪种方法分类，由于重排反应的复杂性，都很难做到尽善尽美。

　　重排反应多种多样，重排产物更是复杂多变。人们对重排反应的研究，无论在理论方面，还是在具体的合成中，都已取得了令人可喜的成就。这些成就不但可以解释重排反应的过程，而且可以用来预测许多有机重排反应，用于合成所希望得到的化合物，极大地推动了有机合成化学的发展。

　　本书有如下特点。

　　1.本书按照亲核、亲电、芳环上的重排等方式进行编排，以便于读者查阅。由于自由基重排反应数量和应用较少，本书不做介绍。

　　2.本书列出了有机合成、药物合成中常见的三十多种重排反应，内容比较丰富。对每一个重排反应进行了详细介绍，包括反应机理、适用范围、影响因素等。同时尽量用具体的药物或药物中间体的合成作为反应实例，说明各种重排反应在药物合成中的应用。实际上是对每一种重排反应从理论到实践进行了比较系统的总结。

3.所选用的合成方法，真实可靠、可操作性强。并附有相应的参考资料。以我们近五十年有机合成的实践和经验，对所选化合物进行了细心的筛选。

本书由孙昌俊、茹淼焱主编，曹晓冉、孙凤云、王秀菊、房士敏、孙琪、马岚、孙雪峰、辛炳炜、连军、周峰岩参加了部分内容的编写和资料收集与整理工作。

编写过程中，得到山东大学化学与化工学院 陈再成 教授、赵宝祥教授和化学工业出版社有关同志的大力支持，在此一并表示感谢。

本书实用性强，适合于从事医药、化学、应化、化工、生化、农药、染料、颜料、日用化工、助剂、试剂等行业的生产、科研、教学、实验室工作者以及大专院校的师生使用。

限于我们水平，书中不妥之处，恳请读者批评指正。

孙昌俊

2017 年 4 月于济南

符号说明

Ac	acetyl	乙酰基
AcOH	acetic acide	乙酸
AIBN	$2,2'$-azobisisobutyronitrile	偶氮二异丁腈
Ar	aryl	芳基
9-BBN	9-borabicyclo[3.3.1]nonane	9-硼双环[3.3.1]壬烷
Bn	benzyl	苄基
BOC	t-butoxycarbonyl	叔丁氧羰基
bp	boiling point	沸点
Bu	butyl	丁基
Bz	benzoyl	苯甲酰基
Cbz	benzyloxycarbonyl	苄氧羰基
CDI	$1,1'$-carbonyldiimidazole	$1,1'$-羰基二咪唑
m-CPBA	m-chloropetoxybenzoic acid	间氯过氧苯甲酸
cymene	.	异丙基甲苯
DABCO	1,4-diazabicyclo[2.2.2]octane	1,4 二氮杂二环[2.2.2]辛烷
DCC	dicyclohexyl carbodiimide	二环己基碳二亚胺
DDQ	2,3-dichloro-5,6-dicyano-1,4-benzoquinone	2,3-二氯-5,6-二氰基-1,4-苯醌
DEAD	diethyl azodicarboxylate	偶氮二甲酸二乙酯
dioxane	1,4-dioxane	1,4-二氧六环
DMAC	N,N-dimethylacetamide	N,N-二甲基乙酰胺
DMAP	4-dimethylaminopyridine	4-二甲氨基吡啶
DME	1,2-dimethoxyethane	1,2-二甲氧乙烷
DMF	N,N-dimethylformamide	N,N-二甲基甲酰胺
DMSO	dimethyl sulfoxide	二甲亚砜
dppb	1,4-bis(diphenylphosphino)butane	1,4-双(二苯膦基)丁烷
dppe	1,4-bis(diphenylphosphino)ethane	1,4-双(二苯膦基)乙烷
ee	enantiomeric excess	对映体过量
$endo$		内型
exo		外型
Et	ethyl	乙基
EtOH	ethyl alcohol	乙醇
$h\nu$	irradition	光照
HMPA	hexamethylphosphorictriamide	六甲基磷酰三胺
HOBt	1-hydroxybenzotriazole	1-羟基苯并三唑
HOMO	highest occupied molecular orbital	最高占有轨道
i-	iso-	异
LAH	lithium aluminum hydride	氢化铝锂

LDA	lithium diisopropyl amine	二异丙基氨基锂
LHMDS	lithium hexamethyldisilazane	六甲基二硅胺锂
LUMO	lowest unoccupied molecular orbital	最低空轨道
m-	meta-	间位
mp	melting point	熔点
MW	microwave	微波
n-	normal	正
NBA	*N*-bromo acetamide	*N*-溴代乙酰胺
NBS	*N*-brobo succinimide	*N*-溴代丁二酰亚胺
NCA	*N*-chloro succinimide	*N*-氯代乙酰胺
NCS	*N*-chloro succinimide	*N*-氯代丁二酰亚胺
NIS	*N*-iodo succinimide	*N*-碘代丁二酰亚胺
NMM	*N*-methyl morpholine	*N*-甲基吗啉
NMP	*N*-methyl-2-pyrrolidinone	*N*-甲基吡咯烷酮
TEBA	triethyl benzyl ammonium salt	三乙基苄基铵盐
o-	ortho	邻位
p-	para	对位
Ph	phenyl	苯基
PPA	polyphosphoric acid	多聚磷酸
Pr	propyl	丙基
Py	pyridine	吡啶
R	alkyl etc.	烷基等
Raney Ni(W-2)		活性镍
rt	room temperature	室温
t-	*tert-*	叔-
S_N1	unimolecular nucleophilic substitution	单分子亲核取代
S_N2	bimolecular nucleophilic substitution	双分子亲核取代
TBAB	tetrabutylammonium bromide	四丁基溴化铵
TEA	triethylamine	三乙胺
TEBA	triethylbenzylammonium salt	三乙基苄基铵盐
Tf	trifluoromethanesulfonyl（triflyl)	三氟甲磺酰基
TFA	trifluoroacetic acid	三氟乙酸
TFAA	trifluoroacetic anhydride	三氟乙酸酐
THF	tetrahydrofurane	四氢呋喃
TMP	2,2,6,6-tetramethylpiperidine	2,2,6,6-四甲基哌啶
Tol	toluene or tolyl	甲苯或甲苯基
triglyme	triethylene glycol dimethyl ether	三甘醇二甲醚
Ts	tosyl	对甲苯磺酰基
TsOH	tosic acid	对甲苯磺酸
Xyl	xylene	二甲苯

> **目 录**

第一章　亲核重排反应　　　　　　　　　　　　　　**1**

第一章　亲核重排反应

重排反应中以亲核重排最多见，而亲核重排中又以 1,2-重排为最常见。

一般来说，亲核 1,2-重排反应包括三个步骤，即离去基团的离去、基团的 1,2-迁移、亲核试剂的进攻（或发生消除反应）。其中 1,2-迁移步骤是真正发生重排的步骤。

$$\underset{\text{第一步}}{\overset{Y}{\underset{A\!-\!B}{\diagdown}}X^-} \xrightarrow{-X^-} \underset{\text{第二步}}{\overset{Y}{\underset{A\!-\!B^+}{\diagdown}}} \xrightarrow{\text{1,2-迁移}} \underset{\text{第三步}}{\overset{+}{\underset{A\!-\!B}{\diagup}}Y} \longrightarrow \text{(与亲核试剂反应或发生消除反应等)}$$

这种过程有时被称为 Whitmore 1,2-迁移。由于迁移基团是带着一对电子迁移的，因此，迁移终点的原子必须是一个外层只有六个电子的原子。反应的第一步是建立一个六电子体系。

虽然通常将 1,2-亲核重排分为三步，而且在很多情况下确实如此，但在其他不少情况下却并非如此，而是其中的两步或三步是同时进行的。例如在如下反应中，后两步是同时进行的：

$$R\!-\!\underset{\underset{O}{\|}}{C}\!-\!N\!=\!\overset{+}{N}\!=\!N^- \longrightarrow O\!=\!C\!=\!N\!-\!R + N_2$$

在上述反应中，若 R 为手性基团，则重排后手性基团的绝对构型保持不变。

在有些反应中，碳正离子可能不再是活性中间体，很可能是经历了一种三元环结构的状态，类似于 S_N2 反应。在如下反应中，前两步是同时进行的。

$$\underset{A\!-\!B\!-\!X}{\overset{R}{\diagdown}} \xrightarrow{-X^-} \underset{A\overset{R}{\underset{\pm}{\triangle}}B}{} \longrightarrow \overset{+}{A}\!-\!B\overset{R}{\diagup} \longrightarrow \text{第三步反应}$$

这种情况类似于邻近基团 R 参与协助离去基团的离去（邻基参与）。要发生这一过程，在立体化学上要求邻近基团 R 与离去基团 X 处于反式共平面的位置。

在亲核重排反应中，最常见的是碳正离子（由碳至碳的碳-碳重排）重排、碳烯的重排（由碳至碳的重排）、氮烯的重排（由碳至氮的重排）和氧正离子（由碳至氧的重排）的重排。

亲核重排反应在有机合成、药物合成中应用广泛。例如医药胃复康（Benaetyzine）等的中间体二苯羟乙酸的合成。

第一节　由碳至碳的重排反应

由碳至碳的重排反应又称为碳-碳重排反应,期间经历碳正离子中间体。碳正离子是含带正电荷碳原子的离子的总称,包括经典的碳正离子,非经典碳正离子及乙烯基正离子三类,乙烯基正离子出现得很少。

经典碳正离子　经典碳正离子是三配位的,具有普通的两电子共价键的碳正离子。通常不加说明,碳正离子就是指的这一类离子。

经典碳正离子可以是角锥构型的 sp^3 杂化形式和平面构型(三角形)的 sp^2 杂化形式。其平面构型已证明是较稳定的。

非经典碳正离子　经典碳正离子的正碳中心是三配位的,正电荷定域在一个碳原子上,或与未共享电子对、双键或三键共轭而离域化。在非经典碳正离子中,其正碳中心的配位数为 4 或者 5,具有两电子三中心键,正电荷是通过不在共轭位置的双键、叁键或通过一个单键离域化。例如:

有多种方法可以产生碳正离子。

碳正离子是活性中间体,存在时间短暂,立即可以发生其他反应。主要反应如下:与亲核试剂反应生成相应的化合物,如带负电荷的 HO^-、X^-、RO^- 或带未共电子对的中性分子如水、胺等;失去质子生成烯;发生基团的迁移生成新的碳正离子(重排反应)以及作为亲电试剂与双键发生加成反应等。

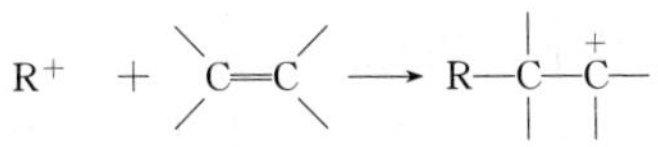

$$R^+ \;+\; \overset{|}{\underset{|}{C}}{=}\overset{|}{\underset{|}{C}} \longrightarrow R{-}\overset{|}{\underset{|}{C}}{-}\overset{+}{\underset{|}{C}}{-}$$

碳正离子的这些反应，在有机合成、药物合成中应用十分广泛。

发生碳正离子重排反应的例子很多，例如 Wagner-Meerwein 重排（烃基或氢的 1,2 移位）、频哪醇重排（邻二醇在酸催化下会重排成醛和酮）、Demyanov 重排，Tiffen-Demyanov 扩环以及有关反应、二烯酮-酚重排、烯丙基重排、二苯乙醇酸（Benzilic acid）重排、酸催化下醛酮的重排等，它们在有机合成、药物合成中都是常见的重排反应。

一、Wagner-Meerwein 重排反应

俄国化学家 Wagner1899 年在研究崁醇于 Lewis 酸催化下，发生消除（脱水）、取代反应时，发现会发生碳骼变化而生成崁烯的重排反应。德国化学家 Meerwein 在研究其他类型的反应时发现了类似的重排反应。Whitmore 则提出了有关碳正离子的反应历程。

烃基（主要包括烷基和芳基）或氢从一个碳原子迁移至邻近另一个碳原子上生成新的化合物的反应，统称为 Wagner-Meerwein（瓦格纳-麦尔外因）重排反应。该重排属于 1,2-亲核重排反应。

崁醇或异崁醇用 H_2SO_4、P_2O_5、无水 $ZnCl_2$ 等脱水剂脱水时，发生重排生成崁烯。

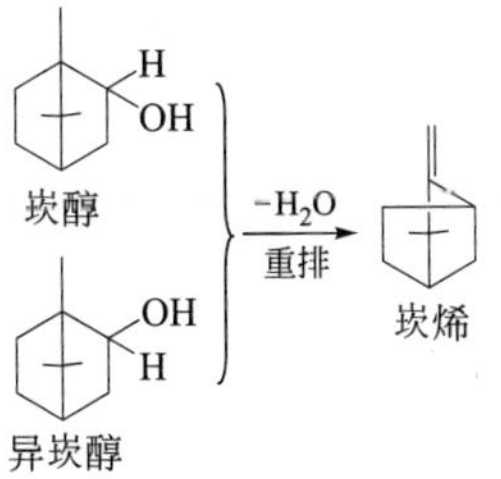

Whitmore 提出的关于上述反应的反应机理如下：

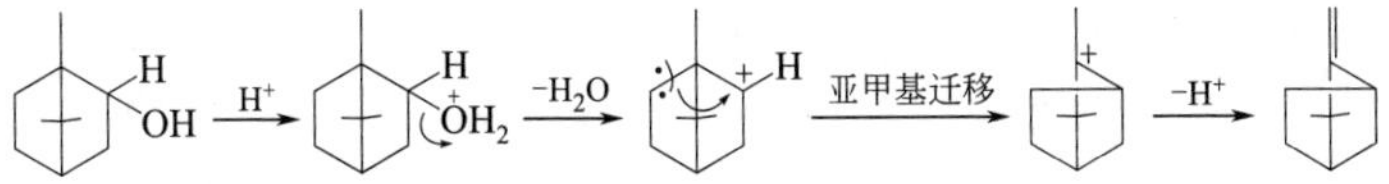

Wagner-Meerwein 重排反应属于分子内的重排，是由 C 至 C 的重排。重排的终点碳原子上，通常连有羟基或卤素原子，在酸或碱催化下，羟基（羟基失去水）或卤素原子失去，生成碳正离子，而后碳正离子邻近碳原子上的 H 或 R 基团带着一对电子迁移到碳正离子的碳原子上，最后在起点碳原子上进行亲核加成或发生消除反应，生成重排产物。

Wagner-Meerwein 重排反应的反应机理大致有如下四种情况。

1. 分子内的 S_N1 机理和分子内的 S_N2 机理

若在重排过程中，离去基团首先离去，生成碳正离子，而后邻近碳上的基团迁移，这可以看做是分子内的 S_N1 反应。

该类重排与碳正离子的稳定性有关。碳正离子的稳定性次序为：$3° > 2° > 1°$。重排的动力之一是重排后生成更稳定的碳正离子。例如：

上述重排过程中，$1°$ 碳正离子重排生成刚稳定的 $3°$ 碳正离子，反应容易进行。

又如如下反应：

$$(61\%) \qquad (39\%)$$

若在重排过程中，离去基团的离去和迁移基团的迁移同时进行，则可以看做是分子内的 S_N2 反应。

在分子内的 S_N2 反应中，迁移基团作为亲核试剂参与了离去基团的离去，称之为邻基参与。例如如下反应：

$$(R)—CH_3CH_2—\underset{H}{\overset{Br}{\underset{|}{\overset{|}{C}}}}—\overset{O}{\overset{\|}{C}}—OH \xrightarrow[-H_2O]{HO^-} (R)—CH_3CH_2—\underset{H}{\overset{Br}{\underset{|}{\overset{|}{C}}}}—\overset{O}{\overset{\|}{C}}—O^- \xrightarrow{-Br^-} (S)—CH_3CH_2—\underset{H}{\overset{}{C}}—C=O \xrightarrow{HO^-}$$

$$(R)—CH_3CH_2—\underset{H}{\overset{OH}{\underset{|}{\overset{|}{C}}}}—\overset{O}{\overset{\|}{C}}—O^- \xrightarrow{H^+} (R)—CH_3CH_2—\underset{H}{\overset{OH}{\underset{|}{\overset{|}{C}}}}—\overset{O}{\overset{\|}{C}}—OH$$

上述反应分为两步：a. 反应物的邻基从反面进攻 α-碳原子，形成中间体，构型转化一次，为分子内的 S_N2 反应；b. 外部的亲核试剂 Nu^- 从邻基的反面进攻中间体，构型又转化一次，再发生一次分子间 S_N2 反应。该类反应总的结果是产物的绝对构型保持不变。

又如如下反应：

$$RS: \curvearrowright CH_2—CH_2—Cl \xrightarrow[-Cl^-]{K_1} \underset{CH_2—CH_2}{\overset{R}{\overset{|}{\overset{S^+}{}}}} \xrightarrow[K_2]{H_2O} RSCH_2CH_2OH \quad (K_2 \gg K_1)$$

反应中首先发生分子内 S_N2 反应，生成环状过渡态，再发生一次分子间 S_N2 反应，反应速率比一般的 S_N2 反应大得多。

邻基参与是很普遍的现象，它经常可以从特殊类型的立体化学、异常大的反应速率（迁移基团处于离去基团的附近，有效浓度高，很容易进行少量改组即可生成过渡态），或者二者的结合而显示出来。其实邻基参与效应的范围很广，比如狄尔斯-阿尔德反应中连有不饱和基团的亲双烯体与双烯体之间的次级轨道作用，使得内型加成物成为动力学控制产物的现象，就是邻基参与效应的一个例子。

2. 苯鎓离子机理

具有大 π 键的芳基，在参与邻基基团的离去时，生成鎓离子，正电荷离域分布在芳环上。

$$CH_3—\underset{CH_3}{\overset{|}{C}}—CH_2—Cl \xrightarrow{\text{1,2-苯基迁移}} CH_3—\underset{CH_3}{\overset{|}{C}}—CH_2 \longrightarrow CH_3—\overset{+}{C}—CH_2—C_6H_5 \xrightarrow{-H^+} CH_3—C=CH—C_6H_5 \ (CH_3)$$

在该类反应中，涉及苯基迁移的反应常常可以发现有苯鎓离子的生成。例如对甲苯磺酸-3-苯基-2-丁酯于醋酸中的溶剂分解，赤型反应物得到的产物大部分构型保持，而苏型反应物得到的产物则为消旋混合物。用苯鎓离子机理可以圆满地进行解释。

L-赤型异构体生成的苯鎓离子被溶剂进攻时，无论进攻 α 位还是 β 位，得到的产物都是 L-赤型；而 L-苏型异构体则得到的产物分别是 L-赤型和 L-苏型，形成外消旋体。

同位素标记的对甲苯磺酸 β-苯乙酯进行溶剂解时，标记元素分散，从而进一步证明了苯鎓离子的存在。

式中，HOS 代表溶剂。

在此反应中，若只是简单的 S_N2 反应，则只能生成同位素未分散的产物。

$$Ph\overset{*}{C}H_2CH_2O—O_2SPhCH_3\text{-}p \xrightarrow{HOS} Ph\overset{*}{C}H_2CH_2OS + HOO_2SPhCH_3\text{-}p$$

3. 桥式过渡态机理

C-C σ-键和氢原子没有孤对电子，但在一定的条件下也可以作为邻近基团参与反应。此时反应的过渡态可能是桥式结构。

在过渡态中，C-Z σ-键与正离子的 p-空轨道相互作用，σ-电子完全离域形成桥式过渡态。一般来说，开链或不具有张力的环状化合物，若离去基团所连的碳原子为仲碳或叔碳时，氢和烷基不会提供邻基相助。

4. 自由基型机理

Wagner-Meerwein 重排大多为亲核重排，但芳基迁移时也有自由基型反应。

例如：

$$Ph_3CCH_2Cl \xrightarrow{Na} Ph_2CHCH_2Ph$$

该反应为自由基型反应。可能的反应机理如下：

$$Na \longrightarrow Na^+ + e^-$$

$$Ph_3CCH_2Cl + e^- \longrightarrow Ph_3C\overset{\cdot}{C}H_2 + Cl^-$$

$$Ph_3C\overset{\cdot}{C}H_2 \longrightarrow Ph_2\overset{\cdot}{C}CH_2Ph$$

$$Ph_2\overset{\cdot}{C}CH_2Ph + Na \longrightarrow Ph_2\overset{-}{C}CH_2Ph + Na^+$$

$$Ph_2\overset{-}{C}CH_2Ph \xrightarrow{H_2O} Ph_2CHCH_2Ph + HO^-$$

在 Wagner-Meerwein 重排反应中，碳络的变化与频哪醇重排相反，因此，Wagner-Meerwein 重排有时又叫反频哪醇重排。

$$\overset{\displaystyle C}{\underset{\displaystyle C}{C-C-C-C}} \xrightleftharpoons[\text{频哪醇重排}]{\text{Wagner-Meerwein 重排}} \overset{\displaystyle C \quad C}{C-C-C-C}$$

前已述及，Wagner-Meerwein 重排基本都属于亲核重排，反应中涉及活性中间体碳正离子的生成和稳定性。关于碳正离子的生成方法主要有如下几种：

（1）由烯生成碳正离子　烯烃的质子化生成碳正离子，反应遵循马氏规则。

$$R-CH=CH_2 \xrightarrow{H^+} R-\overset{+}{C}H-CH_3$$

某些多环烯烃在质子酸催化下生成的碳正离子也可以发生该重排反应。例如：

（2）由卤代烃生成碳正离子

$$R-X \xrightarrow{S_N1} R^+ + X^-$$

对于卤代烃而言，失去卤素原子的反应速率为：I＞Br＞Cl＞F。对于烷基而言，3°＞2°＞1°。因此，碘代物更容易发生 Wagner-Meerwein 重排反应。氯代物和氟代物常常需要使用 Lewis 酸作催化剂，Lewis 酸可以加速反应的进行，如氯化汞等。

在特定条件下，C-F 键也可以断裂生成碳正离子。例如：

$$R-F + SbF_5 \xrightarrow[SO_2]{FSO_2OH} R^+ + SbF_6^-$$

（3）由醇生成碳正离子　醇在酸性条件下可以失去水生成碳正离子。

$$R-OH \xrightleftharpoons{H^+} R-\overset{+}{O}H_2 \rightleftharpoons R^+ + H_2O$$

对于醇而言，一般使用酸作为催化剂，醇羟基接受质子，生成质子化的醇，有利于醇的失水，生成碳正离子。一般来说，叔醇容易生成碳正离子，其次是仲醇，伯醇难生成碳正离子。但伯醇可以接受质子生成质子化的伯醇，从而提高了其发生亲核取代的能力。

醇羟基和水分子不是好的离去基团，若将醇转化为磺酸酯，则磺酸基是好的离去基，更容易生成碳正离子。

$$R-OH + R'-SO_2Cl \longrightarrow R'-SO_2-O-R \longrightarrow R^+ + R'-SO_2-O^-$$

式中，R' 为 H、烷基、芳基或三氟甲基等。

例如抗癌化合物 1-脱氧紫杉醇中间体（**1**）的合成〔Gao X，Paquette L A. J Org Chem，2005，70（1）：315〕：

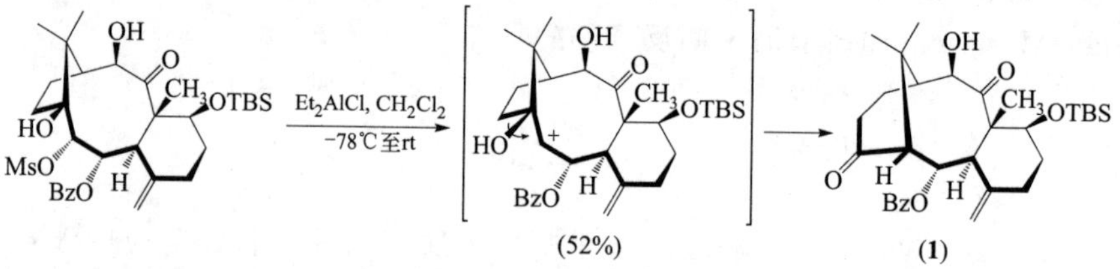

（4）由脂肪族胺生成碳正离子　脂肪族伯胺经亚硝酸或亚硝酸酯重氮化，失去氮气分子而生成碳正离子。

$$R-NH_2 \xrightarrow[H^+]{NaNO_2} R-N_2^+ \longrightarrow R^+ + N_2$$

此外，环氧化合物、酮等在酸催化下也可以生成碳正离子并发生重排。因此，可以发生 Wagner-Meerwein 重排反应的化合物很多，但主要还是烯、卤代烃、醇和脂肪族伯胺以及其他可以生成碳正离子的化合物等。

由于 Wagner-Meerwein 重排反应主要是分子内的重排，反应中涉及碳正离子的生成，所以，重排反应中凡是有利于生成碳正离子的因素，以及能够提高碳正离子稳定性的因素，也有利于 Wagner-Meerwein 重排反应。

Wagner-Meerwein 重排反应的特点是，在二环体系中，一般由四元、七元环重排生成较稳定的五、六元环；在单环或非环体系中，大多重排生成取代基较多的烯类化合物。

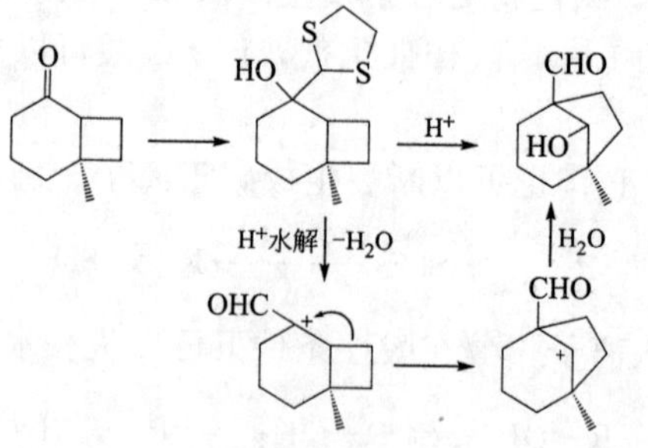

反应中生成生成更稳定的碳正离子是重排的动力之一，另外，转变为中性化合物也是一种动力。有时为了促进重排反应的发生，可以在离去基团或其 β-位上引入活性基团。例如化合物（**2**）的合成 [Andrew Evans P, Neison J D, Rheingold A L. Tetrahedron Lett，1997，38（13）：2235]：

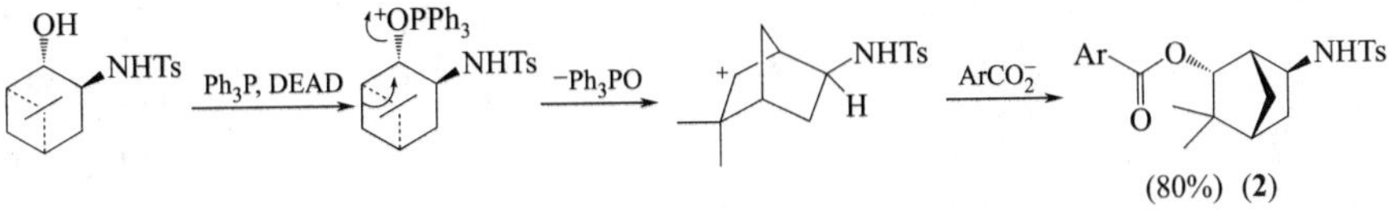

三甲基硅基也可导向 Wagner-Meerwein 重排反应，得到高收率的重排产物，例如 [Asaoka M，Takei H. Tetrahedron Lett，1987，28（50）：6343]：

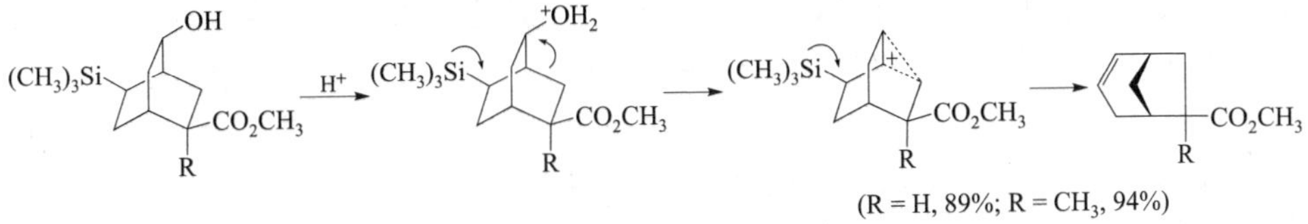

其实，目前 Wagner-Meerwein 重排反应已经不限于碳正离子的重排，已有自由基型 Wagner-Meerwein 重排反应的报道，也有光引发的 Wagner-Meerwein 重排反应，不过这方面的报道比较少。如下反应属于自由基型 Wagner-Meerwein 重排反应（Jana S，Guin C and Roy S C. J Org Chem，2005，70：8252）。

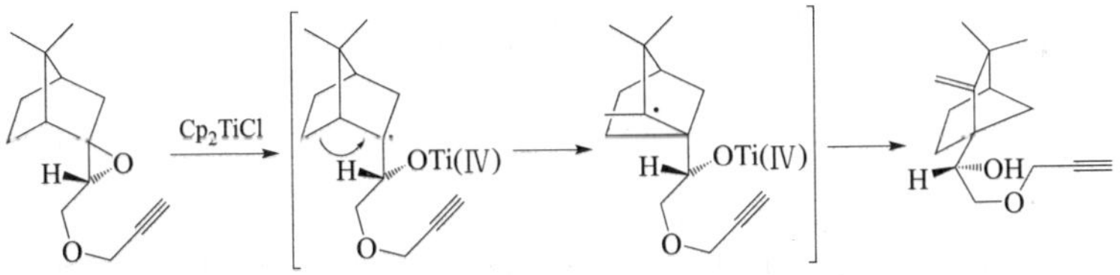

不对称催化的 Wagner-Meerwein 重排反应也有报道。例如：

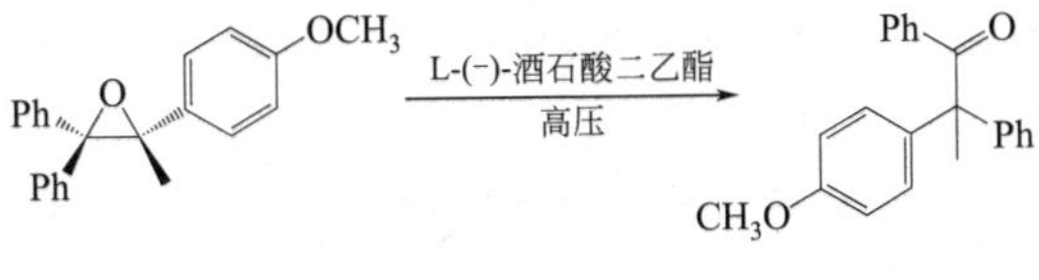

Wagner-Meerwein 重排反应在有机化学中十分普遍，同时也给有机合成带来了许多方便。例如医药中间体、脑血管扩张剂、抗菌素、抗癌药物、人造血等的重要原料金刚烷的合成。

金刚烷（Adamantane，Tricyclo[3.3.1.1^{3,7}]decane），$C_{10}H_{16}$，136.24。白色结晶。mp 268～270℃。

制法 Schleyer P von R，Donaldson M M，Nicolas R D，Cupas C. Org Synth，1973，Coll Vol 5：16.

内型-四氢双环戊二烯（3）：于压力反应釜中加入二环戊二烯（2）200 g（1.51 mol），无水乙醚 100 mL，氧化铂 1.0 g，按照常法进行加氢还原，氢气压力 0.3 MPa，约 4～6 h 吸收 2 mol 的氢气。滤去催化剂。分馏蒸出乙醚后，改为蒸馏装置，继续蒸馏，收集 191～193℃ 的馏分，得化合物（3）196～200 g，收率 96.5%～98.4%。固化后 mp＞65℃。

金刚烷（1）：于 500 mL 三角瓶中，加入化合物（3）200 g（1.47 mol），加热熔融。加入无水三氯化铝 40 g，安上空气冷凝器，反应放热。磁力搅拌下慢慢加热至 150～180℃。三氯化铝有升华现象，特别是开始时更容易升华。注意将升华的三氯化铝用玻璃棒推回反应瓶中。反应 8～12 h。冷却后分为两层，上层的棕色物为金刚烷和其他物质，小心倾至 600 mL 烧杯中，下层为黑色油状物。反应瓶用石油醚（30～60℃）洗涤 5 次，石油醚层倒入上述烧杯中。加热，直至金刚烷进入石油醚层生成溶液。此时溶剂应过量很多。小心地加入 10 g 色谱级氧化铝进行脱色，过滤。氧化铝和烧杯用溶剂洗涤。得到的几乎无色的溶液减压浓缩至 200 mL，干冰-丙酮浴冷却，抽滤析出的固体，得化合物（1）27～30 g，收率 13.5%～15%，mp 255～260℃。由石油醚中重结晶一次，mp 268～270℃。

在二环体系中，通过重排可以在桥头碳原子邻近位置引进官能团，通过重排有可能在二环结构中不易引入官能团的位置引入官能团。例如：

又如樟脑磺酸的合成。手性樟脑磺酸为药物合成中的手性拆分剂，用于拆分手性胺类化合物。

D,L-10-樟脑磺酸（D,L-10-Camphorsulfonic acid），$C_{10}H_{16}O_4S$，232.30。白色结晶。mp 202～203℃（分解）。

制法　Bartlett P D and Knox L H. Org Synth，1973，Coll Vol 5：194.

于安有搅拌器、滴液漏斗、温度计的 3 L 反应瓶中，加入浓硫酸 588 g（366 mL，6 mol），冰盐浴冷却，搅拌下慢慢由滴液漏斗加入醋酸酐 1216 g（1170 mL，12 mol），控制加入速度，使内温不超过 20℃。撤去滴液漏斗，加入粉碎的 D,L-樟脑（**2**）912 g（6 mol），塞上塞子，搅拌反应直至樟脑全部溶解。更换搅拌，冰浴中的冰慢慢熔化，放置 36 h。过滤生成的樟脑磺酸，乙醚洗涤，室温减压干燥，得几乎白色结晶化合物（**1**）530～580 g，收率 38%～42%，mp 202～203℃（分解）。可以用冰醋酸重结晶提纯，60 g 粗品同 90 mL 冰醋酸于 105℃加热溶解，冷后过滤，得 40 g 纯品。

另外，Wagner-Meerwein 重排反应对于构建某些环状骨架特别有用，可以大大缩短合成路线，同时，重排反应很容易进行。王爱霞等〔王爱霞，宋振雷，高栓虎等.有机化学.2007，27（9）：1171〕2007 年报道了在 AgBF$_4$ 促进下苯并螺环 β-卤代酮的 Wagner-Meerwein 重排反应，发展了一条简捷的构筑天然产物中广泛存在的 n，7,6-三环骨架的方法，并成功地应用于合成（±）-Colchicine。

然而，该重排有时也会给合成带来不便，例如，有时重排不止一种途径，有时还会发生二次重排等，因而副产物可能比较多等。

二、Pinacol 重排反应

酮类化合物在金属钠、钠-汞齐、镁-汞齐、铝-汞齐等作用下，或在电解、光催化下可以发生双分子还原生成乙二醇的四烃基衍生物——频哪醇。

频哪醇在酸催化下生成不对称羰基化合物（醛、酮）的反应称为 Pinacol（频哪醇）重排反应。

其中典型的例子是 2,3-二甲基-2,3-丁二醇的重排，生成甲基叔丁基酮（**3**），（**3**）是抗真菌药特比萘芬（Terbinafine）等的中间体。

（3）

2,3-二甲基-2,3-丁二醇又名频哪醇，故该类反应统称为频哪醇重排反应。该类重排反应是俄国化学家布特列洛夫首先发现的。

以频哪醇在硫酸作用下的重排为例表示反应机理如下：

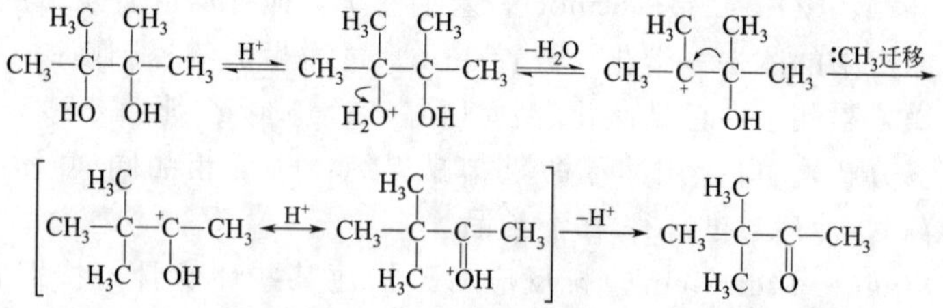

邻二醇首先接受一个质子生成质子化的邻二醇，而后失去一分子水形成碳正离子，并发生邻位碳原子上基团的迁移，正电荷转移到与羟基相连的碳原子上，通过共振生成更稳定的结构，最后失去质子生成羰基化合物。此处频哪醇失去一分子水后已经生成了叔碳正离子，仍能发生重排的原因是被氧原子稳定的碳正离子比叔碳正离子更稳定。

又如如下反应：

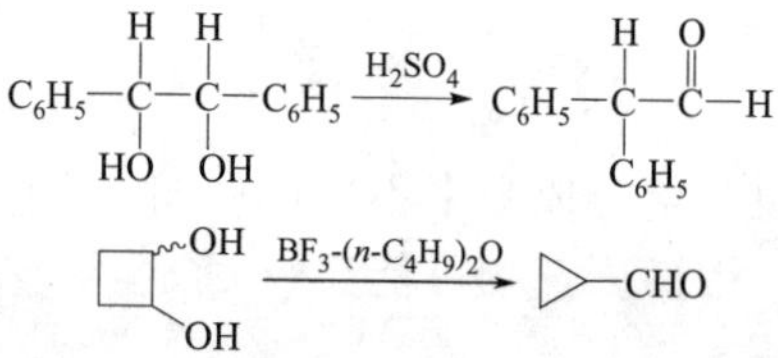

大量的实验事实证明了碳正离子的存在和基团的迁移。进一步的研究，特别是立体化学的研究结果证明，重排基团和离去基团处于反式位置时更有利于重排反应的发生。

顺式-1,2-二甲基-1,2-环己二醇在稀硫酸存在下发生频哪醇重排，生成 2,2-二甲基环己酮，而反式-1,2-二甲基-1,2-环己二醇则生成了缩环的 1-甲基-1-乙酰基环戊烷。

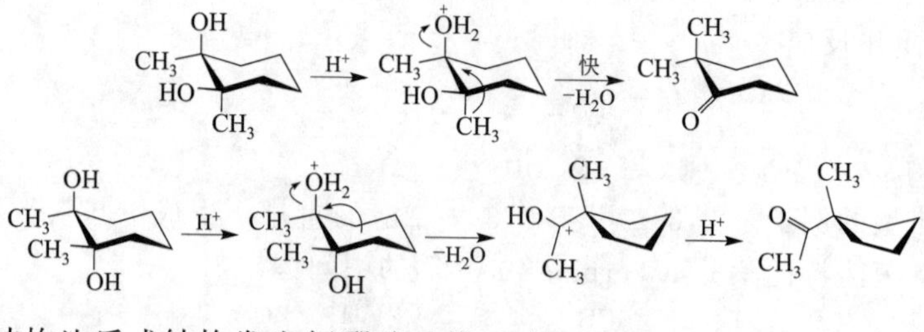

顺式结构比反式结构发生频哪醇重排反应要快得多。

7,8-二苯基-7,8-苊二醇在硫酸作用下的重排，顺式比反式反应速率快六倍。

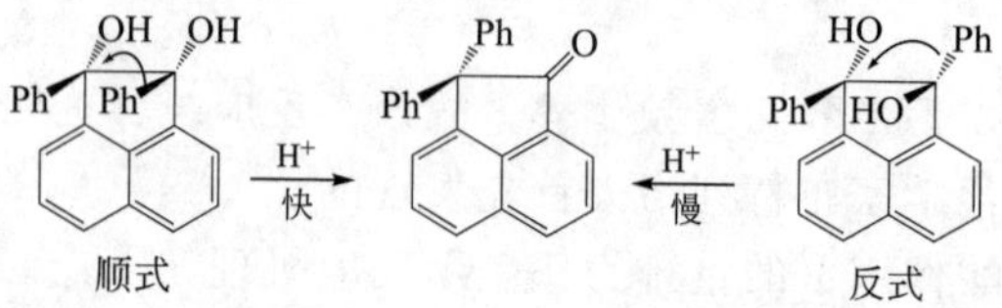

有些邻二醇转变为单磺酸酯后，在碱性条件下即可以发生频哪醇重排反应。若邻二醇分子中的羟基，一个连在叔碳原子上，另一个连在仲碳原子上，则仲碳羟基容易生成磺酸酯。在碱性条件下重排时，磺酸酯基作为离去基团离去，叔碳上的基团迁移，生成重排产物。这恰恰与邻二醇在酸性条件下的重排不同，酸性条件下叔碳羟基离去，迁移的基团是仲碳上的基团。因此，两种条件下重排产物是不同的。

如下具有光学活性的邻二醇，首先与甲基磺酰氯反应，而后重排，得到具有光学活性的产物（**4**），对映体过量百分比高达 99％ee（Shinohara，T，Suzuki，K. Tetrahedron Lett，2002，43：6937）。

具有光学活性的 2-氨基醇，重氮化后失去一分子氮气生成碳正离子，并发生邻位基团的迁移，得到光学活性的酮，则进一步说明频哪醇重排反应进行得很迅速，可能并未生成真正的具有平面结构的碳正离子（否则生成无光学活性的酮）。

在上述反应中，若将其中的一个苯环用 ^{14}C 标记（以*表示），进行构象分析如下：

式（1）中 Ph* 处于起始原料化合物氨基的反位，迁移后生成构型反转的产物（5），（5）为整个反应的主要产物。若（1）的 C_α-C_β 键旋转 60° 得到（2），（2）中 Ph 迁移后生成构型保持的产物（6），（6）为整个反应的次要产物，约占 12%。旋转 120°（3→7）和旋转 180°（4→8）的产物未发现。以上事实证明，在上述反应中，脱去氨基生成碳正离子和苯基的迁移二者之间的时间是非常短暂的，C_α-C_β 键几乎不可能旋转 120° 或 180°，反应就已经结束了。

该类反应的另一个例子是 2-氨基-3-苯基-3-对甲氧基苯基丙醇-3 的重排。其赤型（*erythro*）异构体迁移的是苯基，而苏型（*threo*）异构体迁移的是对甲氧苯基，从而得到不同的产物。

显然，迁移基团是从离去基团的背面迁移过去的。从重排的主要产物看，离去基团的离去和迁移基团的迁移，时间相隔非常短暂，甚至可能是同步进行的。因此，有人提出了碳正离子环状桥式中间体的机理。

可以发生频哪醇重排反应的化合物如下。

1. 邻二醇

包括开链和环状的邻二醇。邻二醇羟基相连的碳原子上可以连有相同或不同的烃基，包括饱和或不饱和脂肪族、脂环族化合物以及芳香族、杂环化合物等。在此类反应中，邻二醇可以是邻二叔醇、邻二仲醇或邻位仲、叔醇；重排的基团可以是氢、烷基，也可以是芳基，甚至 C_2H_5OCO— 也可以作为迁移基团。

例如抗真菌药特比萘芬（Terbinafine）等的中间体频哪酮的合成。

频哪酮（Pinacolone）。$C_6H_{12}O$，100.16。无色液体。bp 103～107℃。

制法　Furniss B S，Hannaford A J，Rogers V，et al. Vogel's Textbook of Practical Organic Chemistry. London and New York：Fourth edition，Longman，1978：439.

于安有滴液漏斗、蒸馏装置的 2 L 反应瓶中，加入 3 mol/L 的硫酸 750 g，水合频哪醇（**2**）250 g。加热蒸馏，直至流出液有机层体积不再增加，需 15～20 min。分出有机层，水层再加入蒸馏瓶中，再加入 60 mL 浓硫酸，250 g 频哪醇水合物，继续蒸馏，如此反复，共加入水合频哪醇 1000 g（4.42 mol）。

合并有机层，无水氯化钙干燥。过滤，分馏，收集 103～107℃ 的馏分，得无色液体化合物（**1**）287～318 g，收率 65%～72%。放置后变浅黄色，重新蒸馏又变为无色。

又如喹诺酮类抗菌药盐酸环丙沙星（Ciprofloxacin Hydrochloride）等的中间体环丙基丙醛的合成。

环丙基甲醛（Cyclopropanecarboxald ehyde），C_4H_6O，70.09。无色液体。

制法　Barnier J P，Champion J and Conia J M. Org Synth，1990，Coll Vol 7：129.

顺，反-1,2-环丁二醇（**3**）：于安有搅拌器、回流冷凝器、滴液漏斗、通气导管的反应瓶中，加入四氢铝锂 6.2 g（0.16 mol），无水乙醚 20 mL。搅拌下通入干燥的氮气，慢慢滴加 2-羟基环丁酮（**2**）4.2 g（0.48 mol）溶于 150 mL 乙醚的溶液，滴加时保持回流状态。加完后继续搅拌回流反应 1 h。冷至室温，加入 200 mL 乙醚，慢慢滴加硫酸钠饱和水溶液适量。过滤，滤出的固体于索氏提取器中用 THF 提取 24 h。合并有机层，减压浓缩，得顺、反异构体（**3**）34～40 g（50：50），收率 80%～95%。

环丙基甲醛（**1**）：于安有蒸馏装置的 50 mL 蒸馏瓶中（接受瓶用干冰-甲醇冷却至 −20℃），加入上述化合物（**3**）34 g（0.39 mol），10 mL 三氟化硼-正丁醚溶液，加热至 230℃，冷凝器中出现液体，醛和水收集于接受瓶中，蒸馏温度保持在 50～100℃ 之间。蒸馏停止后再加入三氟化硼-正丁醚溶液 5～10 mL，继续蒸馏，典型的反应过程是每 10～15 min 加入 10 mL 三氟化硼-正丁醚他也

10 mL，约需 3～4 h。馏出液用氯化钠饱和，分出有机层，水层用二氯甲烷提取 3 次。合并有机层，无水硫酸钠干燥，分馏蒸出溶剂，得几乎纯的化合物（**1**）17.5～21.6 g，收率 65%～80%。

在如下反应中，羧酸酯基发生了迁移，生成 β-羰基酸酯。

$$\text{PhCH}-\underset{\underset{CH_3}{|}}{\overset{\overset{OH}{|}}{C}}-\overset{OH}{\underset{|}{CO_2C_2H_5}} \xrightarrow{FSO_3H} \text{PhCH}-\underset{\underset{CH_3}{|}}{\overset{\overset{CO_2C_2H_5}{|}}{C}}=O$$

（100%）

利用环状邻二醇的频哪醇重排，可以得到螺环羰基化合物。例如螺［4,5］癸烷-6-酮（**5**）的合成（US，2003/229072）：

（70%）（**5**）

从邻二醇重排反应的反应机理来看，反应中首先失去一个羟基，生成了 β-位碳正离子中间体，而后再发生重排。因此，凡是能够生成相同的中间体的其他类型的反应物，均可发生类似的频哪醇重排反应，得到酮类化合物。这类重排被称为半频哪醇重排（Semipinacol）反应。以下化合物均可以发生 Semipinacol 重排反应。

2. 邻氨基醇

例如抗高血压药硫酸胍乙啶（Guanethidine Sulfate）中间体**环庚酮**（**6**）的合成：

（**6**）

不过，上述反应也属于 Demyanov 重排反应。

麻醉剂氯胺酮（Ketamine）原料药的合成如下。

氯胺酮［Ketamine，2-(2-Chlorophenyl)-2-methylaminocyclohexanone］，$C_{13}H_{16}ClNO \cdot HCl$，274.19。无色结晶。mp 92～94℃。

制法　王世玉，李崇熙. 中国医药工业杂志，1986，17（2）：49.

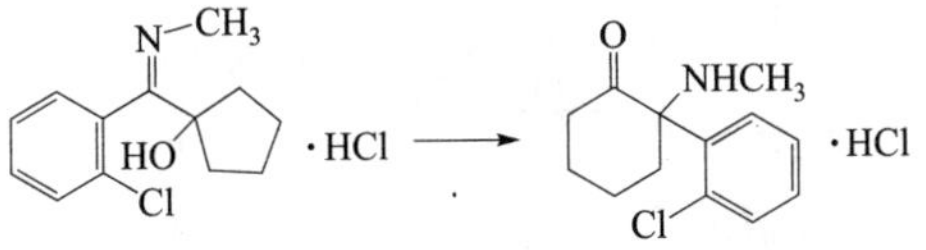

于反应瓶中加入 1-羟基环戊基邻氯苯基酮的 *N*-甲基亚胺盐酸盐（**2**）20 g，苯甲酸乙酯 60 mL，滤去少量不溶物（约 2 g），冰浴冷却下通入干燥的氯化氢气体至饱和，放置过夜。油浴加热，慢慢升至 210℃ 左右。冷后过滤，用少量苯甲酸乙酯洗涤，得粗品（**1**）16 g。用 170 mL 水重结晶，活性炭脱色，过滤。滤液用氨水中和，析出无色结晶。抽滤，水洗，干燥，得化合物（**1**）12 g，收率 67%（以 18 g 原料计），mp 92～94℃。

上述反应的大致过程如下：

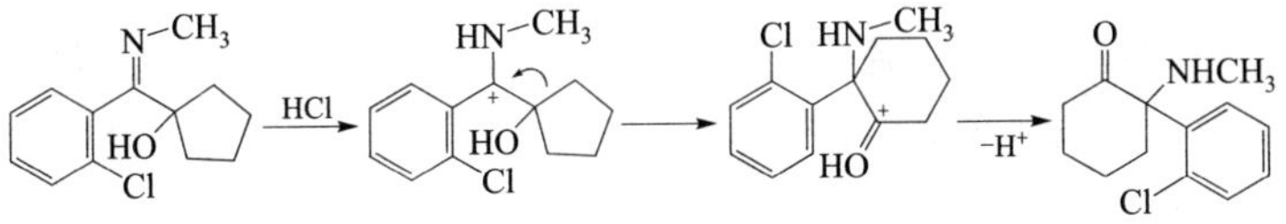

3. 邻卤代醇

邻卤代醇与硝酸银反应失去卤化银生成碳正离子，后者重排生成羰基化合物。

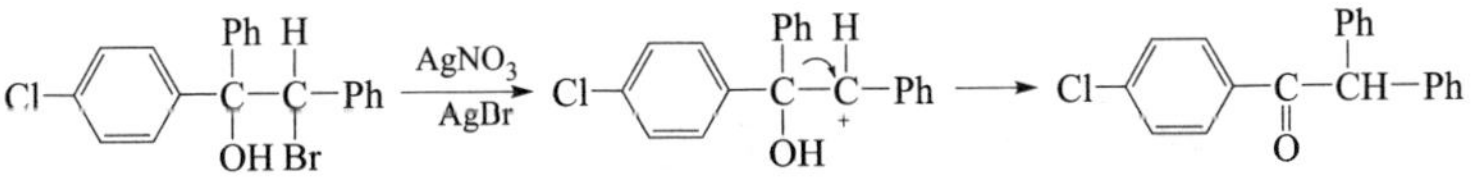

医药及香料中间体苯乙醛的亚硫酸氢钠加成物（**7**）的合成如下：

$$PhCHCH_2I + AgNO_3 \longrightarrow PhCH_2CHO \xrightarrow{NaHSO_3} PhCH_2CHSO_3Na$$

（52%）（**7**）

4. 环氧乙烷衍生物

环氧乙烷衍生物在酸性试剂如 BF_3-Et_2O、$mgBr_2$-Et_2O、5 mol/L 的 $LiClO_4$ 乙醚溶液、$InCl_3$ 以及 $Bi(OTf)_3$、$VO(OEt)Cl_2$ 等作用下或直接加热，发生 Semipinacol 重排反应，生成醛或酮。

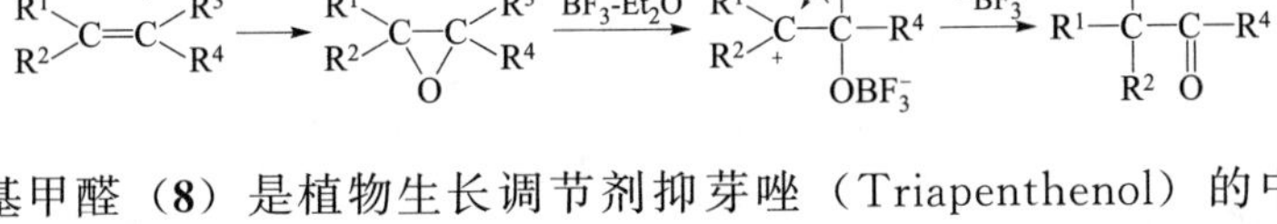

环己基甲醛（**8**）是植物生长调节剂抑芽唑（Triapenthenol）的中间体，也

用于有机合成、药物合成，其一条合成路线如下：

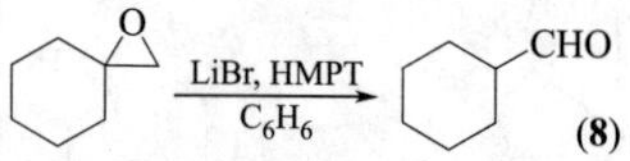

2-苯基丙醛（**9**）为萘普生（Naproxen）、布洛芬（Ibuprofen）、酮基布洛芬（Ketoprofen）等非甾体抗炎药物中间体，可按如下方法来合成（霍宁 E C. 有机合成：第三集. 南京大学化学系有机化学教研室译. 北京：科学出版社，1981：384）：

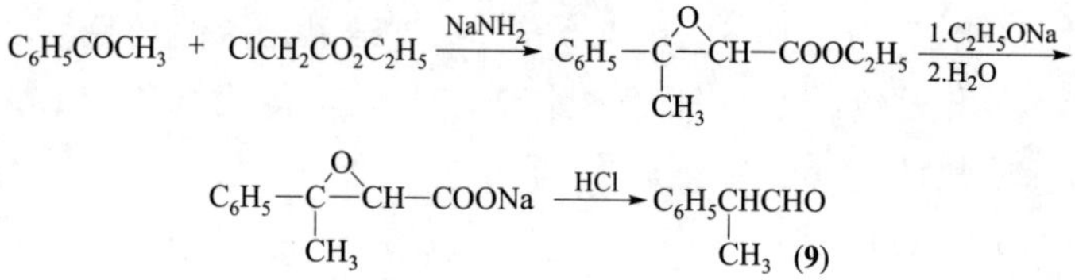

若环氧环碳原子上直接连接酮羰基，即 α,β-环氧酮发生类似的重排反应，则生成 β-二酮，这是制备 β-二酮的方法之一。

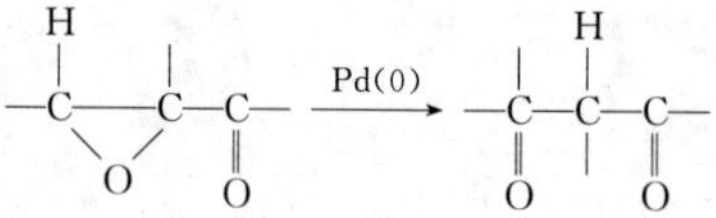

某些环氧丁烷、环氧戊烷化合物也可以发生类似的重排反应。

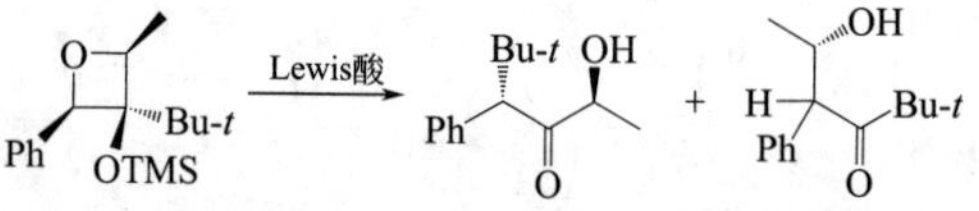

其他环氧醇类化合物也可以发生 Semipinacol 重排反应。例如：

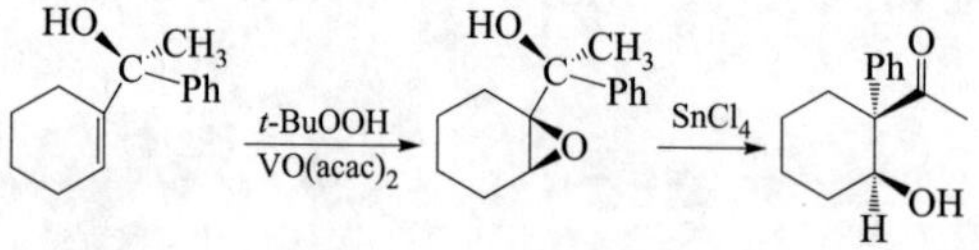

(*syn*:*anti* 为 85:15)

5. 某些卤化物水解时可以发生 Semipinacol 重排反应

(89%)

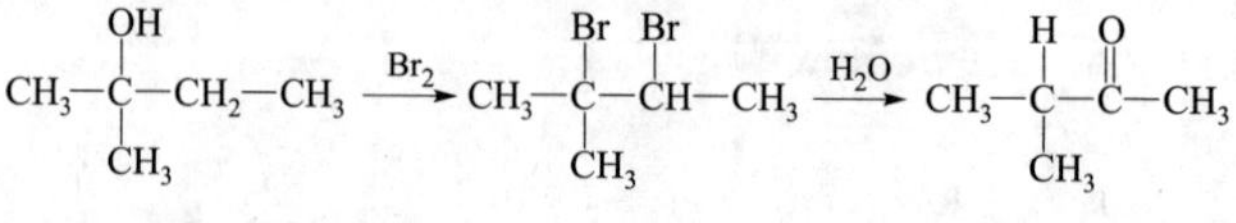

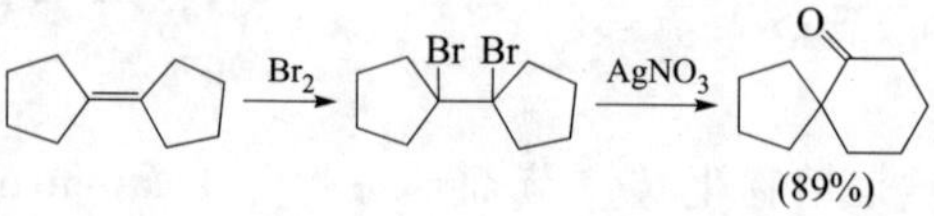

6. β-羟基烷基硒化物

[R¹R²C(OH)C(SeR³)R⁴R⁵] 以及一些烯丙醇类化合物在酸性条件下也可以发生 Semipinacol 重排反应。

7. β-羟基硫醚类

在 Cl⁻ 作为电解质的溶液进行电解氧化，发生 Semipinacol 重排，生成相应的重排或扩环产物。例如：

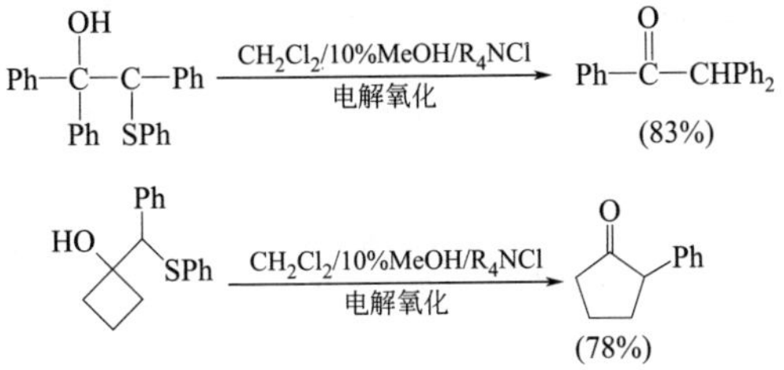

8. 磺酸酯类

磺酸酯类化合物分子中的磺酸酯基是很好的离去基团，在有些反应中可以适用于对酸敏感的化合物的重排。例如：

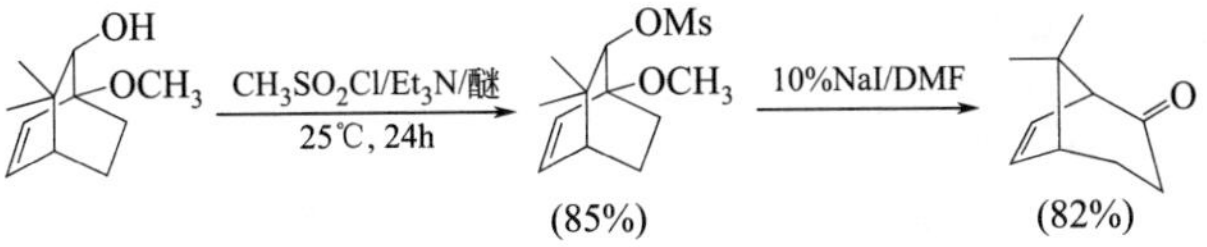

9. 将酮直接变为频哪酮

Anya A 等在锌、氯化铝催化下于乙腈中回流反应，直接得到了频哪酮[Anya A，et al. Tetrahedrpon Lett，2002，43（24）：4391]。该方法实现"一勺烩"，产率 82%～99%。

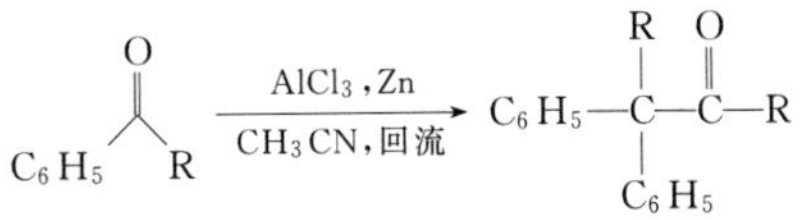

$$R＝Me、Et、n\text{-}Pr、n\text{-}Bu、t\text{-}Bu、C_6H_5$$

在频哪醇重排反应中，有两个问题值得注意，一是邻二醇中哪一个羟基接受质子而作为水离去，二是邻近连有羟基的碳原子上的哪一个基团迁移。

哪一个羟基接受质子失水，取决于羟基接受质子的能力，与给电子基团相连的碳原子上的羟基，由于氧原子上电子云密度较大，容易与质子结合形成质子化的醇，因而易于离去。一般来说，给电子能力的次序为苯基＞烷基＞H。当然，也可以通过失水后生成的碳正离子的稳定性来判断，能够生成更稳定碳正离子的羟基容易接受质子失水。例如：

$$Ph-\underset{OH}{\underset{|}{C}}-CH_2OH \xrightarrow[-H_2O]{H^+} \begin{cases} Ph-\underset{+}{\overset{Ph}{\underset{|}{C}}}-CH_2OH \longrightarrow Ph-\underset{|}{\overset{Ph}{\underset{}{C}}}\overset{O}{\underset{|}{C}}H \\ \text{（稳定）} \qquad\qquad \text{（主要产物）} \\ Ph-\underset{OH}{\underset{|}{C}}-CH_2^+ \longrightarrow Ph-\underset{O}{\underset{\|}{C}}-CH_2Ph \\ \text{（不稳定）} \qquad\qquad \text{（次要产物）} \end{cases}$$

$$Ph-\underset{OH}{\overset{Ph}{\underset{|}{C}}}-\underset{OH}{\overset{CH_3}{\underset{|}{C}}}-CH_3 \xrightarrow[-H_2O]{H^+} \begin{cases} Ph-\underset{+}{\overset{Ph}{\underset{}{C}}}-\underset{OH}{\overset{CH_3}{\underset{|}{C}}}-CH_3 \longrightarrow Ph-\underset{CH_3}{\overset{O}{\underset{}{C}}}-\overset{O}{\underset{\|}{C}}-CH_3 \\ \text{（稳定）} \qquad\qquad \text{（主要产物）} \\ Ph-\underset{OH}{\overset{Ph}{\underset{|}{C}}}-\underset{+}{\overset{CH_3}{\underset{}{C}}}-CH_3 \longrightarrow Ph-\underset{O}{\overset{Ph}{\underset{\|}{C}}}-\underset{CH_3}{\overset{}{\underset{|}{C}}}-CH_3 \\ \text{（不稳定）} \qquad\qquad \text{（次要产物）} \end{cases}$$

　　重排时哪一个基团迁移，可以根据基团的迁移倾向来判断。迁移倾向的大小主要由其亲核性决定，亲核性强的易于迁移。其次序为：叔烷基＞环己基＞仲烷基＞苄基＞伯烷基＞甲基≫H。

$$CH_3-\underset{OH}{\overset{Ph}{\underset{|}{C}}}-\underset{OH}{\overset{Ph}{\underset{|}{C}}}-CH_3 \xrightarrow[-H_2O]{H^+} CH_3-\underset{+}{\overset{Ph}{\underset{}{C}}}-\underset{OH}{\overset{Ph}{\underset{|}{C}}}-CH_3 \longrightarrow \begin{cases} Ph-\underset{CH_3}{\overset{O}{\underset{|}{C}}}-\overset{O}{\underset{\|}{C}}-CH_3 \quad \text{（主要产物）} \\ CH_3-\underset{Ph}{\overset{CH_3}{\underset{}{C}}}-\overset{}{\underset{O}{C}}-Ph \quad \text{（次要产物）} \end{cases}$$

　　一般情况下，氢的迁移是很慢的，但有时氢的迁移比芳基和烷基都快。例如：

$$Ph-\underset{OH}{\overset{Ph}{\underset{|}{C}}}-\underset{OH}{\overset{Ph}{\underset{|}{C}}}-H \xrightarrow[-H_2O]{H^+} Ph-\underset{+}{\overset{Ph}{\underset{}{C}}}-\underset{OH}{\overset{Ph}{\underset{|}{C}}}-H \longrightarrow \begin{cases} Ph-\underset{H}{\overset{O}{\underset{|}{C}}}-\overset{O}{\underset{}{C}}-Ph \quad \text{（主要产物）} \\ Ph-\underset{Ph}{\overset{Ph}{\underset{}{C}}}-\overset{}{\underset{O}{C}}-H \quad \text{（次要产物）} \end{cases}$$

　　若两个基团均为取代芳基时，迁移次序为：p-CH$_3$OPh-＞p-CH$_3$Ph-＞p-C$_6$H$_5$Ph-＞Ph-＞p-ClPh-＞p-BrPh＞o-CH$_3$OPh-＞p-O$_2$NPh。邻位上有取代基的芳环难以迁移，这可能与空间位阻有关。

　　实际上，当邻二醇的取代基各不相同时，常常得到的是各种重排产物的混合物，只是各种产物的比例不同而已。

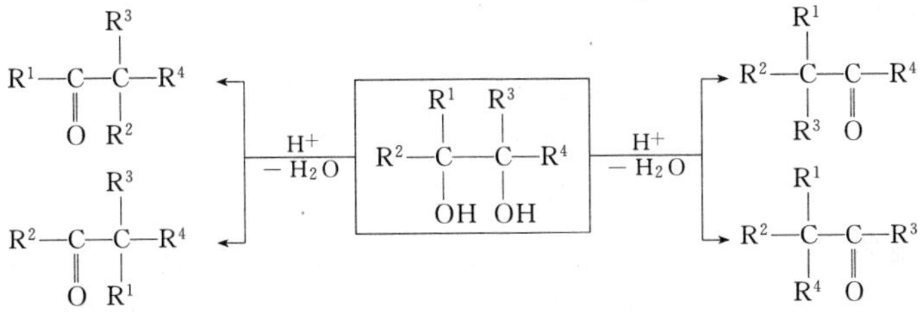

若四个基团中有氢存在时，产物中除生成酮外，还可能有醛。例如均二苯基乙二醇与 20% 的硫酸共热 3h，生成二苯基乙醛。

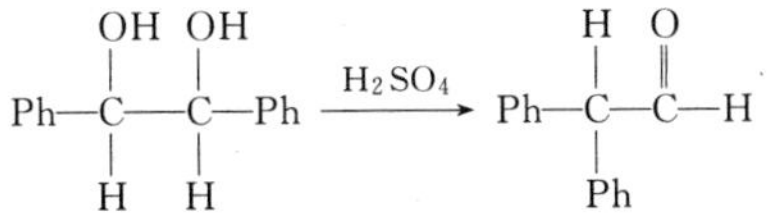

脂肪族的 α-叔二醇最容易发生频哪醇重排，脂肪-芳香混合的 α-叔二醇较难，而芳香族的 α-叔二醇最难。例如，2,3-二甲基丁二醇-2,3，与 6 mol/L 的硫酸共热，即可发生频哪醇重排，而四苯基乙二醇与冰醋酸及 1% 的碘加热至沸时才生成苯频哪酮。

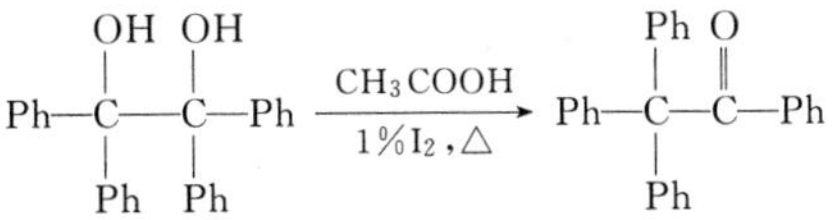

频哪醇重排反应，还与反应条件有关。对于同一反应物，反应条件不同，重排的主要产物也可能不同。例如：

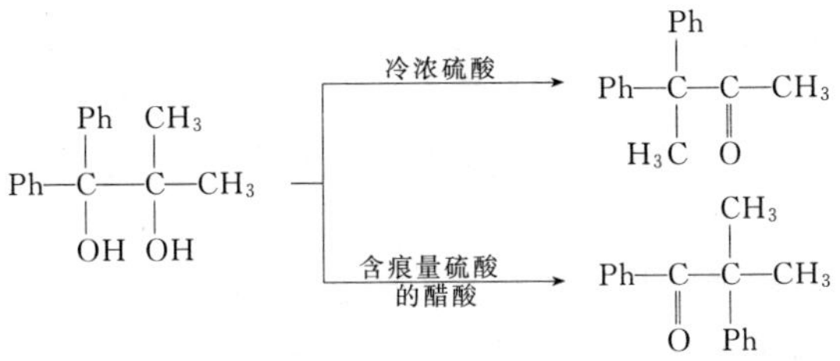

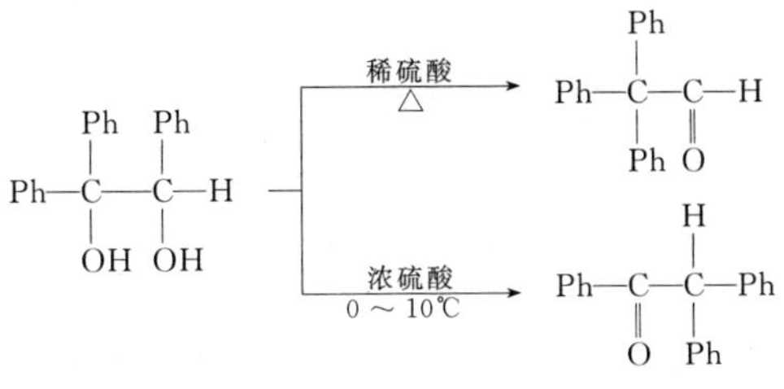

若重排产物为醛、酮的混合物时，温和的反应条件（较低的温度、较弱的酸等）有利于醛的生成，而反应条件较强烈时，有利于酮的生成。这可能是由于在较强烈的条件下，生成的醛在酸催化下重排成酮的缘故。

脂环族 α-二醇发生频哪醇重排时常改变环的结构，故可以应用此反应使环扩大或缩小。脂环族 α-二醇比脂肪族的更容易发生重排。

酸为频哪醇重排反应常用的催化剂，一般使用稀硫酸（80～120℃）、浓硫酸（0℃左右）、50％磷酸、硼酸等，有时也可以使用三氟化硼的醚溶液。用盐酸、I_2/CH_3CO_2H、CH_3CO_2H、CH_3COCl、$SiO_2\text{-}H_3PO_4$ 等时，也可以得到类似的结果。有时也可以使用 Lewis 酸。例如在如下反应中，使用 $SnCl_4$ 和原甲酸酯，实现了非脱水的频哪醇重排反应。

如下反应在乙腈中进行，使用 $Zn\text{-}AlCl_3$ 作还原剂和催化剂，一锅烩得到了频哪酮类化合物，收率 82％～99％，是一种经济、方便的由酮直接合成频哪酮的方法（Crant A A，Allukian M，FryAJ. Tetrahedron Lett，2002，43：4391）。

近年来杂多酸催化频哪醇重排反应的报道很多。杂多酸具有很高的催化活性，是一种多功能的催化剂。杂多酸稳定性好，可以作为均相和非均相反应的催化剂，甚至可以作为相转移催化反应的催化剂，对环境无污染，因此是一类大有前途的绿色催化剂。

固相条件下的频哪醇重排、电化学方法在频哪醇重排反应中也有不少报道。

光催化的频哪醇重排反应属于自由基型反应，与酸催化的频哪醇重排反应相比，产物往往比较复杂。

微波辐射也可以促进频哪醇重排反应。边延江等以 $FeCl_3$ 为催化剂进行无溶剂条件下的频哪醇重排，微波辐照 1min，频哪酮的收率达 86％～96％［边延江，贾志强. 有机化学，2009，29（6）：975］。

(86％)

有时只要与水在压力下加热即可发生重排，例如两个羟基均在同一个环上的 α-叔二醇的重排反应。

这实际上是利用了超临界水的性质。超临界水的自然性质使有机反应局部电子集中，不用任何催化剂反应就能够得以进行。

关于频哪醇重排反应，近年来有了很大进展，固体酸的应用较多，分子筛、高温液态水、超临界水等也成为研究的热点。随着各种反应机理的深入研究，光化学、电化学、微波、超声波等新技术的联合应用等，频哪醇重排反应的应用将越来越广泛。

三、Demyanov 重排反应和 Tiffen-Demyanov 重排反应

俄国化学家 Demyanov（婕姆亚诺夫）在研究脂肪族伯胺重氮化反应时发现，该反应有时会发生重排，特别是环状的甲基胺，经亚硝酸处理，会发生扩环或缩环的反应，生成新的环状化合物。该反应是 Demyanov 于 1903 年首先报道的。

Demyanov 重排反应属于分子内的重排，是由 C 至 C 的 1,2-亲核重排。反应机理与 Wagner-Meerwein 重排反应相似，也是由碳正离子进行的重排。

Demyanov 反应中，由于生成了碳正离子，重排时既可能发生碳原子的迁移，也可能发生氢原子的迁移，同时，碳正离子既可以与亲核试剂反应，又可以发生消除反应生成烯，因此，反应产物比较复杂。当伯碳正离子重排成仲碳正离子时，重排产物的收率一般较高。

对于环状的脂肪胺，氨基的位置不同，分别可以发生扩环或缩环反应，生成相应的环状化合物。若脂肪环上连有氨甲基（—CH₂NH₂），与亚硝酸反应后，生成连在环上的亚甲基碳正离子，此时重排则生成扩环的产物。例如：

$$\bigcirc\!\!-CH_2NH_2 \xrightarrow[-N_2]{HNO_2} \bigcirc\!\!-\overset{+}{C}H_2 \longrightarrow \bigcirc\!\!+ \xrightarrow{H_2O} \bigcirc\!\!-\overset{+}{O}H_2 \xrightarrow{-H^+} \bigcirc\!\!-OH$$

若氨基直接连在脂肪环的碳原子上，则与亚硝酸反应后生成的碳正离子直接在环上，重排后生成缩环的产物。例如环丙基甲醇（**10**）的合成，其为抗菌药环丙沙星（Ciprofloxacin）等的中间体。

$$\square\!\!-NH_2 \xrightarrow[-N_2]{HNO_2} \diamondsuit\!\!+ \longrightarrow \triangleright\!\!-\overset{+}{C}H_2 \xrightarrow[-H^+]{H_2O} \triangleright\!\!-CH_2OH$$
$$(10)$$

除了简单的脂肪族伯胺如甲胺、乙胺等外，其他脂肪族伯胺、脂肪族环状甲基胺，一般都能发生 Demyanov 重排反应，但反应的产物往往比较复杂。

脂环族的环状 β-氨基醇，经重氮化反应失去氮气后，也可以发生扩环反应生成环酮。该类反应称为 Tiffeneau-Demyanov 扩环反应，该反应与半频哪醇重排极为相似。

环庚酮是高血压病治疗药硫酸胍乙啶（Guanethidine sulfate）等的中间，其一条合成路线如下。

环庚酮（Cycloheptanone），$C_7H_{12}O$，112.17。无色液体。bp 80～85℃/3.99kPa，69～72℃/2.67kPa。n_D^{20} 1.4600。

制法　Dauben H J，Ringold H J，Wade R H，et al. Org Synth，1963，Coll Vol 4：221.

$$\overset{O}{\bigcirc} \xrightarrow[EtONa]{CH_3NO_2} \bigcirc\!\!\overset{HO\quad \bar{C}HNO_2Na^+}{} \xrightarrow{AcOH} \bigcirc\!\!\overset{HO\quad CH_2NO_2}{} \xrightarrow[H_2]{Ni} \bigcirc\!\!\overset{HO\quad CH_2NH_2 \cdot AcOH}{} \xrightarrow{NaNO_2} \overset{O}{\bigcirc}$$
$$(2) \hspace{9.5cm} (1)$$

于安有搅拌器、温度计、回流冷凝器、滴液漏斗的干燥的反应瓶中，加入无水乙醇 1200 mL，分批加入洁净的金属钠 57.5 g（2.5 mol），待钠完全反应完后冷至 40℃。剧烈搅拌下慢慢滴加新蒸馏的环己酮（**2**）245.5 g（2.5 mol）与重蒸的硝基甲烷 198 g（3.25 mol）的混合液，保持反应温度在 42～48℃，约 3 h 加完。继续搅拌反应 3 h。放置过夜。冰浴冷却，抽滤。干燥 1 h 后研碎，转入 4 L 烧瓶中，冰浴冷却下慢慢加入由醋酸 184 g 溶于 1250 mL 水的溶液，搅拌溶解。分出油层，水层用乙醚提取 3 次。合并有机层，无水硫酸镁干燥，回收乙醚和过量的硝基甲烷。剩余物中加入冰醋酸 450 mL，转入高压反应釜中，加入 Raney Ni 催化剂，于 0.3～0.4 MPa 氢压下还原，反应放热，注意冷却，保持反应温度在 25～30℃。约吸收理论量 90% 的氢气时停止反应，以免过度氢化导致氢解，约需 15～18 h。打开反应釜，将反应液过滤，滤饼用冰醋酸洗涤。将滤液转入 5 L 安有搅拌器的反应瓶中，冰盐浴冷却，加入冰水 2300 mL，慢慢滴加由亚硝酸钠 290 g（4.2 mol）溶于 750 mL 水配成的溶液，保持内温－5℃，约 1 h 加完。加完后继续低温反应 1 h。放置过夜，用碳酸氢钠中和至 pH7，水蒸气蒸馏，收集约 2L 馏出液。冷却，分出油层，水层用乙醚提取 3 次。合并有机层，无水硫酸镁干燥，回收乙醚后减压蒸馏，收集 80～85℃/4.0 kPa 的馏分，得化合物（1）112～118 g，收率 40％～42％。

环辛酮可用于合成抗精神分裂药物布南色林（Blonanserin）的合成，合成方法如下。

环辛酮（Cyclooctanone），$C_8H_{14}O$，126.20。无色液体。bp 80～87℃/2.261 kPa。

制法　Smith P A S and Baer D R. Organic Reactions，1960，11：179.

于安有搅拌器、温度计的反应瓶中，加入 1-氨甲基环庚醇（2）124 g（0.87 mol），400 mL 10％的盐酸，冷至 5℃，搅拌下慢慢加入由亚硝酸钠 69 g（1 mol）溶于 300 mL 水的溶液。加完后放置 2 h，期间慢升至室温。蒸气浴加热反应 1 h，冷却，分出油层。水层用 100 mL 乙醚提取。合并油层和乙醚层，无水碳酸钾干燥，蒸出乙醚，而后减压蒸馏，收集 80～87℃/2.261 kPa 的馏分，得化合物（1）67 g，收率 61％。高沸点物含有 2-羟甲基环庚醇，减压蒸馏，收集 142～147℃/267 Pa 的馏分，可以得到 2-羟甲基环庚醇 5 g，收率 4％。

环状 β-氨基醇可以通过如下方法来合成。

（1）环酮与三甲基氰基硅烷的加成物还原法。

（2）环酮与氰化氢加成物（α-羟基腈）的还原。

（3）环酮与硝基甲烷加成物的还原。

（4）环酮的 Reformatsky 反应生成 γ-羟基酸酯，后者可以转化为 β-氨基醇。

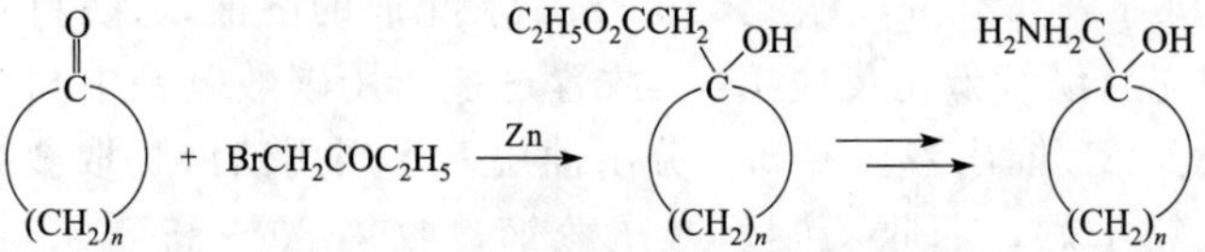

Tiffeneau-Demyanov 扩环反应一般适用于四至八元的碳环，产率也比普通的 Demyanov 重排产物高。Tiffeneau-Demyanov 扩环反应也可用于大环化合物的合成，例如化合物（**11**）的合成（Thies R W and Pierce J R. J Org Chem，1982，47：798）：

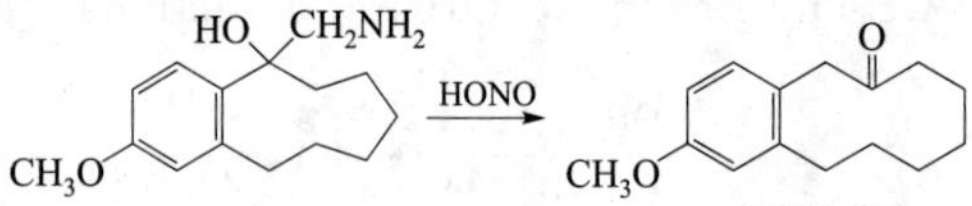

$$(86\%) \ (11)$$

β-卤代醇也可以发生类似于 Tiffeneau-Demyanov 重排反应。

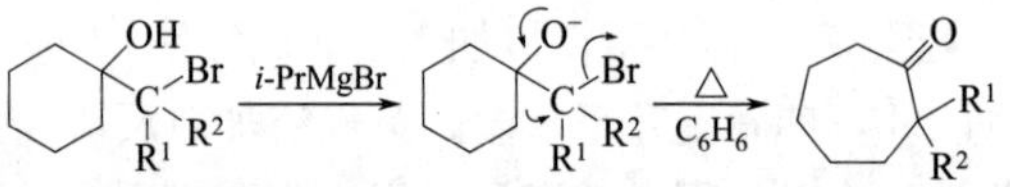

在上述反应中，Grignard 试剂为强碱，夺取羟基中的氢生成烷氧负离子，而后扩环重排生成环酮。式中的 R 基团，至少有一个是苯基或甲基，若两个都是氢，则不发生重排。β-卤代醇的扩环反应适用于五至八元环。

Tiffeneau-Demyanov 重排反应也可用于桥环化合物的合成。例如：

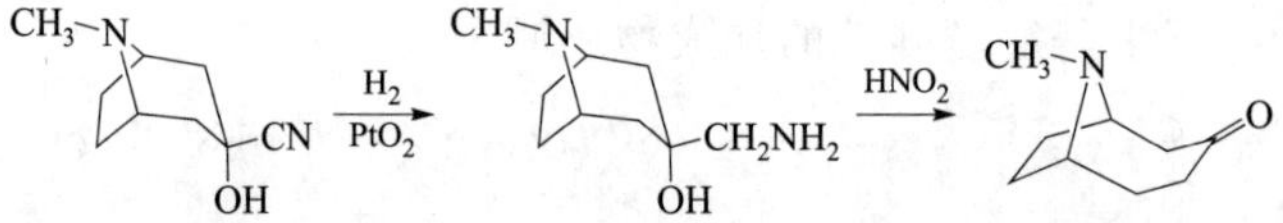

一些杂环甲基胺化合物也可以发生 Demyanov 反应，但收率较低。例如：

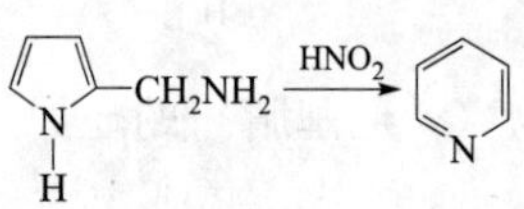

除了上述各种化合物可以发生 Demyanov 反应外，一些醇、烯等在一定的条件下可以生成碳正离子的脂肪族化合物，发生扩环或缩环反应，也可以归属于 Demyanov 重排反应。例如：

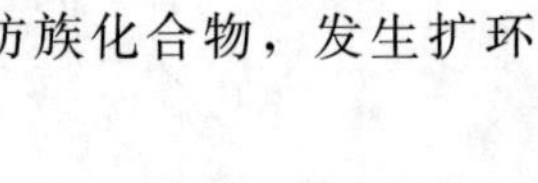

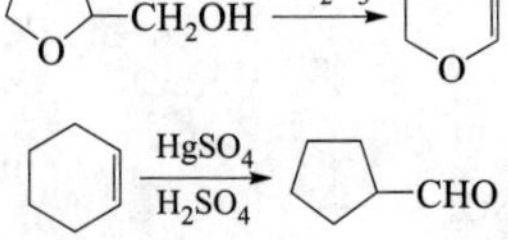

氨基酸、药物、农药甲氰菊酯等的中间体环丁酮的合成如下。

环丁酮（Cyclobutanone），C_4H_6O，70.09。无色液体。bp 99℃。$d^{20}0.938$，$n_D^{20}1.4210$。

制法　① Miroslav K，Jan R. Org Synth，1990，Coll Vol 7：114. ② Wang shouming，Warren M，John M，et al. Bioorganic & Medicinal Chemistry Letters，2002，12（3）：415.

$$\triangleright\!-\!CH_2OH \xrightarrow{H^+} \square\!-\!OH \xrightarrow[(COOH)_2]{CrO_3} \square\!=\!O$$
$$\textbf{(2)} \qquad\qquad\qquad\qquad \textbf{(1)}$$

于安有搅拌器、回流冷凝器的反应瓶中，加入 250 mL 水，48 mL（约 0.55 mol）浓盐酸、环丙基甲醇（**2**）49.5 g（0.65 mol），搅拌回流 100 min（有不溶于水的油层出现）。冰水浴冷却，冷凝器中通入干冰-甲醇冷却液，向反应瓶中加入浓盐酸 45 mL、200 mL 水以及草酸二水合物 440 g（3.5 mol）配成的溶液。冰盐浴冷却。搅拌下滴加三氧化铬 162 g（1.62 mol）与 250 mL 水配成的溶液，控制滴加速度，以保持反应液温度在 10～15℃、二氧化碳温和放出为宜，约 1.5～2 h 加完。室温搅拌 1 h。用二氯甲烷提取 4 次，合并有机层，无水硫酸镁及碳酸钾干燥，精馏回收溶剂后，于 100 mL 蒸馏瓶中精馏，收集 98～99℃（回流比 10：1）的馏分，得环丁酮（**1**）14～16 g，收率 31%～35%，纯度 98%～99%。

Demyanov 重排反应经历了碳正离子的过程，脂环化合物环上碳原子带正电荷时，通过 1,2-亲核重排环会缩小；碳正离子位于环的 α-位时，重排后环会扩大。扩环大多见于三至八元环，而缩环多见于四元环及六至八元环。

$$\underset{(CH_2)_n}{\overset{+CH}{\bigcirc}} \rightleftharpoons \underset{(CH_2)_{n-1}}{\overset{+CH_2}{\underset{CH}{\bigcirc}}}$$

降低环的张力是扩环反应的动力之一，因此，小环的扩环反应收率一般较高。五元环难以通过 1,2-亲核重排反应来合成四元环状化合物，因为由五元环变为四元环伴随着环的张力增大，反应难以进行。而在三元环和四元环之间的转化中，环的张力不是主要的影响因素（Smith M B，March J. March 高等有机化学——反应、机理与结构. 李艳梅译. 北京：化学工业出版社，2009：200）。

氨基环丙烷与亚硝酸反应，可以生成"缩环"产物烯丙醇。

$$\triangleright\!-\!NH_2 \xrightarrow[-N_2]{HONO} CH_2\!=\!CHCH_2OH$$

在分子筛催化下，四氢呋喃甲醇于 400℃ 左右发生 Demyanov 重排反应，可以得到二氢吡喃，收率达 87.2%，是合成该化合物的一种好方法，产品收率和纯度均高于氧化铝催化法。

$$\text{（87.3%）}$$

桥环化合物分子中氨甲基和羟基处在不同的键上，得到的重排产物的比例也不同，例如〔Fattori D，Henry S and Vogel P. Tetrahedron，1993，49（8）：1649〕：

X = CH₂NH₂，Y = OH　　1.6 ：1
X = OH，Y = CH₂NH₂　　10 ：1

该反应在一些笼状化合物的合成、萜类化合物的合成、以及一些天然化合物的合成中也有重要的应用。例如如下笼状化合物的合成（Marchand A P，Rajapaksa D and Reddy P. J Org Chem，1989，54：5086）。

四、Dienone-phenol 重排反应（二烯酮-酚重排反应）

二烯酮-酚重排反应是指 4,4-二取代环己二烯酮在酸性条件下重排生成 3,4-二取代酚的反应。该类反应最早是由 von Auwers and Ziegler K 于 1921 年较详细报道的。

该反应通常是在酸催化下按照离子型反应进行的，后来的研究发现，有些反应通过光化学诱导也可以发生类似的重排反应。

1. 酸催化下的离子型反应机理

反应中首先是 4,4-二取代环己二烯酮羰基的质子化，共振后正电荷转移至与羟基相连的环上的碳原子上，而后发生烃基的亲核 1,2-迁移，最后失去质子，生成苯环的稳定结构。该类重排的动力是生成更稳定的具有封闭共轭结构的芳香体系（苯环），降低了体系的能量。

有时在苯酚与亲电试剂的反应中，会发生逆向的重排（称为苯酚-二烯酮重排），而实际上并未发生真正的迁移。例如：

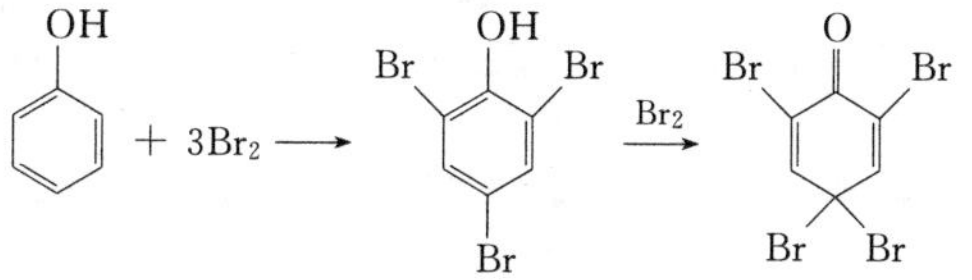

稠环化合物的二烯酮在酸性条件下重排时，可能经历了螺环中间体。以如下反应表示如下：

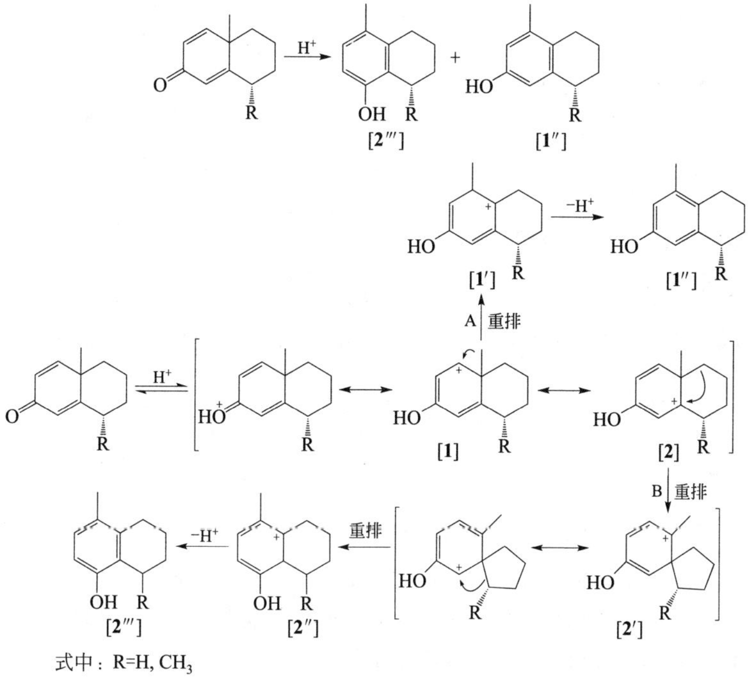

式中：R=H, CH₃

首先是二烯酮质子化，质子化的二烯酮共振式［1］按照途径 A 发生甲基的迁移，生成质子化的烯醇［1′］，［1′］失去质子恢复苯环的结构，生成间甲基酚［1″］。质子化的二烯酮共振式［2］按照途径 B 发生环上亚甲基的迁移生成螺环结构的质子化的烯醇［2′］，［2′］再发生一次亚甲基的迁移生成［2″］，［2″］最后失去质子恢复苯环的结构，生成对甲基酚［2‴］。

在上述反应中，化合物［1″］常常是主要产物。例如：

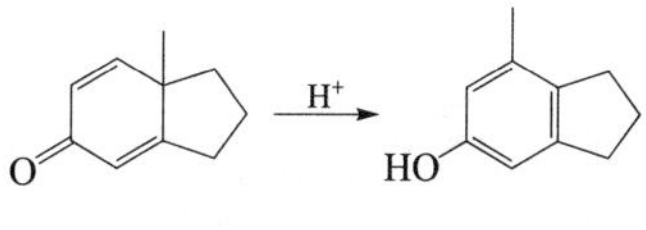

而如下反应则是按照螺环机理进行的（Sauer A M，Crowe W E，Henderson G，Laine A. Tetrahedron Lett，2007，48：6590）。

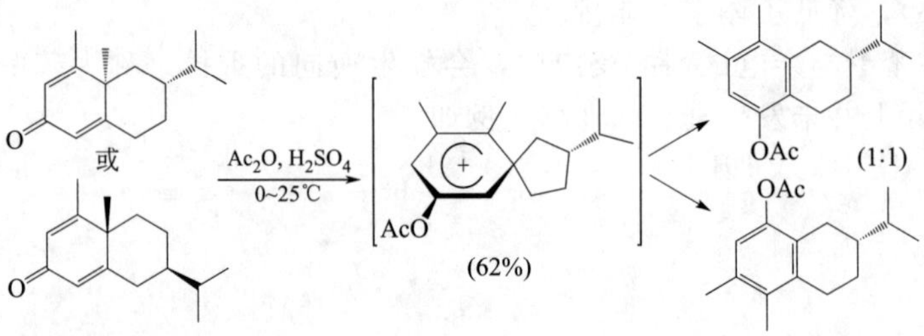

2. 光催化下的自由基型机理

此类反应有时也可以进行光化学反应，显然，光化学反应是一种自由基型反应。以 1-甲基-4-氧代-2,5-环己二烯-1,3-二羧酸甲酯的光化学反应为例，表示该类反应的可能反应机理如下：

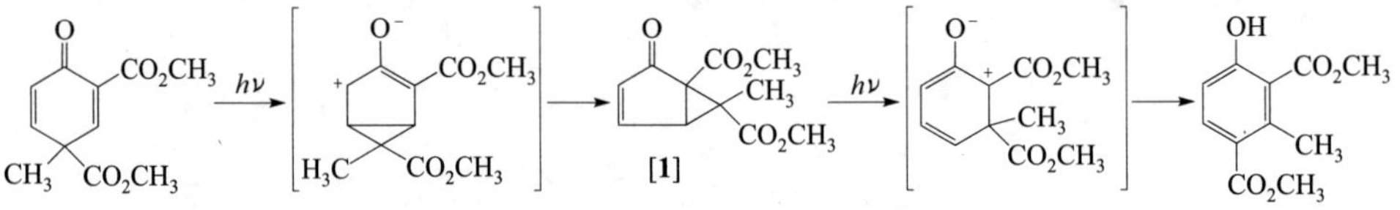

其中的中间体取代二环 [3.1.0] 己酮 [1] 已经分离出来。

如下双环类化合物光照下发生二烯酮-酚重排也是经历了大致相同的过程。

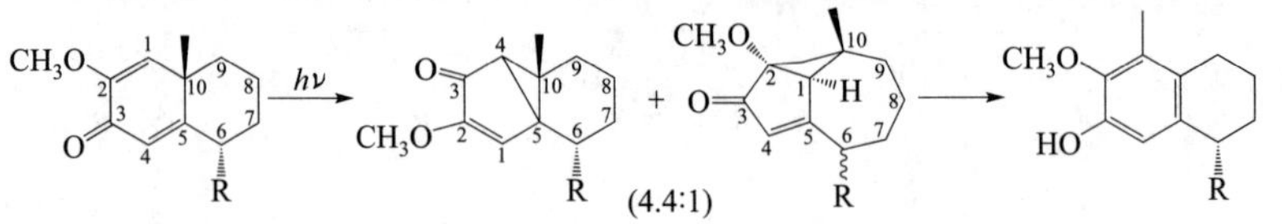

式中 R= CH₃, H

可以发生二烯酮-酚重排的化合物主要是环己二烯酮类化合物，具体地讲，是 2,5-环己二烯-1-酮及其取代的衍生物。这类化合物可以是单环的，也可以是稠环化合物、螺环化合物等。具体例子如下：

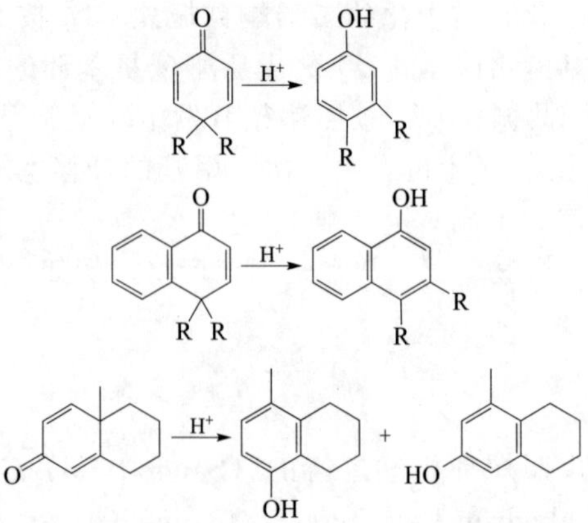

例如 2-羟基-4-甲基-7-甲氧基-9,10-二氢菲的合成。

2-羟基-4-甲基-7-甲氧基-9,10-二氢菲（2-Hydroxy-4-methyl-7-methoxy-9,10-dihydrophenanthrene），$C_{16}H_{16}O_2$，240.30。

制法 ① Banerjee A K，Castillo-Melendez J A，et al. J Chem Res，(S). 2000：324. ②Banerjee A K，et al. Synth Commun，1999，29：2995.

(2) → **(1)** (p-TsOH, Tol)

于安有搅拌器、回流冷凝器的反应瓶中，加入化合物（**2**）5.08 g，干燥的甲苯 300 mL，对甲苯磺酸 1.52 g，回流反应 48 h。减压蒸出溶剂，过硅胶柱纯化，用己烷-乙醚洗脱，得化合物（**1**）2.52 g，收率 50％。

又如化合物（**12**）的合成〔Hart D J，Kim A，Krishnamurthy K，et al. Tetrahedron，1992，48（38）：8179〕：

1.H_2SO_4 2.K_2CO_3,$(CH_3)_2SO_4$ → (86%) **(12)**

酸是该重排反应的催化剂。常用的酸有盐酸、硫酸，三氟乙酸、醋酸酐、醋酸酐-硫酸、醋酸酐-对甲苯磺酸、氢溴酸、高氯酸、Lewis 酸等。在二烯酮-酚重排反应中，使用不同的酸，有时重排产物也明显的不同。例如下面的两个反应：

	对甲基酚	间甲基酚
醋酸酐	59%	—
盐酸	10%	62%
50%硫酸	痕量	52%

	对甲基酚	间甲基酚
醋酸酐	92%	—
盐酸	26%	48%
氢溴酸	10%	55%

在上面的两个例子中，在醋酸酐中进行重排反应时，对甲基酚的收率较高（螺环机理）。值得指出的是，在醋酸酐中进行的反应，开始得到的产物是醋酸酯，水解后才能得到酚。

如下反应使用醋酸酐-硫酸催化剂，则得到了唯一的重排产物（Sauer A M，Crowe W E，Henderson G，Laine A. Tetrahedron Lett，2007，48：6590）。

又如如下反应：

显然，这类重排反应既与催化剂类型有关，也与反应物的结构、取代基性质等有关系。

药物中间体 5-氯-2,8-二羟基-6-甲氧基-4-甲基氧杂蒽酮的合成如下。

5-氯-2,8-二羟基-6-甲氧基-4-甲基氧杂蒽酮（5-Chloro-2,8-dihydroxy-6-methoxy-4-methylxanthone），$C_{15}H_{11}ClO_5$，306.70。黄色针状结晶。mp 298～299℃。

制法　Oda T，Yamagushi Y and Sato Y. Chem Pharm Bull，1986，34：858.

于反应瓶中加入化合物（**2**）270 mg，无水苯 20 mL，慢慢滴加碘化镁乙醚溶液 1.5 mL（制备方法如下：镁屑 300 mg，碘 1.9 g，加入 24 mL 无水乙醚和 4.8 mL 干燥的苯组成的混合溶剂中，反应完后过滤除去过量的镁），搅拌下回流反应 20 min。冷后倒入冰水中，乙酸乙酯提取，水洗，无水硫酸钠干燥，减压浓缩，剩余物（245 mg）用乙酸乙酯重结晶，得黄色针状结晶（**1**），mp 298～299℃。

　　二烯酮的结构对反应有明显的影响。二烯酮的 4,4-二取代基的性质对重排有影响，当前普遍接受的观点是，这两个取代基中吸电子取代基比给电子取代基更容易发生迁移。例如：

式中：Y＝$CO_2C_2H_5$,Ph,Cl,NO_2,Et　　　式中：Y＝OH,OCH_3

至于为什么吸电子基团更容易迁移，可以从下面两种中间体的稳定性得到解释。

　　二烯酮接受质子生成质子化的二烯酮，反应迅速，而且是可逆的。质子化的二烯酮发生重排有两种可能，即途径 a 和途径 b。若按途径 a 进行，则生成活性中间体 [**A**]，此时甲基为给电子基团，可以使正电荷得到分散，稳定性增加；若按途径 b 进行，则生成活性中间体 [**B**]，此时羧酸甲酯基为吸电子基团，从而使正电荷增加，稳定性下降。很显然，重排反应更有利于按途径 a 进行，从而得到吸电子基团迁移的重排产物 [**1**] 为主要产物。

　　除了二烯酮的 4,4-位取代基的性质对重排有影响外，其他位置上取代基的性质对重排也有影响。例如下面两个反应，起始原料 4-位取代基完全相同，反应条件也相同，不同的是二烯酮 2-位上的取代基。前者 2-位上的取代基为吸电子的羧酸酯基，重排后，4-位上吸电子基团迁移到 3-位；后者 2-位上的取代基为给电子的甲氧基，重排后，4-位上的吸电子基团迁移到 5-位。例如（Schultz A G and Hardinger S A. J Org Chem，1991，56：1105）：

（53%）

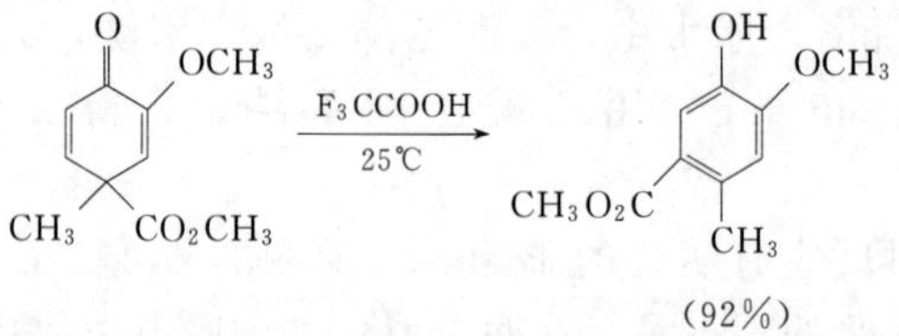

(92%)

反应条件不同，如酸催化和光化学反应，其机理不同，重排后的产物也可能不同。例如下面的两个反应，起始原料二烯酮相同，但光化学反应和酸催化反应的产物不同。光化学反应时，迁移的基团是给电子的甲基，而酸催化反应时，迁移的基团是吸电子的羧酸酯基，从而得到两种不同的产物。例如（Schultz A G and Hardinger S A. J Org Chem，1991，56：1105）：

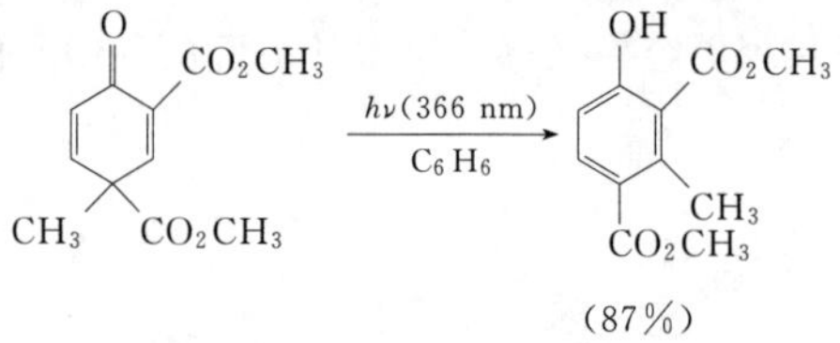

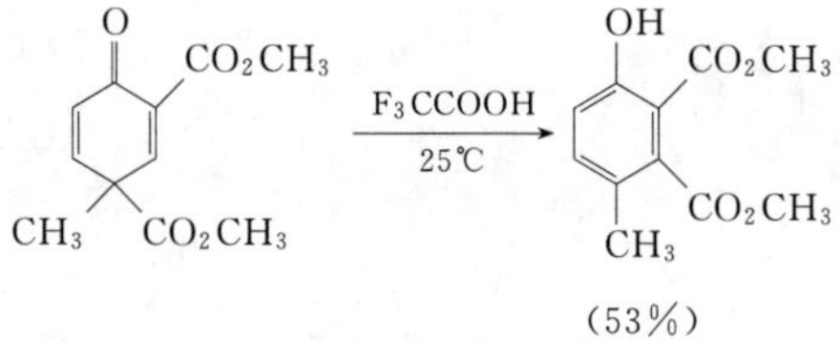

(87%)

(53%)

在如下化合物的重排中，C更容易发生迁移［傅良骅，夏玉明，崔顺植，朱彩凤.大学化学，2000，15（6）：46］。

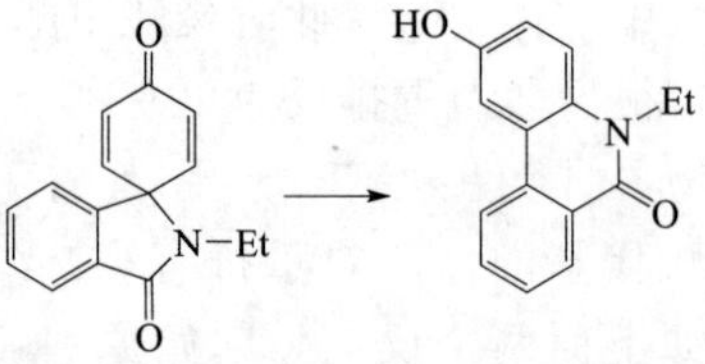

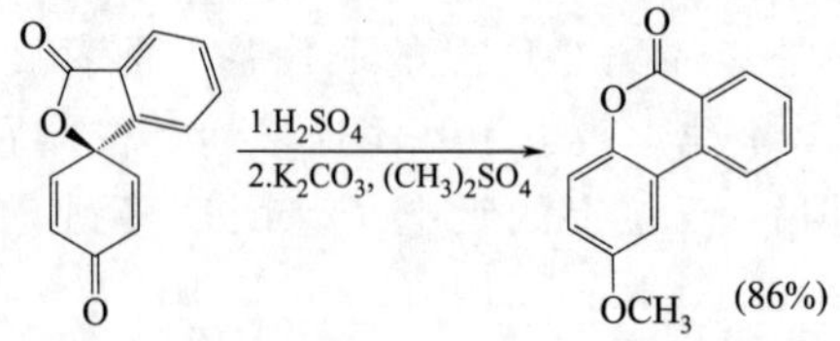

(86%)

该反应的关键是中间体是二烯酮的合成，二烯酮类化合物有多种合成方法，以下是两种常用的合成方法［Primer A A，Marks V，Sprecher M，et al. J Org Chem.1994，59（7）：1831；Schultz A G and Hardinger S A. J Org Chem，1991，56（3）：1105］。

如下 2,4-二烯酮也可以发生重排，不过此时的反应属于 σ-迁移反应。

二烯酮-酚重排反应在有机合成中有重要的用途，其重排理论研究也引起了人们的广泛兴趣，特别是催化剂、迁移基团性质对重排反应的影响等。

五、Allylic 重排反应（烯丙基重排反应）

烯丙基化合物 $CH_2\!=\!CHCH_2Y$ 在 S_N1 条件下（或 S_N2 条件下，此时亲核试剂进攻 γ-碳原子），生成稳定的烯丙基碳正离子。该碳正离子中的正电荷分布可以用如下两种共振结构式表示：

$$R\!-\!CH\!=\!CH\!-\!CH_2\!-\!Y \xrightarrow{-Y^-} \left[R\!-\!CH\!=\!CH\!-\!\overset{+}{C}H_2 \longleftrightarrow R\!-\!\overset{+}{C}H\!-\!CH\!=\!CH_2 \right]$$

与亲核试剂 Nu^- 反应后，可以得到两种不同的取代产物。

$$R\!-\!CH\!=\!CH\!-\!\overset{+}{C}H_2 + Nu^- \longrightarrow R\!-\!CH\!=\!CH\!-\!CH_2\!-\!Nu$$

$$\tag{1}$$

$$R\!-\!\overset{+}{C}H\!-\!CH\!=\!CH_2 + Nu^- \longrightarrow R\!-\!\underset{\underset{Nu}{|}}{CH}\!-\!CH\!=\!CH_2$$

$$\tag{2}$$

其中，化合物（1）是正常的取代产物，而化合物（2）是重排产物。（1）与

（2）是同分异构体，二者的差别是双键位置发生了变化。这种在烯丙基体系中双键位置发生变化的反应称为烯丙基重排反应。这是一种十分常见的重排反应。该类反应是由 Claisen L 于 1912 年首先报道的。

关于该反应的反应机理，有如下几种情况。

1. S_N1 反应机理

在下面的反应中，3-丁烯-2-醇用稀硫酸处理，生成两种烯醇的混合物（3-丁烯-2-醇∶2-丁烯醇为 30∶70）：

$$CH_3\!-\!CH\!-\!CH\!=\!CH_2 \underset{100℃,5h}{\overset{稀\ H_2SO_4}{\rightleftharpoons}} CH_3\!-\!CH\!=\!CH\!-\!CH_2$$
$$\underset{OH}{|}\qquad\qquad\qquad\qquad\qquad\underset{OH}{|}$$
$$(30\%)\qquad\qquad\qquad\qquad\qquad(70\%)$$

反应机理如下。

$$CH_3\!-\!CH\!-\!CH\!=\!CH_2 \overset{H^+}{\rightleftharpoons} CH_3\!-\!CH\!-\!CH\!=\!CH_2 \overset{-H_2O}{\rightleftharpoons} \left[CH_3\!-\!\overset{+}{CH}\!-\!CH\!=\!CH_2 \longleftrightarrow \right.$$
$$\underset{OH}{|}\qquad\qquad\qquad\underset{+OH_2}{|}$$

$$\left. CH_3\!-\!CH\!=\!CH\!-\!\overset{+}{CH_2} \right] \overset{H_2O}{\longrightarrow} CH_3\!-\!CH\!=\!CH\!-\!CH_2 \overset{-H^+}{\longrightarrow} CH_3\!-\!CH\!=\!CH\!-\!CH_2$$
$$\underset{+OH_2}{|}\qquad\qquad\qquad\underset{OH}{|}$$

期间经历了醇羟基的质子化、脱水、重排、碳正离子与水分子的结合、去质子化等过程，最后达到平衡生成两种醇的混合物。整个过程属于 S_N1 机理。最后主要生成更稳定的双键上含较多取代基的 2-丁烯醇（70%）。

例如医药中间体巴豆基氯和甲基乙烯基氯甲烷的合成。

巴豆基氯和**甲基乙烯基氯甲烷**（Crotyl chloride and methylvinylcarbinyl chloride），C_4H_7Cl，90.55。

制法 Oae S and VanderWerf C A. J Am Chem Soc，1953，75（11）：2724.

$$CH_3CH\!=\!CHCH_2OH + HCl \longrightarrow CH_3CH\!=\!CHCH_2Cl + \underset{|}{\overset{Cl}{CH_3}}CCH\!=\!CH_2$$
$$(2)\qquad\qquad\qquad\quad(1)\qquad\qquad\qquad(3)$$

于反应瓶中加入巴豆醇（**2**）72 g，浓盐酸 250 mL，剧烈搅拌反应 1 h。转移至分液漏斗中，分出析出的有机层，水洗，10%的碳酸氢钠洗涤，无水氯化钙干燥。分馏，收集 60～65℃/97.1 kPa 的馏分，得化合物（**3**）粗品，收集 80～83℃/97.1 kPa 的馏分，得化合物（**1**）粗品。分别重新分馏，得化合物（**3**）30 g，bp 63.0℃/97.1 kPa，$n_D^{20}1.4151$。化合物（**1**）40 g，bp 82℃/97.1 kPa，$n_D^{20}1.4343$。

在 1-氯-2-丁烯的碱性水解反应中，也经历了碳正离子中间体的过程，生成的两种醇的比例为 3-丁烯-2-醇∶2-丁烯醇为 40∶60。2-丁烯醇是由亲核试剂进攻离去基团所在的碳（α-碳）原子而生成的，属于 S_N1 机理；而重排产物 3-丁烯-2-醇则是由亲核试剂进攻 γ-碳原子生成的，这种机理称为 S_N1' 机理。

$$CH_3-\overset{\gamma}{C}H=CH-CH_2-Cl \xrightarrow[25℃]{稀\ NaOH} \left[CH_3-CH=CH-\overset{+}{C}H_2 \longleftrightarrow CH_3-\overset{\gamma+}{C}H-CH=CH_2 \right]$$

$$\downarrow HO^- \qquad\qquad\qquad \downarrow HO^-$$

$$\underset{\underset{\ \ OH}{|}}{CH_3-CH=CH-CH_2} \qquad\qquad \underset{\underset{\ \ OH}{|}}{CH_3-CH-CH=CH_2}$$

2-丁烯醇(60%)   3-丁烯-2-醇(40%)

  1-氯-2-丁烯的同分异构体 3-氯-1-丁烯在完全相同的条件下进行反应，经历相同的碳正离子中间体，得到完全相同的两种产物，但产物的比例却明显不同（3-丁烯-2-醇：2-丁烯醇为 68：32）。

$$\underset{\underset{Cl}{|}}{CH_3-CH-CH=CH_2} \xrightarrow[25℃]{稀\ NaOH} \left[CH_3-\overset{+}{C}H-CH=CH_2 \longleftrightarrow CH_3-CH=CH-\overset{+}{C}H_2 \right]$$

$$\downarrow HO^- \qquad\qquad\qquad \downarrow HO^-$$

$$\underset{\underset{\ \ OH}{|}}{CH_3-CH-CH=CH_2} \qquad\qquad \underset{\underset{\ \ OH}{|}}{CH_3-CH=CH-CH_2}$$

3-丁烯-2-醇(68%)   2-丁烯醇(32%)

  上述两个反应，反应条件相同、中间体相同、产物相同，但产物比例却不同。很显然，究其原因，应当在反应原料不同上。

  在上述两个反应中，都是以正常反应产物为主，即亲核试剂进攻离去基团所在的 α-碳原子生成的产物，由此说明，中间体并不是完全自由的碳正离子，而是以离子对的形式存在的。在离去基团尚未完全离去时，亲核试剂已经开始进攻 α-碳原子，从而使正常产物居多，成为主要的反应产物。

  下面的反应也可以说明反应中有离子对的存在。3-甲基-3-氯-1-丁烯在醋酸中进行溶剂解，除了生成两种醋酸酯外，还生成了 2-甲基-4-氯-2-丁烯。

H₃C—C—CH=CH (结构式)   →   H₃C—C=CH—CH (结构式)

3-甲基-3-氯-1-丁烯   2-甲基-4-氯-2-丁烯

  显然，在上述反应中发生了重排，氯原子和双键的位置发生了变化。若在反应中另外再加入氯离子，结果发现对该反应的速率并无影响，说明异构化的过程不是生成完全的碳正离子后再与氯负离子结合，而是电离生成离子对，同一氯原子从反应分子的一端离去，结合到同一分子的另一端，生成新的分子。

（反应式）

紧密离子对

2. S_N2 反应机理

烯丙基化合物在 S_N2 条件下也可能发生重排反应。S_N2 反应的特点是进攻试剂从离去基团的背面进攻，形成反式共平面的过渡态，而后新键的形成和旧键的断裂同时发生，生成新的分子，反应过程中没有碳正离子的生成。如果这样进行的话，当然也就没有重排反应发生。但如果进攻试剂进攻的不是 α-碳原子而是 γ-碳原子（S_N2' 机理），就可能发生重排反应。

S_N2 机理

$$Nu^- \quad H\!-\!\overset{H}{\underset{X}{\overset{\alpha}{C}}}\!-\!CH\!=\!CH\!-\!R \longrightarrow Nu\!-\!CH_2\!-\!CH\!=\!CH\!-\!R$$

S_N2' 机理

$$Nu^- \quad \underset{R^1}{\overset{H}{C}}\!=\!CH\!-\!\overset{R^2}{\underset{R^3}{C}}\!-\!X \longrightarrow \underset{R^1}{\overset{Nu}{\underset{H}{C}}}\!-\!CH\!=\!C\!\overset{R^2}{\underset{R^3}{}}$$

在 S_N2' 反应中，新键的形成、双键的移位、C-X 键的断裂是同时进行的。如下反应说明了该类反应的具体情况。

$$CH_3\!-\!CH\!=\!CH\!-\!CH_2\!-\!Cl + Et_2\overset{..}{N}H \longrightarrow CH_3\!-\!CH\!=\!CH\!-\!CH_2\!-\!NEt_2$$

$$Et_2\overset{..}{N}H + CH_2\!=\!CH\!-\!\underset{Cl}{CH}\!-\!CH_3 \longrightarrow Et_2N\!-\!CH_2\!-\!CH\!=\!CH\!-\!CH_3$$

S_N2 和 S_N2' 是一对竞争性反应，这与 α-碳和 γ-碳的空间位阻有关。当 α-碳为伯碳原子时对 S_N2 有利，为叔碳原子时对 S_N2' 有利。

S_N2' 反应有两种可能的反应方式，一种是同侧反应（亲核试剂和离去基团处于分子的同侧），另一种是异侧反应（亲核试剂和离去基团处于分子的异侧）。

反应究竟按同侧进行还是异侧进行，与离去基团 X 和亲核试剂 Nu^- 的性质有关。但大多数情况下是按同侧反应进行的。

在上述反应中，同侧进攻时更有利的一种原因可能与离去基团卤素原子上的未共电子对可以与亲核试剂二乙胺氮原子上的氢形成氢键有关，一旦生成氢键，则只能是同侧反应。

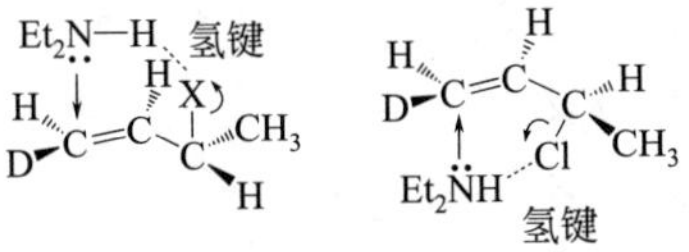

3. S_Ni' 机理

S_N1 和 S_N1' 反应以及 S_N2 和 S_N2' 反应间的竞争，很少有完全生成重排产物的反应。但 2-丁烯-1-醇和 3-丁烯-2-醇与氯化亚砜反应时，生成的产物几乎完全是重排产物，这两个反应是按 S_Ni（分子内的亲核取代反应）机理进行的。

$$CH_3-CH=CH-CH_2-OH \xrightarrow{SOCl_2} CH_3-\underset{\underset{Cl}{|}}{CH}-CH=CH_2$$
$$(100\%)$$

$$CH_2=CH-\underset{\underset{OH}{|}}{CH}-CH_3 \xrightarrow{SOCl_2} ClCH_2-CH=CH-CH_3$$
$$(100\%)$$

可能的反应机理如下：

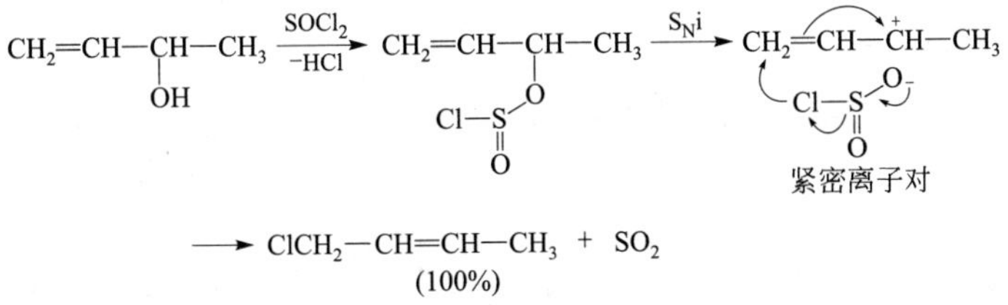

$$\longrightarrow ClCH_2-CH=CH-CH_3 + SO_2$$
$$(100\%)$$

普通的 S_Ni 机理，亲核试剂进攻的是 α-碳原子，而 S_Ni' 机理中亲核试剂进攻的是 γ-碳原子，生成的是重排产物。

例如如下反应：

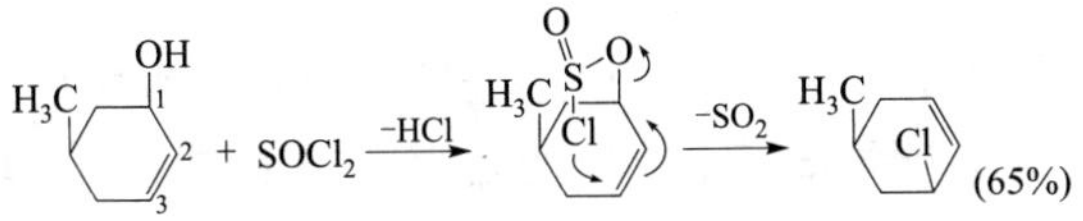

4. 其他反应机理

上述几种机理都是通过亲核试剂进行的亲核取代反应。实际上，烯丙基化合物也可以进行亲电取代反应、自由基型反应以及周环反应等。

在碱性条件下，烯丙基化合物 α-碳原子上的氢原子被碱夺取，则生成烯丙基碳负离子，该负离子上的负电荷离域在三个碳原子上。用共振结构式表示如下：

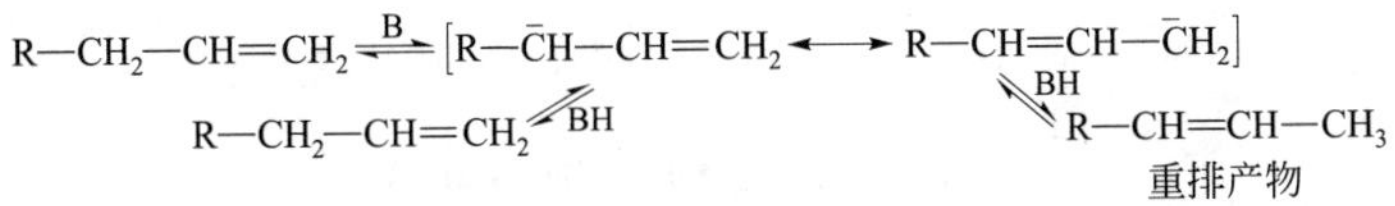

具体反应如下。

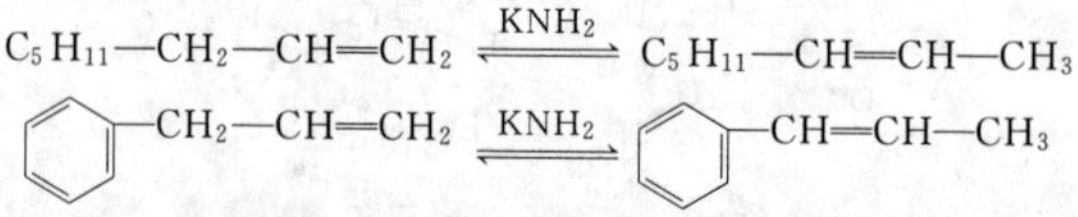

$$C_5H_{11}-CH_2-CH=CH_2 \underset{}{\overset{KNH_2}{\rightleftharpoons}} C_5H_{11}-CH=CH-CH_3$$

在上述两个反应中，在强碱氨基钾存在下，平衡倾向于右方，最终主要生成热力学稳定的产物。前者双键上取代基较多，后者双键与苯环共轭，体系更稳定。

烯丙基化合物也可以发生自由基型反应，例如丙烯在高温下的氯化反应。

$$CH_2=CH-CH_3 + Cl_2 \xrightarrow{500℃} CH_2=CH-CH_2Cl$$

一般的反应机理如下：

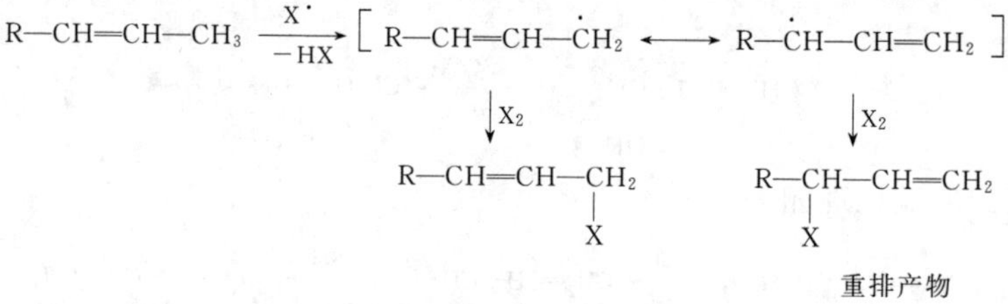

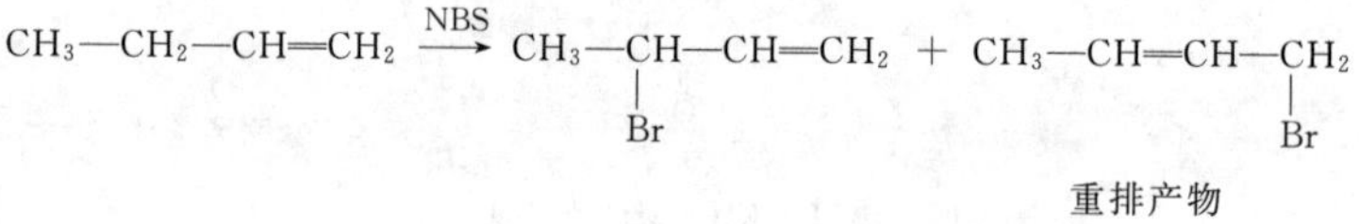

由此可以看出，烯丙基重排包括烯丙基碳正离子、烯丙基碳负离子和烯丙基自由基的重排反应。

可以发生烯丙基重排反应的化合物主要有烯丙醇类、烯丙基卤、烯丙基 Grignard 试剂、烯丙醇醚、烯丙基酯、丙烯类化合物等含有烯丙基的化合物。分别表述如下：

烯丙醇在酸性条件下失去羟基（以水分子的形式）生成烯丙基碳正离子，烯丙基碳正离子正电荷重新分布，生成新的烯丙基碳正离子，并与亲核试剂结合生成重排产物。

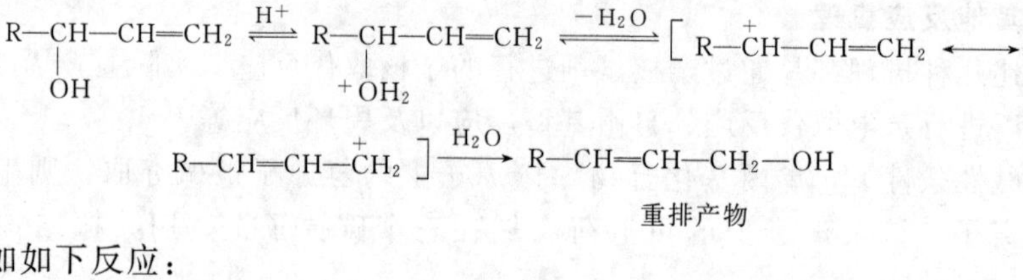

例如如下反应：

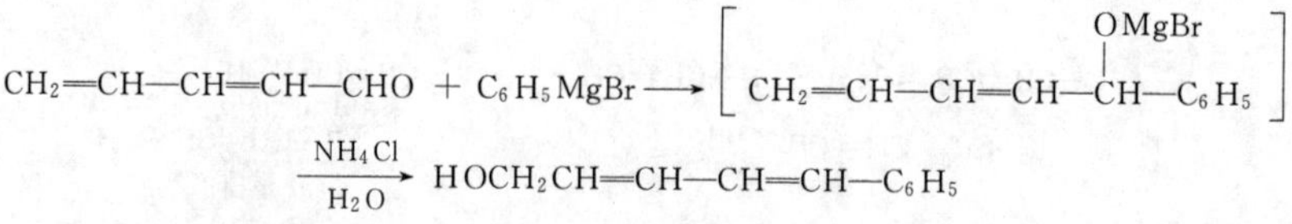

乙酸 α,α-二甲基烯丙基酯为维生素 E 主要中间体，DV 菊酸（菊酯中间体），合成维生素 A、维生素 K_1、类胡萝卜素中间体，其合成方法如下。

乙酸 α,α-二甲基烯丙基酯和乙酸 γ,γ-二甲基烯丙基酯（α,α-Dimethylallyl acetate，γ,γ-Dimethylallyl acetate），$C_7H_{12}O_2$，128.17。

制法　Young W G and Webb I D. J Am Chem Soc，1951，73（2）：780.

$$(CH_3)_2\overset{\overset{\text{OH}}{|}}{C}CH=CH_2 + (CH_3CO)_2O \longrightarrow (CH_3)_2\overset{\overset{\text{OCOCH}_3}{|}}{C}CH=CH_2 + (CH_3)_2C=CHCH_2OCOCH_3$$

（2）　　　　　　　　　　　　　**（1）**　　　　　　　　**（3）**

于安有搅拌器、回流冷凝器的反应瓶中，加入 α,α-二甲基烯丙醇（**2**）0.5 mol，醋酸酐 0.6 mol，于 95℃ 水浴中搅拌反应 27 h。将反应液倒入冰水中，用饱和氢氧化钠溶液中和。乙醚提取，合并乙醚层，无水硫酸镁干燥。蒸出乙醚后减压分馏。收集 49℃/7.315 kPa 的馏分，为化合物（**1**），n_D^{20} 1.4103，bp $120\sim122'$，n_D^{20} 1.4120。收集 74℃/7.315 kPa 的馏分，为化合物（**3**），n_D^{20} 1.4298（$120\sim122'$，n_D^{20} 1.4120）。总收率 58%，化合物（**1**）与化合物（**3**）的比率为 70:30。若在相同条件下将反应延长至 200 h 以上，则生成的产物几乎全部为化合物（**3**）。

烯丙基卤在碱性条件下失去卤素负离子，生成烯丙基碳正离子，后者重排，正电荷重新分布，生成新的烯丙基碳正离子，并与亲核试剂结合生成重排产物。

$$R-\underset{\overset{|}{X}}{C}H-CH=CH_2 \rightleftharpoons \left[R-\overset{+}{C}H-CH=CH_2 \longleftrightarrow R-CH=CH-\overset{+}{C}H_2 \right]$$

$$\xrightarrow{H_2O} R-CH=CH-CH_2-OH$$

重排产物

烯丙基 Grignard 试剂酸性水解时有时也会发生烯丙基重排反应。Grignard 失去金属离子生成烯丙基负离子，例如：

$$CH_3-CH=CH-CH_2-MgBr \xrightarrow[-MgClBr]{HCl} \left[CH_3-CH=CH-\overset{-}{C}H_2 \longleftrightarrow CH_3-\overset{-}{C}H-CH=CH_2 \right]$$

$$\Big\downarrow H_3^+O \qquad\qquad\qquad \Big\downarrow H_3^+O$$

$$CH_3-CH=CH-CH_3 \qquad\qquad CH_3-CH_2-CH=CH_2$$

重排产物

丙烯类化合物 α-碳上的氢在强碱性条件下可以被强碱基夺取，生成烯丙基碳负离子，后者负电荷重新分布，生成新的烯丙基碳负离子，并与亲电试剂结合生成重排产物。

$$R-CH_2-CH=CH_2 \xrightarrow[-HB]{B} \left[R-\overset{-}{C}H-CH=CH_2 \longleftrightarrow R-CH_2=CH-\overset{-}{C}H_2 \right]$$

$$-B\Big\Vert BH \qquad\qquad\qquad -B\Big\Vert BH$$

$$R-CH_2-CH=CH_2 \qquad\qquad R-CH_2=CH-CH_3$$

重排产物

烯丙基乙烯基醚，在一定的条件下可以发生重排：

该类反应属于 σ-迁移反应。

丙烯类化合物 α-碳上的氢也可以发生自由基型反应，生成烯丙基自由基，烯丙基自由基电子重新分布，生成新的烯丙基自由基，从而生成重排产物。

常见的烯丙基化合物的一般制备方法如下。

（1）共轭二烯的 1,4-加成。

（2）烯丙基卤化物的水解。

维生素 A 的一条合成路线如下。

（3）金属有机化合物与羰基化合物和 α,β-不饱和羰基化合物的加成。

（4）不饱和化合物的还原。

（5）卤化物和醇类化合物的消除。

（6）烯丙基化合物 α-H 的取代和氧化。

（7）α,β-不饱和羰基化合物的取代反应。

（8）α,β-不饱和醛转化为酯。

（9）质子转移重排反应。

$$Cl-CH=CRCH_2Cl \xrightarrow{MY} Cl-CH=CRCH_2Y \xrightarrow[X^-]{ROH} XCH_2-CH=CHY$$

式中，MY 可以是金属氰化物或 Grignard 试剂（也可能是其他亲核试剂）。

在碱性条件下，炔键也可以发生类似的重排反应，但其中间产物是丙二烯类结构的化合物：

$$R-CH_2-C\equiv CH \rightleftharpoons R-CH=C=CH_2 \rightleftharpoons R-C\equiv C-CH_3$$

$$PhC\equiv CCH_2OTs + MeMgBr \xrightarrow{CuBr} \begin{array}{c} Ph \\ | \\ C=C-CH_2 \\ | \\ Me \end{array}$$

上例中的产物为累积二烯。而在如下反应中则可以得到 α,β-不饱和醛或酮。

$$R-C\equiv C-\overset{\overset{\displaystyle R}{|}}{\underset{\underset{\displaystyle R}{|}}{C}}-X \xrightarrow{HO^-} \underset{HO}{\overset{\displaystyle R}{C}}=C=\overset{\overset{\displaystyle R}{|}}{\underset{\underset{\displaystyle R}{|}}{C}} \rightarrow R-\overset{\overset{\displaystyle O}{\|}}{C}-CH=\overset{\overset{\displaystyle R}{|}}{\underset{\underset{\displaystyle R}{|}}{C}}$$

一般情况下氨基钠这样的强碱可以将非端基炔转化为端基炔，一种比较好的碱是 3-氨基丙氨基钾（$H_2NCH_2CH_2CH_2NHK$）。强碱可以生成炔化物而使平衡偏向于生成端基炔，而较弱的碱如 KOH，不能生成炔化物，因而只能生成热力学更稳定的非端基炔。例如［Macaulay S R. J Org Chem，1980，45（4）：734］。

$$CH_3(CH_2)_{15}C\equiv CCH_2OH \xrightarrow[\text{己烷}]{H_2N(CH_2)_3NNa} HC\equiv C(CH_2)_{16}CH_2OH （85\%）$$

又如（Abrasm S R. Can J Chem，1984，62：1333）：

$$CH_3(CH_2)_{15}C\equiv C(CH_2)_5CH_2OH \xrightarrow[(CH_3)_3COK]{H_2N(CH_2)_3NHK} HC\equiv C(CH_2)_{21}CH_2OH （82\%）$$

农药、茶长卷叶蛾性信息素中间体 9-癸炔-1-醇的合成如下。

9-癸炔-1-醇（9-Decyn-1-ol），$C_{10}H_{18}O$，154.25。无色油状液体。bp 86～88℃/67Pa。

制法 Abrams S R，Shaw A C. Org Synth，1993，Coll Vol 8：146.

$$HOCH_2-C\equiv C-(CH_2)_6CH_3 \xrightarrow[H_2N(CH_2)_3NH_2]{LiNH(CH_2)_3NH_2, t\text{-}BuOK} HOCH_2(CH_2)_7C\equiv CH$$

（2） （1）

于安有搅拌器、滴液漏斗、温度计、回流冷凝器（安干燥管，内装片状氢氧化钾）的反应瓶中，氩气保护下加入金属锂 4.2 g（0.6 mol），1,3-丙二胺300 mL，反应放热。室温搅拌反应 30 min。

于 70℃ 油浴中加热反应，直至蓝色消失，生成白色氨基锂悬浮液。冷至室温，加入叔丁醇钾 44 g（0.4 mol），将生成的浅黄色液体室温搅拌反应 20 min。于 10 min 内慢慢滴加 2-癸炔-1-醇（2）15.4 g（0.1 mol），滴液漏斗用 20 mL 1,3 丙二胺冲洗并加入反应瓶中。将生成的浅红棕色反应物搅拌反应 30 min 后倒入 1 L 冰水中，用己烷提取 4 次，每次 500 mL。合并有机层，依次用 1 L 冷水、10％的盐酸、饱和食盐水洗涤。无水硫酸钠干燥，过滤，旋转浓缩，粗品减压蒸馏，收集 86～88℃/67 Pa 的馏分，得无色油状液体（1）12.8～13.5 g，收率 83％～88％。

在烯丙基重排反应中，有各种不同的化合物可以发生该重排反应，同时又有各种不同的反应机理，因此，影响该类重排反应的因素也各不相同。在此只能就一些共性的问题作一简单介绍。

对于 S_N1' 反应机理的烯丙基重排反应，烯丙基碳正离子的结构对反应有影响。烯丙基叔碳正离子一般只发生取代反应，难以发生重排。烯丙基仲、伯碳正离子可以发生重排。亲核试剂的空间位阻对重排反应有影响。亲核试剂的空间体积较大时，溶剂更容易进攻烯丙基碳正离子空间位阻较小的带正电荷的碳原子。

对于 S_N2' 反应机理的烯丙基重排反应，烯丙基化合物的结构、离去基团的性质、亲核试剂的亲核性以及空间位阻、反应介质的性质等对重排反应均有影响。

S_N2' 和 S_N2 是一对竞争性反应。究竟以哪种反应为主，与烯丙基化合物 α-碳和 γ-碳原子的拥挤程度有关。α-碳为伯碳时对 S_N2 反应有利，α-碳为叔碳时对 S_N2' 有利。例如伯卤代烷 1-溴-2-丁烯进行 S_N2 反应的速率比仲卤代烷 3-溴-1-丁烯进行 S_N2' 反应的速率大 28200 倍，而这一卤代烷进行 S_N2 反应的速率只比进行 S_N2' 反应的速率大 60 倍。

$$CH_3CH=CHCH_2Br \qquad \overset{Br}{\underset{|}{CH_3CHCH}}=CH_2$$

1-溴-2-丁烯 　　　　　　2-溴-1-丁烯

烯丙基化合物中离去基团的吸电子能力越强，则 γ-碳原子上的正电性越强，越容易受到亲核试剂的进攻，易于发生烯丙基重排反应。

亲核试剂自身的体积大小对反应有影响。例如：

$$\underset{CH_3CHCH=CH_2}{\overset{Cl}{|}} \quad \begin{cases} \xrightarrow{NH_3} & \underset{CH_3CHCH=CH_2}{\overset{NH_2}{|}} \ （主产物）\\ \\ \xrightarrow{Et_2NH} & CH_3CH=CHCH_2NEt_2 \ （主产物） \end{cases}$$

S_N2' 和 S_N2，S_N1' 和 S_N1 等反应的竞争，使得烯丙基重排反应中，很少有完全的重排反应发生。但 S_Ni' 机理有时例外。

双键迁移也可以在光照条件下进行，有时也可以在金属离子（大多是含有 Pt、Ru 或 Rh 的复合离子）或金属羰基化合物作用下发生。在后者情况下反应至少有两种反应机理，其中一种机理称为金属氢化物加成-消除机理，反应中需要外部氢的参与。

$$R\diagup\diagdown \underset{MH}{\overset{MH}{\rightleftharpoons}} R\diagup\underset{M}{\overset{CH_3}{\diagdown}} \xrightarrow{-MH} R\diagup\diagdown^{CH_3}$$

另一种机理是 π-烯丙基配合物机理，这种机理不需要外部氢的参与：

$$R\diagup\diagdown \underset{M}{\overset{M}{\rightleftharpoons}} R\diagup\diagdown^M \rightleftharpoons R\underset{M}{\diagdown} \rightleftharpoons R\diagup\diagdown^{CH_3} \xrightarrow{-M} R\diagup\diagdown^{CH_3}$$

烯丙基重排反应涉及的范围很广。烯丙基化合物无论在具体的合成还是在理论研究方面都有非常重要的意义。烯丙基化合物是性质非常活泼的化合物，既可以发生取代反应，也可以发生双键上的加成反应，因此在有机合成中是用途广泛的中间体。烯丙基体系也广泛存在于天然产物中，如生物碱、甾族化合物、萜类化合物等。因此，烯丙基重排反应在有机合成、药物合成、天然化合物的研究等方面，都有重要的应用。

六、Benzilic acid 重排反应（二苯羟乙酸重排反应）

邻二酮（α-二酮）类化合物在碱性条件下发生重排反应，生成 α-羟基羧酸。该反应首先是由 Liebig J 发现的，称为二苯羟乙酸重排反应，又叫二苯基乙二酮-二苯基乙醇酸（Benzil-benzilic acid）重排反应。典型的例子是二苯基乙二酮重排生成二苯基羟基乙酸，并因此而得名。

$$C_6H_5-\overset{O}{\overset{\|}{C}}-\overset{O}{\overset{\|}{C}}-C_6H_5 \xrightarrow[140℃]{KOH, EtOH} \overset{C_6H_5}{\underset{C_6H_5}{}}C\overset{OH}{\underset{COOK}{}} \xrightarrow{H^+} \overset{C_6H_5}{\underset{C_6H_5}{}}C\overset{OH}{\underset{COOH}{}}$$

反应机理如下：

$$Ar-\overset{O}{\overset{\|}{C}}-\overset{O}{\overset{\|}{C}}-Ar + HO^- \underset{第一步}{\rightleftharpoons} Ar-\overset{O}{\overset{\|}{C}}-\overset{O^-}{\underset{\underset{Ar}{|}}{\overset{|}{C}}}-OH \xrightarrow{第二步} Ar-\overset{O^-}{\overset{|}{C}}-\overset{O}{\overset{\|}{C}}-OH \xrightarrow{第三步} Ar-\overset{OH}{\overset{|}{\underset{\underset{Ar}{|}}{C}}}-\overset{O}{\overset{\|}{C}}-O^-$$

首先是碱基负离子进攻带有部分正电荷的羰基碳原子（第一步），而后发生烃基的迁移（第二步），最后发生质子的转移（第三步），生成二苯基羟基乙酸负离子，后者经酸化生成二苯基羟基乙酸。该反应生成稳定的羧酸盐是反应的动力。

决定反应速率的反应是第二步反应，即烃基的迁移。

α-芳二酮可以发生二苯羟乙酸（Benzilic acid）重排反应，α-芳二酮一般是由 α-羟基酮的氧化来合成，而 α-羟基酮可以由芳香醛通过苯偶姻缩合反应来制备。

$$2ArCHO \xrightarrow{KCN} Ar-\overset{OH}{\overset{|}{C}}H-\overset{O}{\overset{\|}{C}}-Ar \xrightarrow{[O]} Ar-\overset{O}{\overset{\|}{C}}-\overset{O}{\overset{\|}{C}}-Ar \xrightarrow[2.\ H^+]{1.\ KOH} Ar-\overset{OH}{\underset{\underset{Ar}{|}}{\overset{|}{C}}}-\overset{O}{\overset{\|}{C}}-OH$$

用于胃及十二指肠溃疡、胃炎、胃痉挛、胆石症等的药物胃复康（Benaetyzine）等的中间体二苯基羟乙酸的合成如下。

二苯基羟乙酸（Benzilic acid），$C_{14}H_{12}O_3$，228.25。白色固体。mp 149～150℃。

制法

方法 1 Furniss B S，Hannaford A J，Rogers V，Smith P W G，Tatchell A R. Vogel's Textbook of Practical Organic Chemistry. Longman London and New York，Fourth edition，1978：807.

$$\overset{O}{\underset{\underset{O}{\|}}{Ph}}Ph \xrightarrow{KOH} \overset{Ph}{\underset{Ph}{}}C\overset{O}{\underset{OH}{}}OH$$

（2）　　　　　　（1）

于安有搅拌器、回流冷凝器的反应瓶中，加入氢氧化钾 35g，70 mL 水，溶解后加入 90 mL 95％的乙醇。搅拌下加入二苯基乙二酮（**2**）35g（0.167 mol），生成深蓝黑色的溶液。沸水浴加热反应 10～15min。将反应物倒入烧杯中，冷却过夜。过滤析出的二苯羟乙酸钾盐结晶，少量乙醇洗涤。将其溶于约 350 mL 水中，搅拌下加入 1 mL 浓盐酸，这样生成的沉淀为红棕色。过滤。滤液几乎是无色的，继续加盐酸酸化，直至对刚果红试纸呈酸性。过滤，冷水洗涤，直至无氯离子。干燥。得浅黄色粗品（**1**）30g，收率79％。用苯（6 mL/g）或水重结晶，活性炭脱色，mp 150℃。

方法 2　US. 2010/0249451A1.

于安有搅拌器、温度计的反应瓶中，加入二苯基乙二酮（**2**）0.1 mol，苄基三甲基氢氧化铵 0.2 mol，于 40℃搅拌反应 2 h。反应混合物用水稀释，用盐酸酸化至 pH3，抽滤析出的固体，水洗，干燥，得化合物（**1**），收率 92％。

抗癫痫药物苯妥英钠（Phenytoinum Natricum）原料药（**13**）的合成如下（邓晶晶，李婷婷，尤思路.内蒙古中医药，2008，5：46）。

反应中首先是二苯基乙二酮发生重排，紧接着与尿素环合生成苯妥英钠。

又如农药杀螨剂三氯杀螨醇中间体 2,2-二对氯苯基-2-羟基乙酸的合成。

2，2-二对氯苯基-2-羟基乙酸 ［2,2-Di（4-chlorophenyl）-2-hydroxyacetic acid］，$C_{14}H_{10}Cl_2O_3$，297.14。白色结晶，mp 214～215℃。

制法　司宗兴.农药，1987，4：16.

于安有搅拌器、回流冷凝器的反应瓶中，加入对氯苯偶酰（**2**）14 g，固体氢氧化钠 6 g，水 30 mL，搅拌下慢慢升温，于 140℃回流反应 2～3 h。加入 100 mL 水溶解剩余残渣。过滤除去不溶物。滤液用盐酸调至 pH1，生成大量白色沉淀。抽滤，水洗，干燥，得化合物（**1**）12 g，收率80％。用乙醇-水（1：1）重结晶，得白色结晶，mp 214～215℃。

除了 α-芳二酮外，某些脂肪族、脂环族、杂环族的 α-二酮也可以发生二苯羟乙酸重排反应。例如 2,2'-二-α-呋喃基-2-羟基乙酸钾（**14**）的合成［哈森其木格，王继明. 化学世界，2008，49（10）：604]：

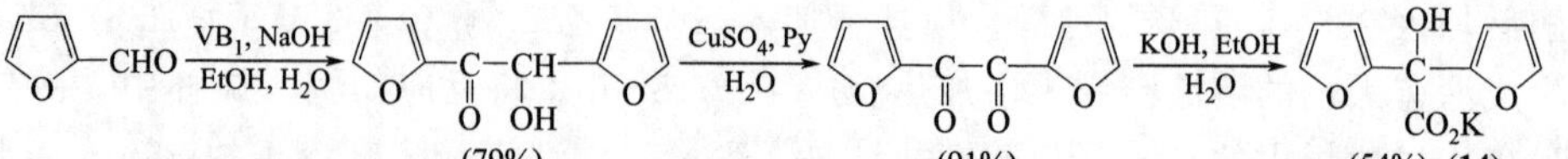

（79%）　　　　　（91%）　　　　　（54%）（14）

又如柠檬酸的合成。柠檬酸是一种重要的有机酸，在工业、食品业、化妆业等具有极多的用途。工业上采用生物学方法制备。

柠檬酸（2-Hydroxypropane-1，2，3-tricarboxylic acid，Citric acid），$C_6H_8O_7$，192.13。无水柠檬酸为无色单斜对称结晶或白色结晶性粉末、颗粒，易吸潮。mp 153℃。柠檬酸一水合物为无色正交柱状结晶或白色结晶颗粒，在干燥空气中易风化，在潮湿空气中易结块。mp 约100℃。

制法　US. 2010/0249451A1.

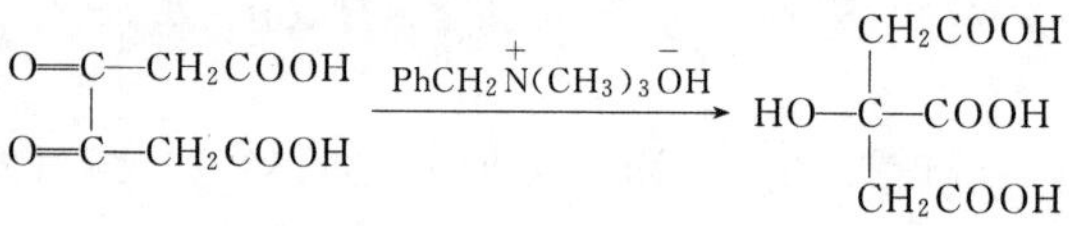

（2）　　　　　　　　　　　（1）

于安有搅拌器、温度计的反应瓶中，加入 3,4-二氧代己二酸（**2**）0.1 mol，苄基三甲基氢氧化铵0.2 mol，水 5 mL，于45℃搅拌反应6 h。冷却，用30%的盐酸酸化至 pH2.9，抽滤析出的固体，冷水洗，干燥，得化合物（**1**），收率85%。

据报道 [张磊等.现代化工，2002，22（增刊）：130]，乙二醛在碱性条件下室温可以转化为羟基乙酸。最佳反应条件为乙二醛的浓度为 0.2 mol/L、氢氧化钠溶液的浓度为 0.2 mol/L、反应温度35℃，反应时间 35 min，羟基乙酸的收率为 72.8%。

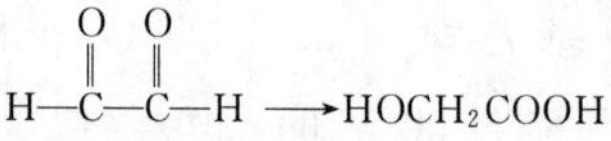

四氧代嘧啶经重排后生成阿脲酸（**15**）：

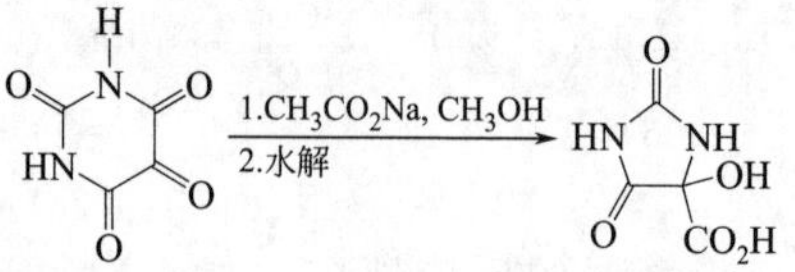

（15）

脂环族的 α-二酮在重排中常常是脂环的缩小。例如：

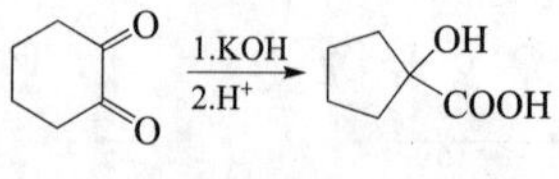

农药、医药中间体 9-羟基芴-9-羧酸的合成如下。

9-羟基芴-9-羧酸（9-Hydroxyfluorene-9-carboxylic acid），$C_{14}H_{10}O_3$，226.23。

白色针状结晶。mp 125℃，166～167℃（无水物）。溶于氯仿、甲醇、乙醇，微溶于水。

制法 ① 程潜，李长荣，张彦文，陈娟.合成化学，1997，5（1）：97.② 文海，耐登，赵卫东，赵凤英.内蒙古师大学报：自然科学汉文版，1996，2：43.

于安有搅拌器、温度计、回流冷凝器的反应瓶中，加入菲醌（**2**）24.0 g（0.116 mol），2 mol/L 的氢氧化钠水溶液 600 mL，水浴加热，保持反应液温度在 75～80℃ 之间，反应 3 h。冷后用盐酸调至 pH 8～9，过滤。滤液再用盐酸调至 pH 1～2，析出淡黄色固体。抽滤，水洗。重结晶后得白色针状结晶 9-羟基芴-9-羧酸（**1**）25 g，mp 166～167℃，收率 95%。

又如如下反应（Patra A，Ghorai S K，De S R，Mal D. Synthesis，2006，15：2556）：

甾体化合物利用该反应可以使其中的某一环缩小。例如：

某些环状的邻卤代醇，在 Grignard 试剂存在下也可以发生类似的二苯羟乙酸重排反应。

其反式异构体在相同条件下只得到微量的重排产物。

α-卤代酮有时也可以发生该类反应。例如：

反应介质对 Benzilic acid 重排反应有影响，α-二酮若在碱性水溶液催化下反应，而后中和，得到的是羟基乙酸；若该反应是在醇钠（钾）中进行，则得到的是羟基乙酸酯。例如二苯基羟乙酸叔丁酯（**16**）的合成。

$$Ph-\overset{\overset{O}{\|}}{C}-\overset{\overset{O}{\|}}{C}-Ph \xrightarrow[(CH_3)_3COH]{(CH_3)_3COK} Ph_2\overset{\overset{OH}{|}}{C}COOC(CH_3)_3 \quad (16)$$
$$(93\%)$$

但所使用的醇钠（钾），最好是甲醇、叔丁醇钠（钾），而不要使用乙醇、异丙醇等的钠盐或钾盐，因为这些醇有 α-H，具有 α-H 的醇钠（钾）与 α-二酮混合后，可以发生氧化还原反应，使 α-二酮生成 α-羟基酮，致使重排反应难以进行。反应中一般也不能使用酚盐，因为它们的碱性一般较弱，不能满足反应的需要。

$$Ph-\overset{\overset{O}{\|}}{C}-\overset{\overset{O}{\|}}{C}-Ph + (CH_3)_2CHO^- \longrightarrow Ph-\overset{\overset{O^-}{|}}{\underset{H}{C}}-\overset{\overset{O}{\|}}{C}-Ph + CH_3COCH_3$$

也有铑催化该类反应的报道（Shimizu Z，Tekawa M，Maruyama Y，Yamamoto A. Chem Lett，1992：1365）。

最近，Meshram H M 等在发明专利中称，他们使用季铵碱作该反应的碱，代替氢氧化钾、氢氧化钠等，可以在温和的条件下高收率的得到相应的二芳基羟基乙酸。例如（Meshram H M. US，2010/0249451）：

$$(95\%)$$

$$(89\%)$$

芳基 Grignard 试剂属于强碱，可以使 α-芳二酮发生类似的重排反应，产物不是羟基乙酸，而是 α-羟基酮。

不对称的 α-芳香二酮重排时，芳环上取代基的性质对重排反应有影响。例如下列化合物的重排：

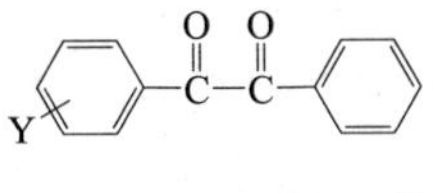

究竟是带取代基 Y 的芳环迁移还是不带取代基的苯环迁移，取决于取代基 Y 的性质。若 Y 为吸电子基团，由于 Y 的吸电子作用，使得与 Y 相连的苯环电子云密度降低，并使与其相连的羰基碳原子正电荷增加，从而 HO^- 更容易进攻该羰基碳原子（反应机理中的的第一步反应），第二步发生迁移重排时，带吸电子基团的苯环容易迁移，并最终生成重排产物。若 Y 为给电子基团时，苯环上电子云密度增大，同时向与其相连的羰基碳原子转移，使得该羰基碳原子正电荷减少，此时 HO^- 更容易进攻另一个羰基碳原子（反应机理中的第一步），第二步发生迁移重排时，第二个羰基上的苯环容易迁移，并最终生成重排产物。

Y 为吸电子基团时的反应

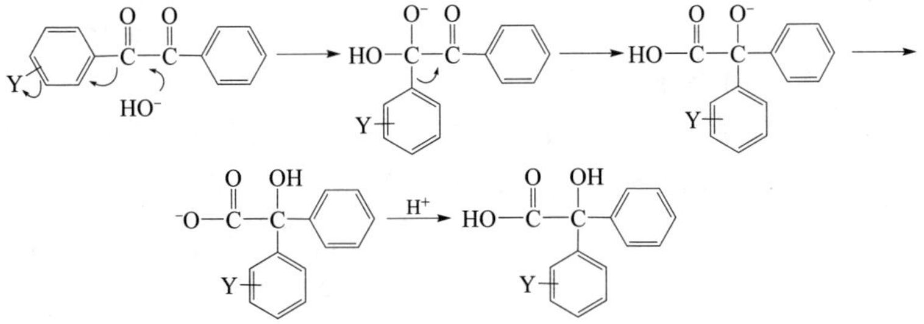

Y 为给电子基团时的反应

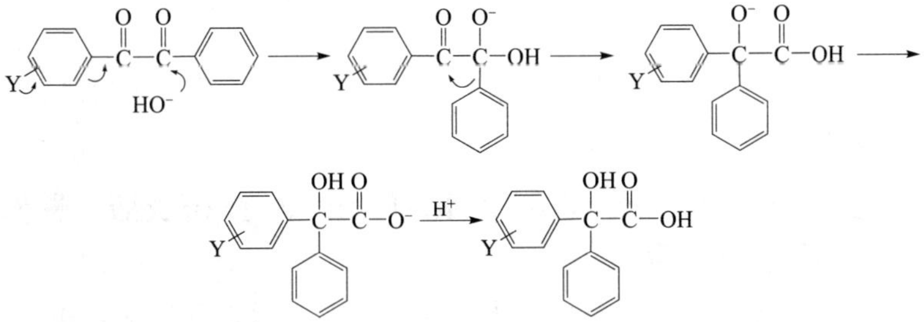

脂肪族 α-二酮也可以发生该类重排反应，但具有 α-H 的二酮，常常会发生羟醛缩合反应，使得重排产物收率降低，甚至不能发生重排反应。例如 2,3-丁二酮，在碱性条件下只发生羟醛缩合反应生成二甲基苯醌。

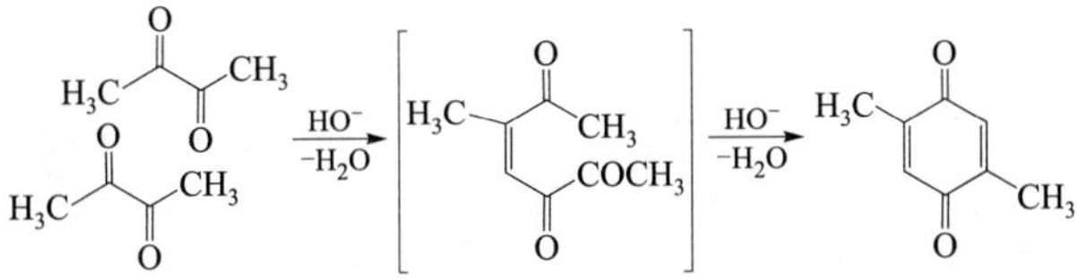

空间位阻对重排反应有明显的影响。空间位阻越大，重排反应越难进行。例

如六甲基丁二酮，不发生该类重排反应。当然，也可能与六个甲基的给电子效应而使羰基碳原子正电荷降低，不利于碱基的进攻有关。

不对称 α-二酮进行重排时也可以得到单一产物。例如下面的化合物在碱性条件下酰氨基发生 1,2-亲核迁移得到重排产物。同位素标记法证明，在该重排反应中，只有酰氨基进行迁移，反应速率取决于碱的浓度，反应为一级反应〔Gowal H，Spiess A. Helv Chim Acta，1985，68（8）：2132〕。

（R=H、CH₃、CH₃O）

Toda F（Toda F. Chem Lett，1990：373）报道，将二苯乙二酮与固体碱金属氢氧化钾一起加热，进行固相反应，反应速率比在溶液中进行的快，可以高收率的得到二苯基羟乙酸。例如，新粉碎的二苯乙二酮与粉状氢氧化钾混合后于 80℃加热 0.2 h，而后用盐酸酸化，得到二苯基羟乙酸，收率 90%。

微波技术也已用于该类重排反应。

逆二苯羟乙酸重排反应（Retro-benzilic acid rearrangement）也有报道。例如（Selig P，Bach T. Angew Chem Int Ed 2008，47：5082）。

二苯羟乙酸重排反应在药物合成、甾族化合物、天然化合物的研究中应用广泛，引起了人们的广泛关注。

七、Acid-catalyzed Aldehyde-Ketone 重排反应（酸催化下的醛、酮的重排反应）

在醛或酮的分子中，与羰基碳原子直接相连的基团以及羰基 α-位上的基团，只要具有迁移能力，在酸的催化下，会发生相互交换，生成新的羰基化合物。该类反应称为酸催化下的醛、酮的重排反应。

式中 R^1、R^2、R^3、R^4 分别代表烷基、芳基和氢。重排的结果是醛生成酮，酮生成新的酮。

关于该类重排反应的反应机理，目前主要有两种解释，分述如下。

第一种机理：

$$R^2\text{-}\underset{R^3}{\overset{R^1}{C}}\text{-}\overset{O}{\underset{}{C}}\text{-}R^4 \;\xrightleftharpoons{H^+}\; \left[R^2\text{-}\underset{R^3}{\overset{R^1}{C}}\text{-}\underset{OH^+}{C}\text{-}R^4 \;\longleftrightarrow\; R^2\text{-}\underset{R^3}{\overset{R^1}{C}}\text{-}\underset{OH}{\overset{+}{C}}\text{-}R^4\right] \;\xrightarrow{R^1\text{迁移}}\; R^2\text{-}\underset{R^3}{\overset{+}{C}}\text{-}\underset{OH}{\overset{R^4}{C}}\text{-}R^1 \;\xrightarrow{R^4\text{迁移}}$$

[1]

$$\left[R^2\text{-}\underset{R^3}{\overset{R^4}{C}}\text{-}\underset{OH}{\overset{+}{C}}\text{-}R^1 \;\longleftrightarrow\; R^2\text{-}\underset{R^3}{\overset{R^4}{C}}\text{-}\underset{OH^+}{C}\text{-}R^1\right] \;\xrightarrow{-H^+}\; R^2\text{-}\underset{R^3}{\overset{R^4}{C}}\text{-}\underset{O}{\overset{}{C}}\text{-}R^1$$

[2]

羰基化合物首先质子化，接着发生 R^1 的重排，随后发生 R^4 的重排。在此机理中，发生了两次不同的烃基的迁移，生成两种不同的碳正离子，最终生成了新的酮。在此反应中，两个迁移基团按照相反的方向进行迁移。最终结果是原料的羰基就是产物的羰基，只是羰基上连接的基团发生了变化。

第二种机理：

$$R^1\text{-}\underset{R^3}{\overset{R^2}{C}}\text{-}\overset{O}{\underset{}{C}}\text{-}R^4 \;\xrightleftharpoons{H^+}\; \left[R^1\text{-}\underset{R^3}{\overset{R^2}{C}}\text{-}\underset{OH^+}{C}\text{-}R^4 \;\longleftrightarrow\; R^1\text{-}\underset{R^3}{\overset{R^2}{C}}\text{-}\underset{OH}{\overset{+}{C}}\text{-}R^4\right] \;\longrightarrow$$

在此机理中，烃基的迁移和羟基氧原子的亲核取代同时进行，生成环氧乙烷正离子中间体，而后烃基的迁移和环氧环的开裂同时进行，最后生成了新的酮。在这种反应中，两个迁移基团的迁移方向是相同的，原料和产物的羰基是不同的。

上述两种机理中，都是先质子化，烃基的迁移是分两步进行的。两种机理的差别是明显的。第一种机理中，产物的羰基就是反应物的羰基，第二种机理中，由于氧原子的迁移而使羰基发生了变化。若将羰基碳原子用[14]C 标记，则第一种机理中产物[14]C 将全部保留在羰基碳原子上；若按第二种机理进行，则产物中[14]C 将全部在羰基的 α-碳原子上。

实验结果表明，下面的反应按照第一种机理进行，[14]C 出现在羰基碳上：

$$CH_3\text{-}\underset{CH_3}{\overset{CH_3}{C}}\text{-}\overset{14}{\underset{}{C}}\text{-}\overset{O}{\underset{}{}}H \;\xrightarrow{H^+}\; CH_3\text{-}\underset{H}{\overset{CH_3}{C}}\text{-}\overset{14}{\underset{}{C}}\overset{O}{\underset{}{}}\text{-}CH_3$$

在有些反应中，符合第二种反应机理，[14]C 标记出现在原来羰基的 α-碳上。而在如下反应中，则出现了两种机理都有的情况，[14]C 标记的碳分别在原来羰基的碳上和 α-碳上，说明这两种机理同时存在于同一反应中。

$$\text{Ph}-\overset{O}{\overset{\|}{^{14}C}}-\text{C(CH}_3)_3 \xrightarrow{70\% \text{HClO}_4} \text{Ph}-\overset{\text{CH}_3}{\underset{\text{CH}_3}{\overset{|}{\underset{|}{C}}}}-\overset{O}{\overset{\|}{^{14}C}}-\text{CH}_3 + \text{Ph}-\overset{\text{CH}_3}{\underset{\text{CH}_3}{\overset{|}{\underset{|}{^{14}C}}}}-\overset{O}{\overset{\|}{C}}-\text{CH}_3$$

由上述反应机理可以看出，在重排反应中有碳正离子生成，按照一般的规律，烃基取代基越多的碳正离子越稳定，所以，发生该重排反应的主要是烃基部分取代基多的醛和酮。

从重排后的产物看，醛重排后生成酮，酮重排后生成新的酮，尚未发现酮重排成醛的例子。

α-羟基醛、酮也可以发生类似的反应，称为 α-乙酮醇重排反应。

$$\text{R}^2-\overset{\text{R}^1}{\underset{\text{OH}}{\overset{|}{\underset{|}{C}}}}-\overset{O}{\overset{\|}{C}}-\text{R}^3 \rightleftharpoons \left[\text{R}^2-\overset{\text{R}^1}{\underset{\text{OH}}{\overset{|}{\underset{|}{C}}}}-\overset{\overset{+}{O}\text{H}}{\overset{\|}{C}}-\text{R}^3 \leftrightarrow \text{R}^2-\overset{\text{R}^1}{\underset{\text{OH}}{\overset{|}{\underset{|}{C}}}}-\overset{OH}{\underset{+}{\overset{|}{C}}}-\text{R}^3 \right] \longrightarrow$$

$$\left[\text{R}^2-\overset{\text{R}^1}{\underset{\text{OH OH}}{\overset{|}{\underset{|}{\overset{+}{C}}}}}-C-\text{R}^3 \leftrightarrow \text{R}^2-\overset{\text{R}^1}{\underset{\overset{+}{O}\text{H OH}}{\overset{|}{\underset{|}{C}}}}-C-\text{R}^3 \right] \underset{-\text{H}^+}{\rightleftharpoons} \text{R}^2-\overset{\text{R}^1}{\underset{O}{\overset{|}{\underset{|}{C}}}}-\overset{OH}{\underset{}{\overset{|}{C}}}-\text{R}^3$$

在上述 α-乙酮醇重排反应中，只发生了一次烃基的迁移。

碱也能催化 α-乙酮醇重排反应：

$$\text{R}^2-\overset{\text{R}^1}{\underset{\text{OH}}{\overset{|}{\underset{|}{C}}}}-\overset{O}{\overset{\|}{C}}-\text{R}^3 \underset{-\text{HB}}{\overset{\text{B}^-}{\rightleftharpoons}} \text{R}^2-\overset{\text{R}^1}{\underset{O^-}{\overset{|}{\underset{|}{C}}}}-\overset{O}{\overset{\|}{C}}-\text{R}^3 \longrightarrow \text{R}^2-\overset{}{\underset{O}{\overset{\|}{\underset{|}{C}}}}-\overset{O^-}{\underset{\text{R}^1}{\overset{|}{\underset{|}{C}}}}-\text{R}^3 \underset{-\text{B}^-}{\overset{\text{HB}}{\rightleftharpoons}} \text{R}^2-\overset{}{\underset{O}{\overset{\|}{\underset{|}{C}}}}-\overset{OH}{\underset{\text{R}^1}{\overset{|}{\underset{|}{C}}}}-\text{R}^3$$

但在上述反应中，要求相应的醇必须是叔醇。若参加反应的 α-乙酮醇与醇羟基相连的碳原子上具有氢原子，即上式中的 R^1 或 R^2 为氢原子，在碱的作用下更容易重排，但此时进行酮式-烯醇式互变而引起重排，这种重排称为 Lobry-de-Bruyn-van-Ekenstein 重排反应。

$$\text{R}-\overset{H}{\underset{OH}{\overset{|}{\underset{|}{C}}}}-\overset{H}{\overset{\|}{\underset{O}{C}}} \underset{-\text{H}_2\text{O}}{\overset{\text{HO}^-}{\rightleftharpoons}} \text{R}-\overset{}{\underset{O^-}{\overset{\|}{\underset{}{C}}}}-\overset{H}{\overset{\|}{\underset{O}{C}}} \underset{-\text{HO}^-}{\overset{\text{H}_2\text{O}}{\rightleftharpoons}} \text{R}-\overset{}{\underset{O}{\overset{\|}{\underset{}{C}}}}-\text{CH}_2\text{OH}$$

该反应在糖类化合物的研究中应用较多，是醛糖和酮糖差向异构化互变的重要反应。

$$\begin{array}{c}
\text{CHO} \\
\text{H}\!-\!\!\!-\!\text{OH} \\
\text{H}\!-\!\!\!-\!\text{OH} \\
\text{R}
\end{array}
\rightleftharpoons
\begin{array}{c}
\text{CH}_2\text{OH} \\
\text{C}\!=\!\text{O} \\
\text{H}\!-\!\!\!-\!\text{OH} \\
\text{R}
\end{array}
\rightleftharpoons
\begin{array}{c}
\text{CH}_2\text{OH} \\
\text{C}\!=\!\text{O} \\
\text{HO}\!-\!\!\!-\!\text{H} \\
\text{R}
\end{array}$$

$$\begin{array}{c}
\text{CHO} \\
\text{HO}\!-\!\!\!-\!\text{H} \\
\text{H}\!-\!\!\!-\!\text{OH} \\
\text{R}
\end{array}$$

Lobry-de-Bruyn-van-Ekenstein 重排反应常用的碱是氢氧化钠、石灰水等。例如：

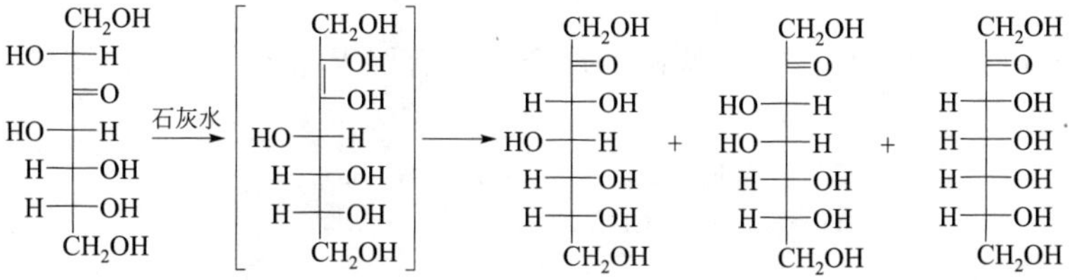

由于经过烯醇中间体，因此此反应无立体专一性，底物发生去质子化的手性碳在反应后发生差向异构化。例如，D-葡萄糖在反应条件下，生成的最终产物是 D-葡萄糖、D-果糖和 D-甘露糖的混合物。

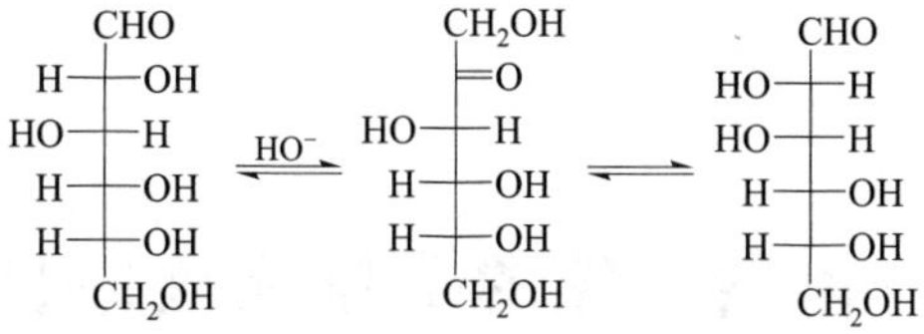

D-葡萄糖　　D-果糖　　D-甘露糖

又如如下反应，反应一定时间后可以达到平衡生成（**17**），但平衡后（**17**）的生成量不高（Sedmera P，et al. J Carbohyd Chem，1998，17：1351）。

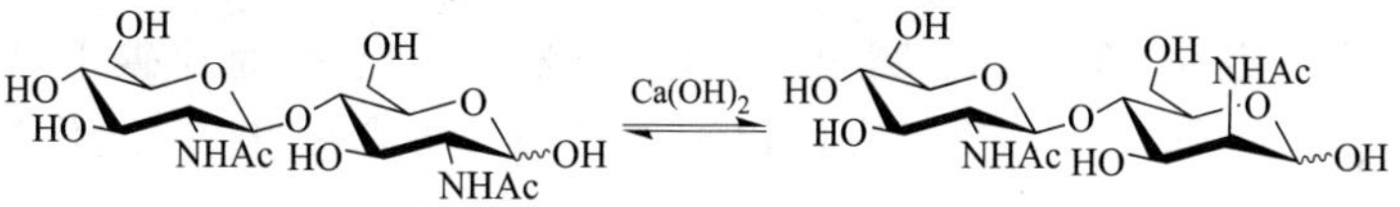

(17)

在醛、酮的重排反应中，酸是重要的催化剂。常用的酸有硫酸、硫酸与汞盐的混合物、高氯酸等。其中高氯酸应用最广泛。有时也可以用吸附于硅藻土上的磷酸作催化剂，但在较高温度下才能进行该重排反应。

如下反应用高氯酸作催化剂，最后的生成物中含有 70％的重排产物和 30％的未反应的原料。

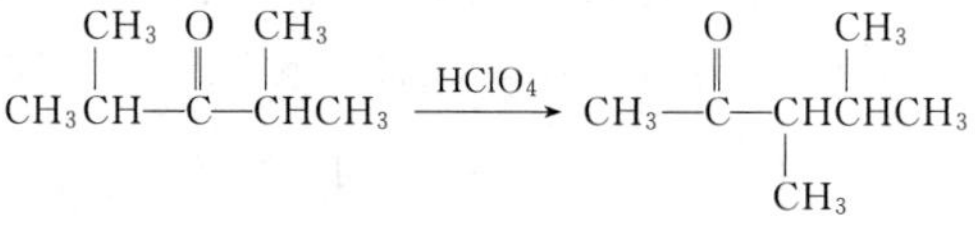

（30％）　　（70％）

3-戊酮用高氯酸在 70℃处理 48 h，只有 5％的重排产物。

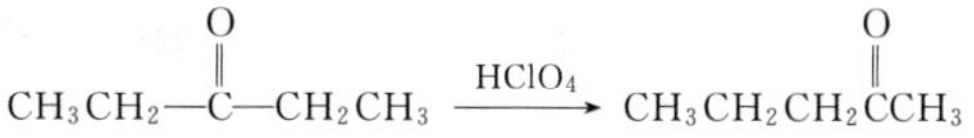

（5％）

二叔丁基甲酮于 88％的硫酸中 30℃反应 4 h，而后倒入冰水中，乙醚提取后，可以分离出 64％的重排产物。

$$CH_3-\overset{\underset{\displaystyle CH_3}{|}}{\underset{\underset{\displaystyle CH_3}{|}}{C}}-\overset{\underset{\displaystyle O}{\|}}{C}-\overset{\underset{\displaystyle CH_3}{|}}{\underset{\underset{\displaystyle CH_3}{|}}{C}}-CH_3 \xrightarrow[30℃,4\,h]{88\%\,H_2SO_4} CH_3-\overset{\underset{\displaystyle O}{\|}}{C}-\overset{\underset{\displaystyle CH_3}{|}}{\underset{\underset{\displaystyle CH_3}{|}}{C}}-\overset{\underset{\displaystyle CH_3}{|}}{\underset{\underset{\displaystyle CH_3}{|}}{C}}-CH_3 \quad (64\%)$$

醛的重排可以在低温下与浓硫酸混合，而后倒入冰水中的方法来进行。

$$Ph_3CCHO \xrightarrow{H_2SO_4} Ph_2CH\overset{\underset{\displaystyle O}{\|}}{C}Ph$$

$$Ph_2C-CHO \xrightarrow{H_2SO_4} PhCH-COPh + Ph_2CH-CO-\underset{}{\bigcirc}-CH_3$$

酸催化下的醛、酮的重排反应在糖化学研究方面应用较多，其反应机理的研究备受关注。

第二节　由碳至碳的重排反应(碳烯重排)

碳烯(Carbene)，又称卡宾、碳宾，是含二价碳的电中性化合物。卡宾是由一个碳和其他两个原子或基团以共价键结合形成的，碳上还有两个自由电子。最简单的卡宾是亚甲基卡宾，亚甲基卡宾很不稳定，从未分离出来，是比碳正离子、自由基更不稳定的活性中间体。其他卡宾可以看作是取代亚甲基卡宾，取代基可以是烷基、芳基、酰基、卤素等。这些卡宾的稳定性顺序排列如下：

$$\ddot{C}H_2 < ROO\ddot{C}H < Ph\ddot{C}H < Br\ddot{C}H < Cl\ddot{C}H < Br_2\ddot{C} < Cl_2\ddot{C}$$

卡宾的寿命很短，只能在低温下（77 K 以下）捕集，但它的存在已被大量实验事实所证明。

关于碳烯的一些基本性质，参见本丛书《消除反应原理》分册第九章。

重氮甲烷或乙烯酮经光解或热解生成亚甲基卡宾：

$$CH_2N_2 \longrightarrow :CH_2 + N_2$$

$$CH_2=C=O \longrightarrow :CH_2 + CO$$

卡宾的碳原子只有 6 个价电子，是一种中性的缺电子物种，所以，基团向碳烯碳原子的迁移（重排）也属于向缺电子碳的重排反应。这类重排反应主要是Wolff 重排反应和 Arndt-Eistert 合成反应，当然，还有一些其他的碳烯重排反应。

一、Wolff 重排反应和 Arndt-Eistert 合成

羧酸首先制成酰氯，酰氯与重氮甲烷反应生成 α-重氮甲基酮（Diazoketone)，称为 Arndt-Eistert（阿斯特-艾斯特合成）反应。后者在加热、光照或催化剂等作用下放出氮生成酮碳烯（Keto-carbene），再重排成反应活性很强的烯酮（Ketene），烯酮分别与水、醇、氨或胺反应，生成羧酸、酯、酰胺，后面的反应称为 Wolff（沃尔夫）重排反应。

$$R—COOH \xrightarrow{SOCl_2} R-\overset{O}{\overset{\|}{C}}-Cl \xrightarrow{2CH_2N_2} R-\overset{O}{\overset{\|}{C}}-\overset{-}{C}H-\overset{+}{N}\equiv N \xrightarrow{-N_2} R-\overset{O}{\overset{\|}{C}}-CH: \xrightarrow{重排} R—CH=C=O$$

α-重氮酮　　　　酮碳烯　　　　烯酮

$$R—CH=C=O \begin{array}{l} \xrightarrow{H_2O} RCH_2COOH \\ \xrightarrow{R'OH} RCH_2COOR' \\ \xrightarrow{NH_3} RCH_2CONH_2 \\ \xrightarrow{R'NH_2} RCH_2CONHR' \end{array}$$

生成的烯酮与水、醇、氨（胺）反应后，得到比原来羧酸增加一个碳原子的羧酸或其衍生物（酯、酰胺）。

反应中生成的重氮酮在加热、光照或某些金属等催化剂存在下重排成烯酮，烯酮再与水等反应生成羧酸及其衍生物。上述反应中 α-重氮酮重排生成烯酮的反应称为 Wolff 重排反应，是 Wolff 于 1902 年在研究 α-重氮羰基化合物的化学时发现的。烯酮是非常活泼的中间体，与水反应生成羧酸，与醇反应生成酯，与胺反应生成酰胺等。

Arndt F 和 Eistert B 曾对该反应进行了详细研究，从羧酸出发，经氯化、与重氮甲烷反应、重排、水解等，得到了比原来的羧酸增加一个碳原子的羧酸。因此，该反应又叫 Arndt-Eistert 反应。

α-重氮酮主要可以发生如下多种反应。

$$\boxed{R-\overset{O}{\overset{\|}{C}}-\overset{R'}{\underset{N_2}{C}}} \begin{array}{l} \longrightarrow Wolff重排反应 \\ \longrightarrow 环丙烷化 \\ \longrightarrow 叶立德反应 \\ \longrightarrow X—H插入反应 (X=C, O, S, N, Si) \end{array}$$

反应机理如下：

$$R—COOH \xrightarrow{SOCl_2} R-\overset{O}{\overset{\|}{C}}\overset{\frown}{-}Cl \xrightarrow{-Cl^-} R-\overset{O}{\overset{\|}{C}}-CH-\overset{+}{N}\equiv N \longrightarrow R-\overset{O}{\overset{\|}{C}}-\overset{-}{C}H-\overset{+}{N}\equiv N + CH_3-\overset{+}{N}\equiv N$$

:CH_2—N≡N　　　　H　　　　α-重氮酮
　　　　　　:CH_2—N≡N

$$\xrightarrow{Cl^-} CH_3Cl + N_2$$

$$R-\overset{O}{\overset{\|}{C}}-CH-\overset{+}{N}\equiv N \xrightarrow{-N_2} R-\overset{O}{\overset{\|}{C}}-CH: \xrightarrow{重排} R—CH=C=O$$

α-重氮酮　　　　酮碳烯　　　　烯酮

在上述反应中，酰氯与重氮甲烷反应生成 α-重氮酮的过程并不难理解，属于羰基上的亲核加成-消除机理。反应中需要 2 mol 的重氮甲烷，其中 1 mol 的重氮甲烷与氯化氢反应生成一氯甲烷和氮气，另 1 mol 的重氮甲烷才与酰氯反应生成 α-重氮酮。α-重氮酮分子中的重氮基不稳定，容易失去氮气分子而生成酮碳烯。酮碳烯发生重排生成烯酮。下面仅讨论酮碳烯生成烯酮的重排过程。值得指出的是，α-重氮甲基酮有两种构型，s-(E) 型和 s-(Z) 型，二者可以通过中间 C-C 键的旋转互相转化。Wolff 重排反应优先发生于 s-(Z) 构型。

在非质子溶剂中，一些较稳定的烯酮已经分离出来。较不稳定的烯酮，可以用如下的反应来捕捉。

$$\begin{array}{c} \text{C}=\text{C}=\text{O} \\ | \\ \text{C}=\text{N}-\text{R} \end{array} \longrightarrow \begin{array}{c} \text{C}-\text{C}=\text{O} \\ | \quad\quad | \\ \text{C}-\text{N}-\text{R} \end{array}$$

以上事实确实证明了反应过程中有烯酮的生成。此外，用光学活性的羧酸进行上述反应则进一步证明，该反应为分子内的重排反应。若重排基团为手性基团，则重排后手性碳的绝对构型不变。

$$Ph-\overset{\overset{C_4H_9}{|}}{\underset{\underset{CH_3}{|}}{C}}-COOH \xrightarrow{SOCl_2} Ph-\overset{\overset{C_4H_9}{|}}{\underset{\underset{CH_3}{|}}{C}}-COCl \xrightarrow{CH_2N_2} Ph-\overset{\overset{C_4H_9}{|}}{\underset{\underset{CH_3}{|}}{C}}-COCHN_2$$

$$\xrightarrow{Ag_2O} \text{重排} \xrightarrow{\text{水解}} Ph-\overset{\overset{C_4H_9}{|}}{\underset{\underset{CH_3}{|}}{C}}-CH_2-COOH$$

用 ^{13}C 标记的羧酸进行反应：

$$PhMgBr + {}^{13}CO_2 \longrightarrow Ph-\overset{O}{\overset{||}{{}^{13}C}}-MgBr \xrightarrow{H_3^+O} Ph-\overset{O}{\overset{||}{{}^{13}C}}-OH \xrightarrow{SOCl_2} Ph-\overset{O}{\overset{||}{{}^{13}C}}-Cl \xrightarrow{CH_2N_2}$$

$$Ph-\overset{O}{\overset{||}{{}^{13}C}}-CHN_2 \xrightarrow{-N_2} Ph-CH_2-\overset{O}{\overset{||}{{}^{13}C}}-OH \xrightarrow{CrO_3(\text{喹啉})} PhCOOH + {}^{13}CO_2$$

上述反应生成的 CO_2 为 ^{13}C 标记的 CO_2，也可以证明反应中确实发生了重排反应。

在反应过程中是否都是首先失去氮生成游离的碳烯而后再发生重排，或反应中就没有游离碳烯的生成，而是失去氮和基团的迁移同时进行的呢？研究发现，这两种情况都有可能发生。要具体问题具体分析。光催化的 Wolff 重排反应有游离的碳烯生成，加热和由金属等催化剂催化的 Wolff 反应可能是协同反应，至少有些反应并无游离的碳烯生成。

进行光催化下的 Wolff 重排反应时，用 ^{13}C 标记碳原子，证明重氮酮光分解时，有碳烯生成，并生成环氧乙烯中间体，而后进行基团的迁移，生成重排产物。

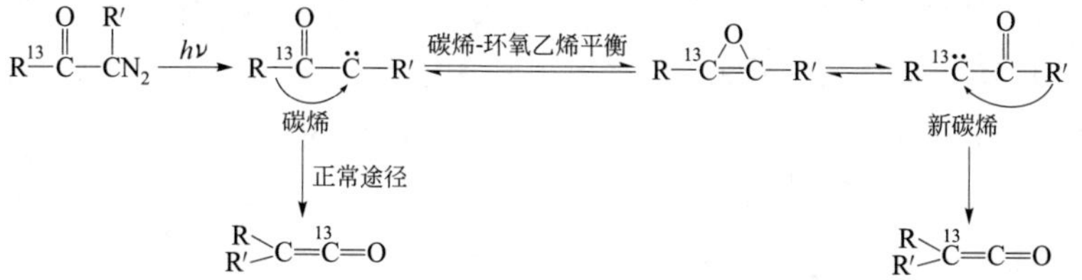

若碳烯-环氧乙烯平衡不能建立，则^{13}C仍保留在原来的羰基碳原子上；若建立了这种平衡，则有的产物由正常途径产生，有的产物由上述平衡后产生，^{13}C将分散在两个碳原子上。

在气相光解中，几乎全部生成环氧乙烯中间体，而在液相反应中，这种中间体生成的很少。在热分解反应中，也有环氧乙烯中间体的生成，但通常比光分解生成的少。

环氧乙烯中间体，是一种高能量，而且寿命极短的中间体，原因是其为 4π 电子的非芳香体系，环的张力很大。故在溶液中，α-重氮酮很可能是以空间要求较低的对称构型形式而存在，而后进行 Wolff 重排。

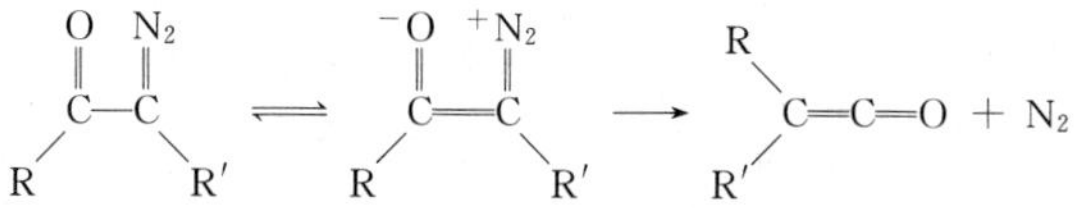

若环的张力很大，则环氧乙烯中间体生成的可能性非常小，只能按照正常的方式进行 Wolff 重排。例如 α-重氮高金刚烷酮（α-Diazo-homoadamantanone）不能建立碳烯-环氧乙烯平衡，不能生成环氧乙烯中间体，而是分解成碳烯后立即进行重排，得到重排产物金刚烷烯酮。α-重氮金刚烷酮必须是对称结构，才有利于反应的进行。

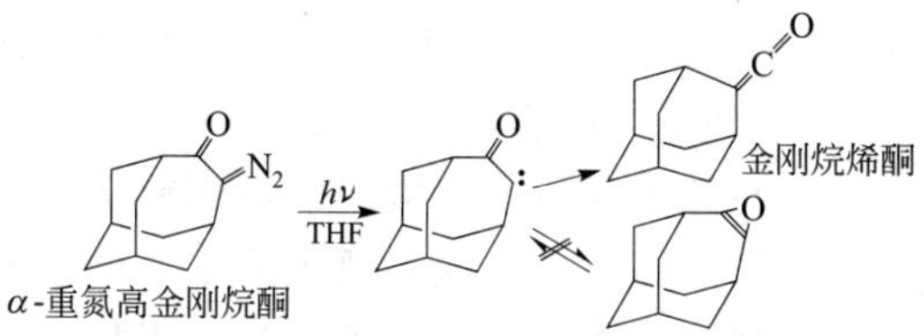

Wolff 重排反应适用的范围很广。若用如下通式表示该类反应：

$$R{-}COOH \xrightarrow{SOCl_2} R{-}\overset{O}{\overset{\|}{C}}{-}Cl \xrightarrow{2CH_2N_2} \xrightarrow{\text{重排}} R{-}CH{=}C{=}O \xrightarrow{H_2O} R{-}CH_2COOH$$

式中的 R 基团，可以是脂肪族烃基、芳香族烃基和杂环类化合物。这些化合物分子中，还可以具有其他基团，但这些基团不应和重氮甲烷或 α-重氮酮发生反应。

1-萘乙酸乙酯是植物生长调节剂，具有促根、增产的功能，同时也是医药中间体。其一种合成方法如下。

1-萘乙酸乙酯（Ethyl 1-naphthylacetate），$C_{14}H_{14}O_2$，214.26。无色液体。bp 100～105℃/13.3～26.6Pa。

制法　Lee V and Newman M S. Org Synth，1970，50：77.

$$\underset{(2)}{\text{COCl}} + CH_2N_2 \xrightarrow{Et_3N} \underset{(3)}{\text{COCHN}_2} + Et_3N \cdot HCl$$

$$(3) + C_2H_5OH \xrightarrow[Et_3N]{C_6H_5CO_2Ag} \underset{}{\text{CH}_2\text{CO}_2\text{C}_2\text{H}_5} + N_2$$

1-重氮乙酰基萘（**3**）：于安有搅拌器的干燥的反应瓶中，加入 900 mL 干燥的乙醚、6.72 g（0.160 mol）重氮甲烷溶液和 16.1 g（0.160 mol）干燥的三乙胺。冰水浴冷却，于 30 min 内滴加 1-萘甲酰氯（**2**）30.5 g（0.160 mol）溶于 50 mL 干燥乙醚的溶液。加完后继续搅拌反应 3 h。滤出析出的三乙胺盐酸盐，用干燥的乙醚洗涤 2 次。合并滤液和洗涤液，旋转浓缩蒸出乙醚。剩余的黄色固体溶于 75 mL 干燥的乙醚中，用干冰-丙酮浴冷却，过滤，减压干燥除去吸附的乙醚。得到黄色固体（**3**）26.6～28.8 g，收率 85%～92%，mp 52～53℃。

1-萘乙酸乙酯（**1**）：于安有搅拌器、胶塞、回流冷凝器（顶部安气体收集装置）的反应瓶中，加入化合物（**3**）15.7 g（0.080 mol），50 mL 无水乙醇，加热回流。通过胶塞加入 1 mL 新制备的催化剂溶液（1 g 苯甲酸银溶于 10 mL 三乙胺），反应放出氮气并颜色变暗。当氮气放出几乎停止时，再加入 1 mL 催化剂溶液。此过程继续进行，直至无氮气放出为止。继续回流反应 1 h，冷却，过滤。旋转浓缩蒸出溶剂，剩余物中加入 75 mL 乙醚，依次用 10% 的碳酸钠溶液（2 次）、水、饱和食盐水洗涤，每次的水溶液用乙醚提取。合并乙醚层，无水硫酸镁干燥。蒸出乙醚后，减压蒸馏，收集 100～105℃/13.3～26.6 Pa 的馏分，得无色液体（**1**）14.4～15.8 g，收率 84%～92%。

绝大多数的羧酸都能转变为酰氯，羧酸同三氯化磷、五氯化磷、氯化亚砜等一起加热，可生成相应的酰氯。有时也使用四氯化硅、草酰氯等来制备酰氯。对于低沸点的酰氯，也可以使用苯甲酰氯来制备。二元羧酸也可以发生该反应，例如 1,12-十二二羧酸的合成（Furniss B S，Hannaford A J，Rogers V，et al. Vogel's Textbook of Practical Chemistry. Longman London and New York. Fourth edition，1978：484）：

$$\underset{\overset{|}{\text{COOH}}}{\overset{\text{COOH}}{(CH_2)_8}} \xrightarrow{SOCl_2} \underset{\overset{|}{\text{COCl}}}{\overset{\text{COCl}}{(CH_2)_8}} \xrightarrow{CH_2N_2} \underset{\overset{|}{\text{COCHN}_2}}{\overset{\text{COCHN}_2}{(CH_2)_8}} \xrightarrow[H_2O]{Ag_2O} \underset{\overset{|}{\text{CH}_2\text{COOH}}}{\overset{\text{CH}_2\text{COOH}}{(CH_2)_8}}$$

$$(77\%) \qquad\qquad (83\%) \qquad\qquad (87\%)$$

下面例子是混合活性酐与重氮甲烷反应生成重氮酮，而后进行 Wolff 重排反应（Müller A，Vogt C and Sewald N. Synthesis，1998：837）。

又如如下反应，收率 96%（Koch K and Podlech J. Synth Commun，2005，35：2789；Linder M R，Steurer S，Podlech J. Org Synth，2004，Coll Vol 10：194）。

也可以以微波照射 50 s 来制备。

除了重氮甲烷，其他重氮化合物也能进行该反应。

例如如下反应（Wheeler T N and Meinwald J. Org Synth，1988，Coll Vol 6：840）：

新药开发中间体及手性催化剂中间体（R）-螺［4,5］癸-2，7-二酮的合成如下。

（R）-螺［4.5］癸-2，7-二酮 ［（R）-Spiro［4.5］decan-2,7-dion］，$C_{10}H_{14}O_2$，166.22。无色液体。$[\alpha]_D^{20}$ +31.9°（c 0.9，$CHCl_3$）。

制法 姚文刚，王剑波. 有机化学，2003，23（6）：546.

(*R*)-1-重氮基-4-（3-环己酮基)-2-丁酮（**3**）：氮气保护下于反应瓶中加入（*R*)-3-（3-环己酮基）丙酸（**2**）0，2 g（1，2 mmol），无水二氯甲烷 5 mL，冷至 0℃，加入 1 滴 DMF，慢慢滴加草酰氯 0.144 mL（0.165 mmol），冰浴冷却下搅拌反应 2.5～3 h。抽干溶剂，将剩余物溶于 10 mL 无水乙醚中。于 0℃将此乙醚溶液慢慢滴加至重氮甲烷的乙醚溶液（3.6 mmol）中，继续于 0℃搅拌反应 3 h。蒸出溶剂，剩余物过硅胶柱纯化，用石油醚-乙酸乙酯（2∶1）洗脱，得黄色液体（**3**）0.184 g，收率 80%，$[\alpha]_D^{20} +16.3°$（*c* 0.48，CHCl$_3$）。

（*R*)-螺［4,5］癸-2,7-二酮（**1**）：氮气保护下将化合物（**3**）0.04 g（0.2 mmol）溶于 5 mL 无水二氯甲烷中，搅拌下于 6 h 慢慢滴加到悬浮有 Rh$_2$(Ooct)$_4$（0.007 g，0.01 mmol）的无水二氯甲烷 2 mL 中，加完后继续搅拌反应 14 h。旋干溶剂，剩余物过硅胶柱纯化，用石油醚-乙酸乙酯（6∶1）洗脱，得无色液体（**1**）0.027 g，收率 80%，$[\alpha]_D^{20} + 36°$（*c* 0.7，CHCl$_3$）。文献值 $[\alpha]_D^{20} + 31.9°$（*c* 0.9，CHCl$_3$）。

硫杂重氮盐进行光解生成硫代碳烯，后者也能发生 Wolff 重排反应。

上述反应当有九羰基二铁存在时，可以得到硫代碳烯配合物的异构体。用同位素标记法证明，反应过程中有环硫乙烯中间体的生成 [Schrauzer G N and Kisch H. J Am Chem Soc，1973，95（8）：2051]。

三唑类化合物在热解或光解时生成碳烯，后者可以发生 Wolff 重排。例如下面的反应，重排后可以得到异喹啉。

苯并三唑加热时，可以得到缩环的产物。

在 Wolff 重排反应中，催化剂对反应有影响。常用的催化剂有氧化银、苯甲酸银的三乙胺叔丁醇溶液、胶体铂、硫代硫酸钠、氢氧化钾的甲醇溶液、叔胺的苄基醇溶液等。使用氧化银作催化剂时，氧化银最好使用前临时制备，制备的方法是将硝酸银与氢氧化钠直接反应，生成氧化银沉淀，过滤后用无离子水充分洗涤。除了上述催化剂外，钌、铑、钯、铜的化合物也具有明显的催化作用。过渡金属催化剂的使用不仅降低了反应温度（与加热法相比），而且通过形成活性较弱的金属卡宾而改变了反应历程。

在加热或光照条件下也可以发生 Wolff 重排反应。光照的方法比氧化银催化往往更有效。方便的方法是将重氮酮在反应介质（H_2O，ROH，RNH_2）中加热或光照。但加热法不如光照法，因为光照法可以在很低的温度下进行（对光敏感的反应物或产物除外）。若采用加热法，则有可能因为温度高引起反应底物的分解或发生其他副反应。

起始原料羧酸分子中的烃基，对反应影响不大，无论脂肪族羧酸，还是芳香族羧酸或杂环羧酸，制成酰氯后大都能比较顺利的与重氮化合物反应，并进而发生 Wolff 重排反应。分子中含有氨基的化合物，在 Wolff 重排反应中有可能生成内酰胺［蒋楠，王琳，王剑波.北京大学学报，2001，37（4）：570］。

反应溶剂对 Wolff 重排反应有影响。反应介质对 Wolff 重排反应的影响在于生成烯酮后的反应。反应若在水中进行，最终生成的产物是增加碳原子的羧酸；在醇中进行反应时，烯酮与醇反应生成羧酸酯；烯酮与氨或胺反应则生成酰胺。

环状的 α-重氮酮重排后生成缩环化合物。

Wolff 重排反应在有机合成中的应用越来越广泛，特别是在桥环和天然产物的合成中，是发生缩环的一种重要方法。例如（±）-樟烯酮的立体选择性全合成，其中的 Wolff 重排反应在 100 W 高压汞灯照射下，以 *endo*：*exo* 为 4：1 的比例得到缩环产物（Uyehara T，Takehara N，Ueno M，Sato H. Bull Chem Soc，Jpn，1995，68：2687）。

二、其他碳烯重排反应

碳烯是活泼的中间体，可以发生很多化学反应，也可以发生重排反应。迁移基团（或原子）可以从饱和碳原子向碳烯碳原子进行 1,2-迁移，迁移的基团（原子）可以是氢、烷基、苄基、乙烯基、芳基、RS、RO、C_2F_5、F、Cl 等。一般而言，迁移能力由大至小的顺序如下：

$$RS > H > Ph > R > RO > R_2N$$

由此可见，在一般的迁移基团中，氢的迁移能力很强，因此，在这类重排中，氢的 1,2-迁移最常见，氢迁移后生成烯。

烷基和芳基也可以向碳烯碳原子进行 1,2-迁移。例如：

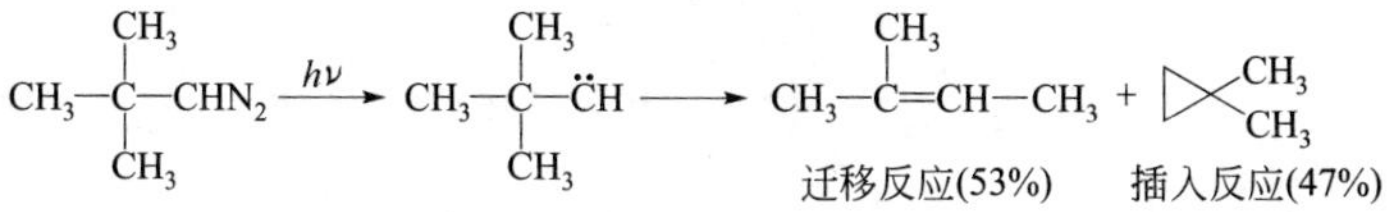

$$CH_3-\overset{\overset{\displaystyle CH_3}{|}}{\underset{\underset{\displaystyle CH_3}{|}}{C}}-CHN_2 \xrightarrow{h\nu} CH_3-\overset{\overset{\displaystyle CH_3}{|}}{\underset{\underset{\displaystyle CH_3}{|}}{C}}-\ddot{C}H \longrightarrow CH_3-C=CH-CH_3 + \triangle$$

迁移反应(53%)　　插入反应(47%)

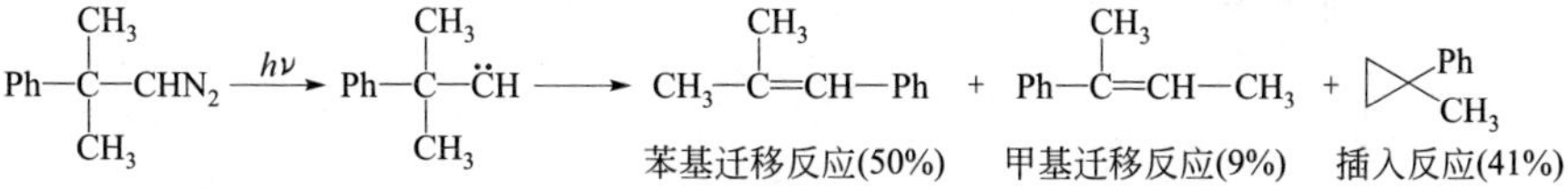

$$Ph-\overset{\overset{\displaystyle CH_3}{|}}{\underset{\underset{\displaystyle CH_3}{|}}{C}}-CHN_2 \xrightarrow{h\nu} Ph-\overset{\overset{\displaystyle CH_3}{|}}{\underset{\underset{\displaystyle CH_3}{|}}{C}}-\ddot{C}H \longrightarrow CH_3-C=CH-Ph + Ph-C=CH-CH_3 + \triangle$$

苯基迁移反应(50%)　　甲基迁移反应(9%)　　插入反应(41%)

显然，重排和插入反应是一对竞争反应，重排往往更占优势。

与苯环直接相连的碳烯（苄基碳烯），重排的结果是可以发生扩环反应，生成环庚三烯碳烯。反应是可逆的，中间可能经历了一个双环中间体。

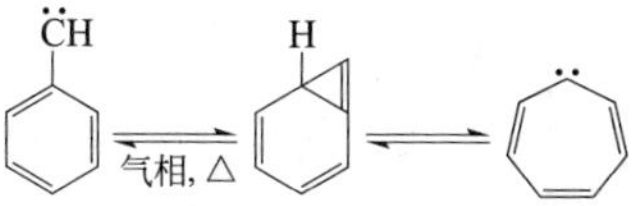

环庚三烯碳烯可以生成二聚体庚富瓦烯，期间可能经历了环庚四烯。

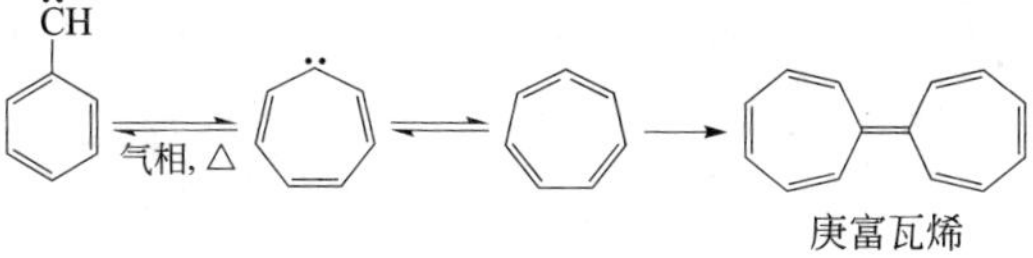

庚富瓦烯

二苯基碳烯重排后可以生成芴。例如：

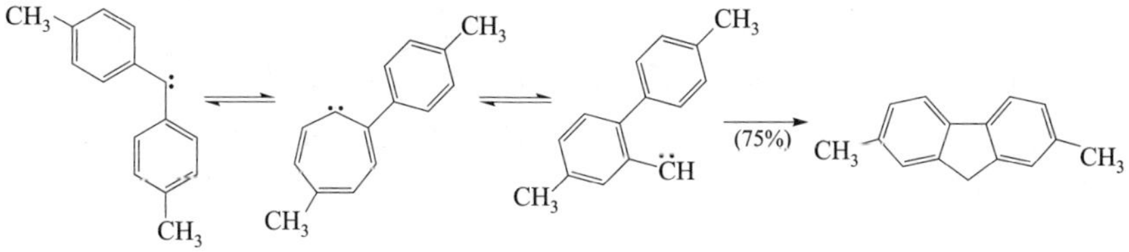

(75%)

上述反应的最后一步反应属于碳烯的插入反应。

如下氮烯也可以发生类似的反应。

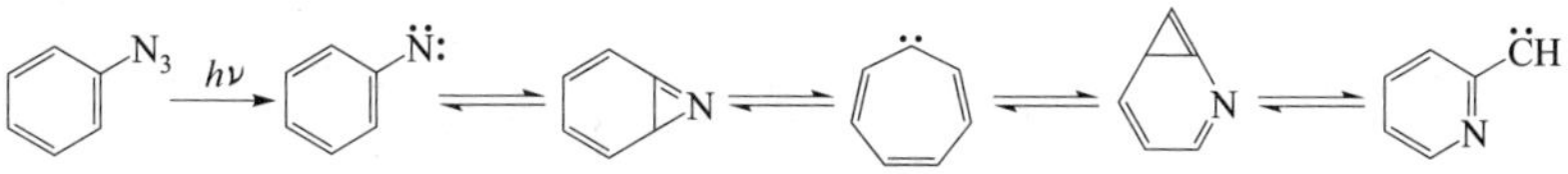

苄基碳烯也可以发生环缩小的反应。例如：

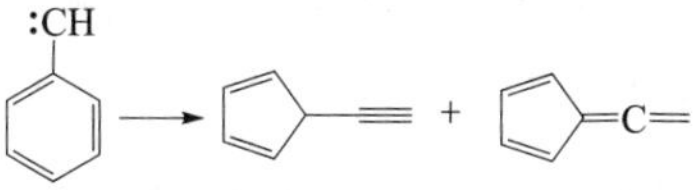

三元环碳烯重排后生成丙二烯衍生物，为丙二烯类化合物的合成方法之一。例如，1,1-二溴环丙烷用烷基锂处理，生成环丙碳烯，后者重排后生成丙二烯衍生物。

$$\begin{array}{c} R \\ \diagdown \\ R \end{array} \!\!\!\! \triangleright \!\!\!\! \begin{array}{c} Br \\ Br \end{array} \xrightarrow{R'Li} \begin{array}{c} R \\ \diagdown \\ R \end{array} \!\!\!\! \triangleright \!\!\! : \longrightarrow R-CH=C=CH-R$$

环丙基-α-碳烯重排后得到扩环的产物。

$$\triangleright\!\!-\ddot{C}H \longrightarrow \square$$

第三节　由碳至氮的重排反应

由碳至氮的亲核重排,很多是中间生成氮烯中间体。氮烯(Nitrene)也译为乃春、氮宾,是卡宾(碳烯)的氮类似物。氮烯为活性中间体,参与多种化学反应。其中氮周围有 6 个电子,具亲电性。大多数关于卡宾的性质也适用于氮烯。理论化学中的从头算研究结果表明,氮烯比卡宾稳定,但氮烯仍太活泼,普通条件下无法分离。但用捕获法可以证明氮烯的存在。

氮烯与卡宾一样,有单线态和三线态之分,三线态是稳定的状态。

$$R-\ddot{N}: \qquad R-\ddot{N}\cdot$$

单线态　　　三线态

产生氮烯的方法主要有如下几种（类似于卡宾的生成）:

① 消除　磺酰胺在碱性条件下的 1,1-消除生成氮烯,类似于氯仿在碱性条件下生成二氯卡宾。

$$R-\underset{\underset{H}{|}}{N}-OSO_2Ar \xrightarrow{\ 碱\ } R-\ddot{N}\cdot + BH + ArSO_2O^-$$

酰胺在次氯酸钠作用下生成酰基氮烯。

$$R-\underset{\overset{\|}{O}}{C}-\underset{\overset{|}{H}}{N}-H \xrightarrow{\ NaOCl\ } R-\underset{\overset{\|}{O}}{C}-\ddot{N}\cdot$$

② 某些双键化合物的断裂　形成氮烯最常见的方法是叠氮化合物的光解或热分解,放出氮气生成氮烯,类似于重氮化合物制取卡宾的过程。

$$R-\ddot{N}=\overset{+}{N}=\overset{-}{N} \xrightarrow{\ \triangle/h\nu\ } R-\ddot{N}\cdot + N_2$$

③ 异氰酸酯放出一氧化碳生成氮烯,类似于由烯酮制取卡宾的过程。

$$O=C=N-R \longrightarrow R-\ddot{\underset{\cdot\cdot}{N}}\cdot + CO$$

氮烯的反应也与卡宾相似,主要可以发生如下各种化学反应:

① 插入反应　氮烯，尤其是酰基氮烯和砜基氮烯，可以插入到 C—H 和某些其他键中，例如：

$$R^1-\overset{\cdot\cdot}{\underset{\parallel}{C}}\overset{\cdot\cdot}{N}\cdot + R_3C-H \longrightarrow R^1-\overset{H}{\underset{O}{C}}-CR_3$$

② 与 C＝C 的加成

$$R-\overset{\cdot\cdot}{N}\cdot + R_2C\!=\!CR_2 \longrightarrow \overset{R}{\underset{R_2C-CR_2}{N}}$$

③ 重排反应　烷基氮烯一般不发生上述①、②两个反应，因为重排反应发生的更快。

$$\overset{H}{\underset{H}{\overset{|}{R-C-\overset{\cdot\cdot}{N}\cdot}}} \longrightarrow \overset{H}{\underset{}{R-C\!=\!NH}}$$

常见的有关氮烯的重排主要有 Beckmann 重排、Hofmann 重排、Curtius 重排、Schmidt 重排、Lossen 重排、Neber 重排等。

一、Beckmann 重排反应

1886 年 Beckmann E 发现酮肟可以重排生成相应的 N-取代酰胺。

醛、酮与盐酸羟胺在弱碱性或弱酸性条件下反应生成肟，后者在酸性催化剂存在下发生重排，生成 N-取代酰胺，该反应称为 Beckmann（贝克曼）重排反应。

$$\overset{R}{\underset{R'}{C}}\!=\!O + H_2NOH\cdot HCl \longrightarrow \overset{R}{\underset{R'}{C}}\!=\!N-OH \xrightarrow{H_2SO_4} R-\overset{O}{\overset{\parallel}{C}}-NHR'$$

Beckmann 重排反应可以被多种催化剂催化，例如 PCl_5、$PhSOCl_2$、$RCOCl$、H_2SO_4、Cl_3CCHO、$SOCl_2$ 等，很难用一种机理来表示。

肟有顺反异构体，例如：

Ph　　H C ‖ N OH	Ph　　H C ‖ N HO	Ph　　　Ph C—C ‖　　‖ O　　N OH	Ph　　Ph C—C ‖　　‖ O　　N HO
α-苯甲醛肟 mp 35℃	β-苯甲醛肟 mp 130℃	α-二苯乙酮单肟 mp 151℃	β-二苯乙酮单肟 mp 112℃

关于 Beckmann 重排反应的反应机理，目前认为是"反位互换"，即肟分子中与肟的羟基与处于反位上的基团交叉互换其位置，最后生成 N-取代的酰胺。

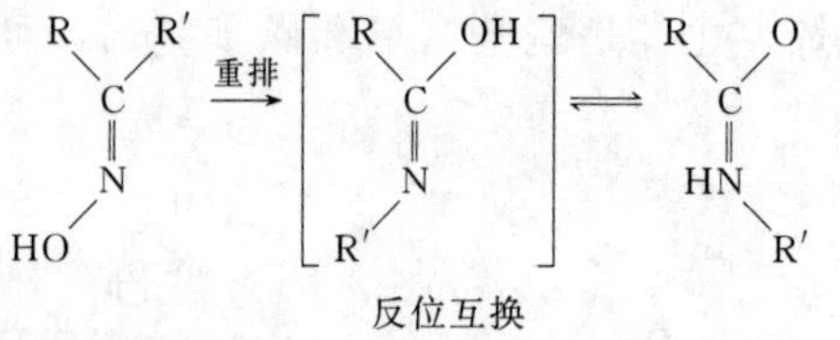

酸催化下反位互换重排历程通常表示如下：

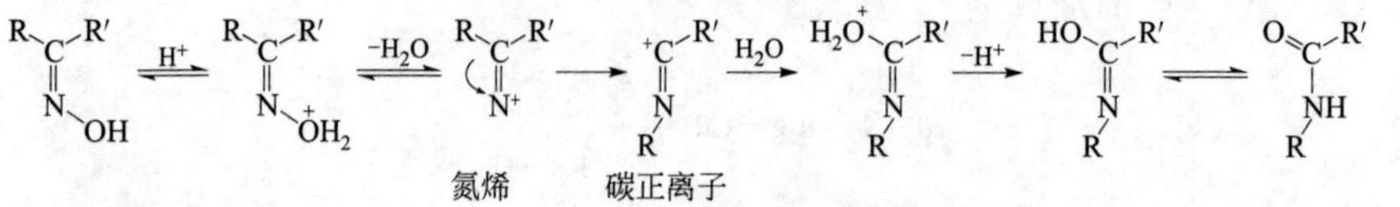

氮烯　　碳正离子

当使用光学活性的（＋）-α-苯乙基甲基酮肟在酸性条件下进行反应时，发现手征性碳原子的绝对构型没有发生变化，得到了光学纯度达 99.6% 的 N-α-苯乙基乙酰胺。

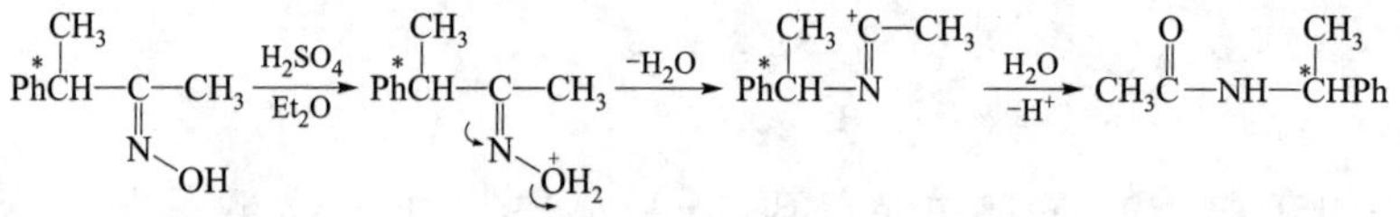

下面的反应则得到 99% 光学纯度的 N-取代乙酰胺。

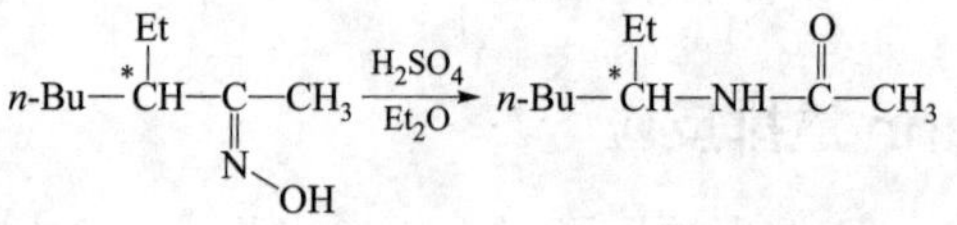

如上两个反应说明，Beckmann 重排反应是一种分子内的重排反应，是由碳至氮的重排，基团的迁移和离去基团的离去是同时进行的。这种观点已经被多数学者所接受。中间很可能生成了活性配合物中间体。

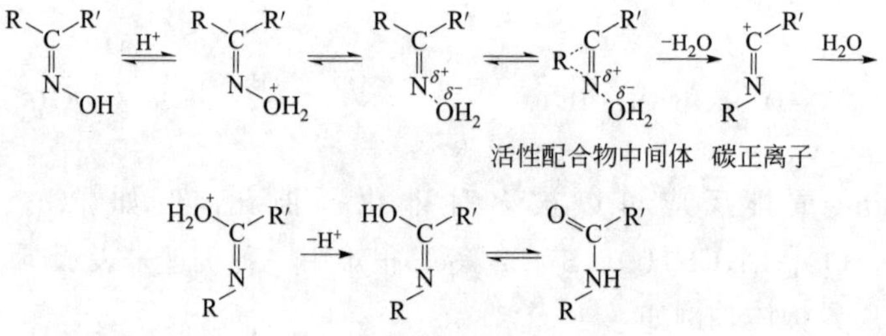

活性配合物中间体　碳正离子

使用五氯化磷作催化剂时的反应机理如下：

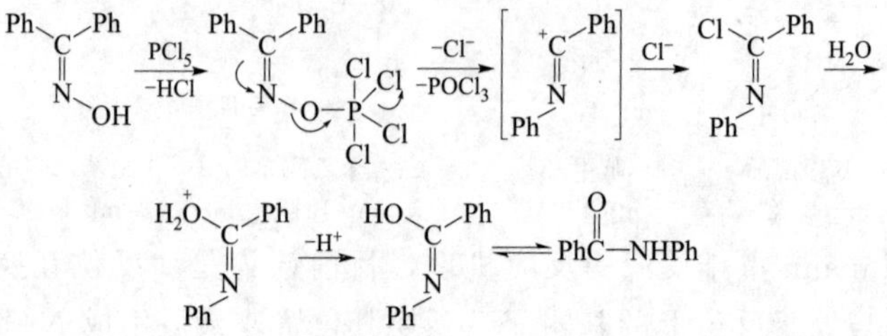

Beckmann 重排反应生成碳正离子，有些已经用核磁共振或紫外光谱法所证实。肟的磺酸酯在重排过程中生成的中间体在下面的反应中可以被捕捉。

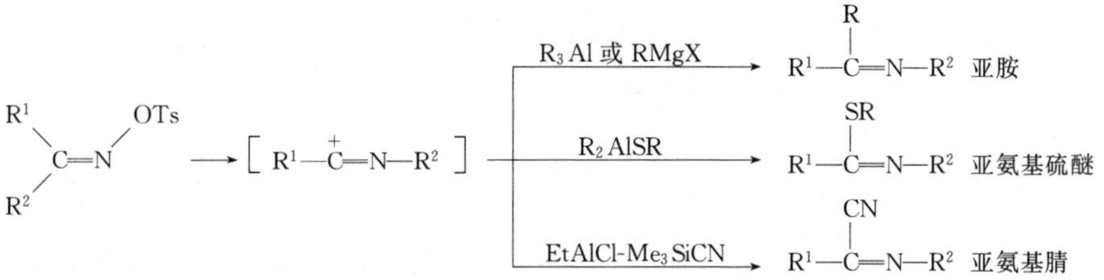

$$R^1\!-\!C(=N-R^2) \quad 亚胺 \quad (R_3Al 或 RMgX)$$

（反应式：肟磺酸酯经中间体 $[R^1\!-\!\overset{+}{C}\!=\!N\!-\!R^2]$ 分别与 R₃Al 或 RMgX、R₂AlSR、EtAlCl-Me₃SiCN 反应，生成亚胺、亚氨基硫醚、亚氨基腈）

芳基酮和芳基脂肪基混合酮生成的肟，在重排过程中可能会有邻近基团的参与过程，过渡态的结构可能如下：

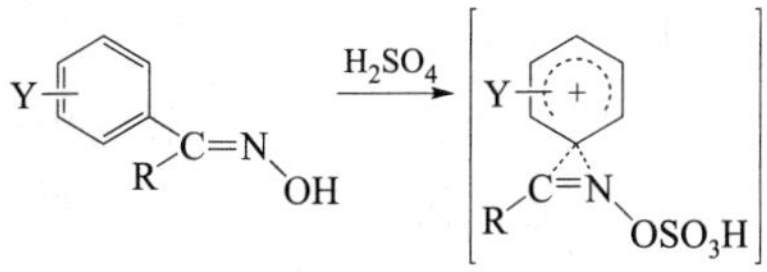

在 Beckmann 反应中，也可能有如下机理存在，首先开裂生成腈，而后与烃基正离子加成，重排反应属于分子间的过程。

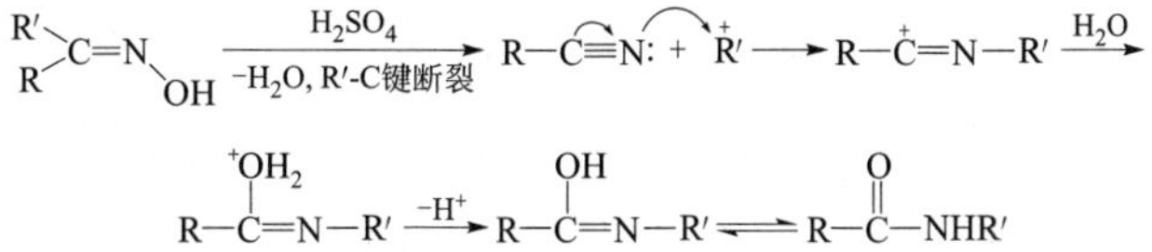

有时也会发生分子间的重排反应。例如将两种不对称的酮肟混合物在多聚磷酸中加热，可以得到四种不同的产物。

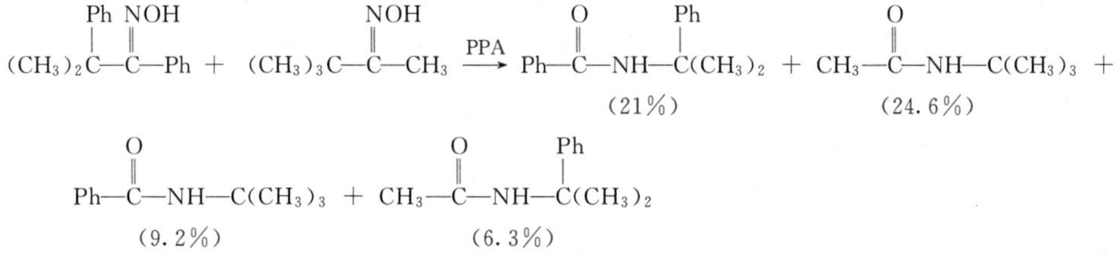

$$(CH_3)_2C(PhNOH)\!-\!Ph + (CH_3)_3C\!-\!C(NOH)\!-\!CH_3 \xrightarrow{PPA}$$

Ph—C(O)—NH—C(CH₃)₂ (21%) + CH₃—C(O)—NH—C(CH₃)₃ (24.6%) +

Ph—C(O)—NH—C(CH₃)₃ (9.2%) + CH₃—C(O)—NH—C(CH₃)₂Ph (6.3%)

也有光催化 Beckmann 重排反应的报道。

酮肟中包括脂肪族酮肟、芳香族酮肟、芳香脂肪混合酮肟、环酮肟、杂环酮肟等，都可以发生 Beckmann 重排反应。

解热镇痛及非甾体抗炎镇痛药对乙酰氨基苯酚（4-Acetamidophenol）可以用如下方法来合成。

对乙酰氨基苯酚（Paracetamol，4-Acetamidophenol），$C_8H_9NO_2$，151.17。白色结晶或结晶性粉末。mp 170～172℃。溶于甲醇、乙醇、DMF，丙酮、乙酸乙酯，微溶于热水。

制法　①吕布，汪永忠，胡世林等.化学世界，2000，5：252.②刘宁，赵凌冲，余志华.江苏化工，2006，17：14.

对羟基苯乙酮肟（**3**）：于安有搅拌器、温度计的反应瓶中，加入盐酸羟胺 12 g，结晶醋酸钠 17 g，150 mL 水，搅拌溶解。于 60～65℃ 分 5 次加入对羟基苯乙酮（**2**）15 g，而后继续搅拌反应 1 h。冷至室温，抽滤生成的固体，水洗，干燥，得化合物（**3**），收率 92.5%，mp 144～145℃。

对乙酰氨基苯酚（**1**）：将 10 g 化合物（**3**）溶于 70% 的硫酸中，搅拌下用氨水中和，保持反应液温度在 20℃，调至 pH8。用氯仿提取 3 次，合并氯仿层，水洗，无水硫酸钠干燥。减压蒸出氯仿，减压蒸馏，收集 137～140℃/1.67 kPa 的馏分，很快固化为白色结晶，收率 50.5%，mp 170～172℃。

环己酮生成的肟也可发生此反应，生成的己内酰胺是合成尼龙-6 的原料，已经实现了工业化生产。

己内酰胺也是抗血小板药 6-氨基己酸和高效皮肤渗透促进剂月桂氮草酮（Laurocapram）的中间体。

己内酰胺（Caprolactam），$C_6H_{11}NO$，113.16。白色粉末或结晶。mp 68～70℃，bp 216.2℃。具吸湿性，易溶于水。可溶于石油烃、乙醇、乙醚和卤代烃。

制法

方法 1　李吉海，刘金庭.基础化学实验（Ⅱ）——有机化学实验.北京：化学工业出版社，2007：141.

环己酮肟（**3**）：于安有搅拌器、温度计、滴液漏斗的反应瓶中，加入水 60 mL，盐酸羟胺 14 g（0.2 mol），溶解后慢慢加入结晶醋酸钠 20 g，温热至 35～40℃。慢慢滴加环己酮（**2**）14g（15 mL，0.14 mol），反应中有白色固体析出。加完后继续搅拌反应 15 min。冷却后抽滤，水洗，干燥，得白色结晶

（3），mp 89～90℃。

己内酰胺（**1**）：于 500 mL 烧杯中加入环己酮肟（**3**）10 g，20 mL 85% 的硫酸，充分混合均匀，放入一只 200℃ 的温度计。小火慢慢加热，当开始有气泡产生时（约 120℃），立即撤去热源，此时发生强烈的放热反应，温度可自行升至约 160℃，反应在几秒钟完成。稍冷后将反应物倒入 250 mL 三口瓶中，安上搅拌器、滴液漏斗、温度计，冰盐浴冷却至 0～5℃。搅拌下慢慢滴加 20% 的氢氧化铵溶液，控制反应温度在 20℃ 以下，以免己内酰胺分解，直至溶液对石蕊试纸呈碱性（用氢氧化铵溶液约 60 mL，约 1 h 加完）。分出水层，将有机层进行减压蒸馏，收集 127～133℃/0.93 kPa 的馏分。馏出物冷后固化为无色结晶（**1**），mp 69～70℃，产量 5～6 g，收率 50%～60%。

方法 2　Ghiaci M，Imanzadeh G H. Synth Commun，1998，28（12）：2275.

环己酮肟（**2**）1.4 g（12.4 mmol），无水三氯化铝 2.4 g（26 mmol）混合，于研钵中研磨数分钟。氯化氢放出后，于 50～80℃ 加热反应 30 min。将反应物加入碎冰中，用氯仿连续提取。有机层无水硫酸钠干燥，减压蒸出溶剂，得己内酰胺（**1**）1.35 g，收率 97%，mp 68～69℃。

酮的亚胺、腙、缩氨基脲等也可以发生类似的重排反应。酮的亚胺重排时用过氧醋酸作催化剂，后两种化合物用含亚硝酸钠的 90% 的硫酸作催化剂时，产品收率令人满意。

不但肟能发生 Beckmann 重排反应，肟的有机酸酯、无机酸酯等也能发生该重排。在哌啶存在下用酰氯催化，实际上就是生成酯后再进行重排反应。

酮与羟胺-O-硫酸反应首先生成肟的硫酸酯，后者也可以发生该重排反应。

降压药硫酸胍乙啶（Guanethidine Sulfate）中间体庚内酰胺的合成如下。

庚内酰胺（Hexahydroazocinone，2-Azacyclooctanone），$C_7H_{13}NO$，127.18。无色液体。bp 133～135℃/532Pa。

制法　George A Olah，Alexander P Fung. Org Synth，1990，Coll Vol 7：254.

$$\text{(2)} \quad + \text{H}_2\text{NOSO}_3\text{H} \xrightarrow{\text{HCO}_2\text{H}} \text{(1)}$$

于安有搅拌器、回流冷凝器、滴液漏斗、通气导管的反应瓶中，加入羟胺-O-硫酸 8.47 g（75 mmol），95%～97%的甲酸 45 mL，通入干燥的氮气，搅拌下滴加庚酮（**2**）5.61g（75 mmol）与 15 mL 甲酸的溶液，约 3 min 加完。加热回流反应 3 h。冷至室温，加入冰水 75 mL，氯仿提取 3 次。合并有机层，无水硫酸镁干燥。过滤，浓缩，减压蒸馏，收集 94～96℃/26.6 Pa 的馏分，得化合物（**1**）3.8～4.0g，收率 60%～63%。

治疗癫痫病药物加巴喷丁盐酸盐（Gabapendin hydrochloride）原料药，也是环酮与硫酸羟胺反应生成的肟进行 Beckmann 重排反应，而后环状酰胺水解来合成的。

加巴喷丁盐酸盐（Gabapendin hydrochloride），$C_9H_{17}NO_2 \cdot HCl$，207.70。白色固体。mp 123.6～124.6℃。

制法 ① 徐显秀，魏忠林，柏旭. 有机化学，2006，26（3）：354. ② Coelho F，de Azevedo M B M，Boschiero R，Resende P. Synth Commun，1997，27：2455.

$$\text{(2)} \quad + \text{H}_2\text{NOSO}_3\text{H} \longrightarrow \text{(3)} \longrightarrow \text{(1)} \cdot \text{HCl}$$

2-氮杂-螺［4.5］-癸酮（**3**）：于安有搅拌器、回流冷凝器的反应瓶中，加入螺［3.5］-2-壬酮（**2**）765 mg（5 mmol），甲酸 10 mL，搅拌溶解。慢慢加入羟胺-O-硫酸 0.992 mg（7.5 mmol），搅拌至透明后，加热回流反应 4.5h（TLC 显示原料消失）。冷至室温，倒入 50 mL 饱和碳酸氢钠溶液中，氯仿提取 3 次。合并氯仿层，饱和盐水洗涤，无水硫酸钠干燥。蒸出溶剂，得黄色油状物。进行柱层析，以正己烷-乙酸乙酯［（4∶1）～（2∶1）］洗脱，得黄色固体化合物（**3**）0.4g，收率 52%，mp 86～88℃。

加巴喷丁盐酸盐（**1**）：将化合物（**3**）153 mg（1 mmol）置于 10 mL 6 mol/L 的盐酸中，回流反应 9 h。减压蒸出溶剂，得白色固体。用异丙醇洗涤，干燥，得白色固体（**1**）178 mg，收率 83%，mp 123.6～124.6℃。异丙醇洗涤液浓缩，乙酸乙酯溶解，水洗，无水硫酸镁干燥，蒸出溶剂，可以回收化合物（**3**）15 mg。

环二酮肟在一定的条件下也可以发生 Beckmann 重排反应，但收率不高。例如：

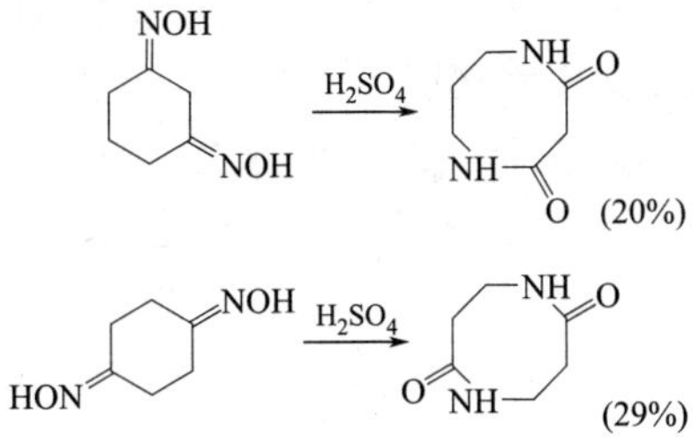

　　1,5-环辛二酮二肟对甲苯磺酸酯发生 Beckmann 重排反应，可以得到 47% 的二酸的内酰胺，而 1,6-环癸二酮肟对甲苯磺酸酯发生 Beckmann 重排反应则得到两种酰胺的混合物。

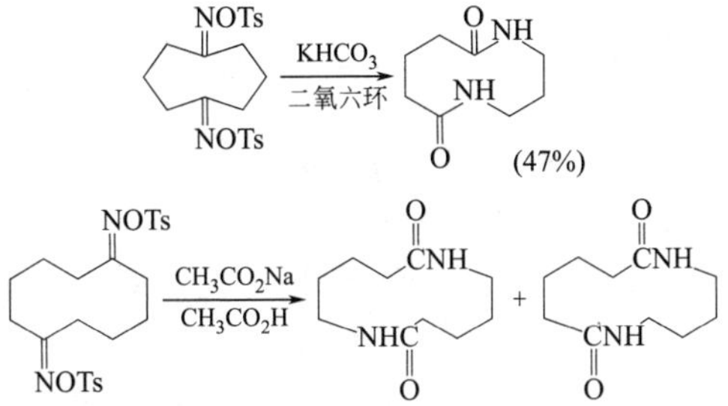

　　某些 N-亚硝基酰胺在一定的条件下可以发生 Beckmann 重排反应。例如：

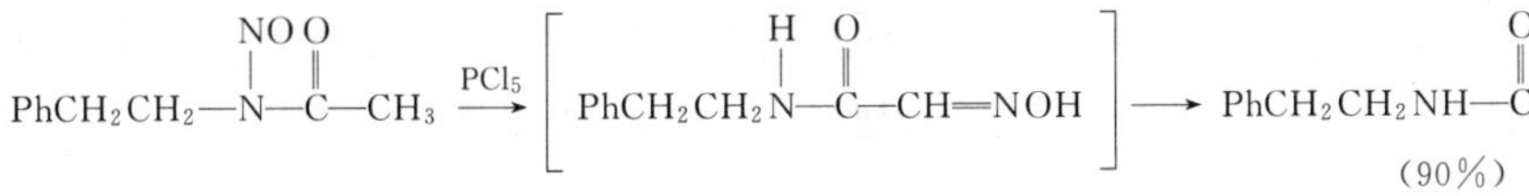

　　卤代亚胺等也可以发生 Beckmann 重排反应。

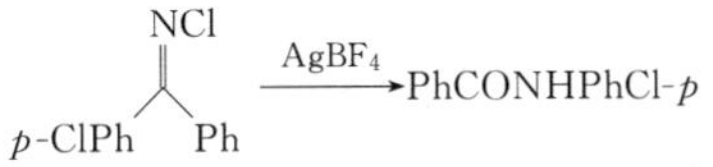

　　一些肟的羧酸酯，如对硝基苯甲酸酯或苦味酸酯也可以发生 Beckmann 重排反应。例如：

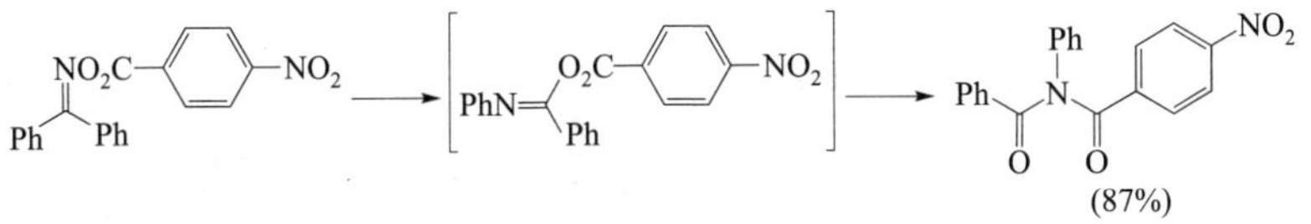

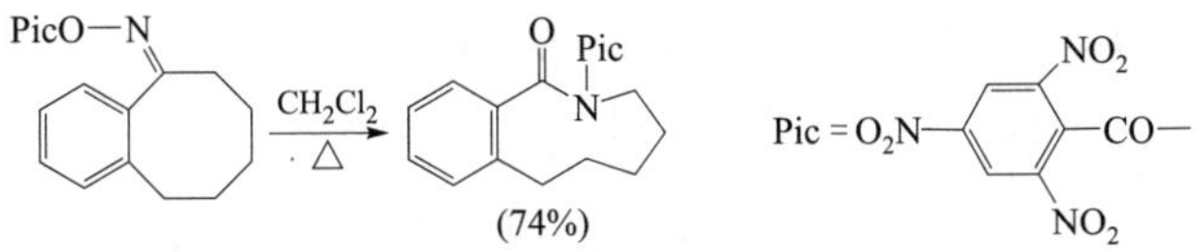

　　醛肟虽然比酮肟更容易生成，但用醛肟制备酰胺的情况并不多。因为醛分子羰基碳原子上有一个氢原子，所以，重排后只能得到 N-取代甲酰胺或酰胺。酰胺一般不用此方法来制备。

乙醛肟、苯甲醛肟、肉桂醛肟在二甲苯中与硅胶一起回流，分别非立体选择性的生成乙酰胺、苯甲酰胺和肉桂酰胺，收率分别是 89％、92％ 和 79％。三氟化硼在乙酸或乙醚溶液中可以使脂肪醛肟重排生成相应的酰胺，例如己醛肟重排生成己酰胺。在如下反应中，醋酸铜可以将肟转化为酰胺。

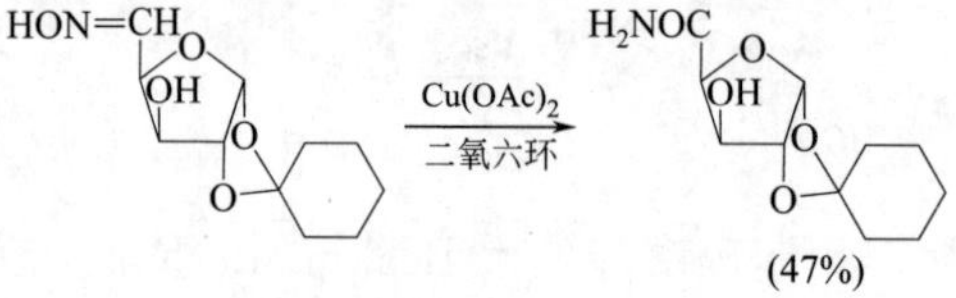

(47%)

醛肟在溶液中反应缺少立体选择性，在气相条件下选择性较高。但在特殊条件下也可以生成甲酰胺。例如：

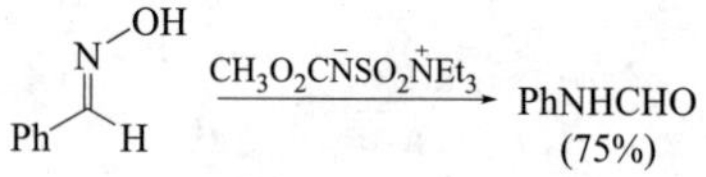

$$\text{PhCH=NOH} \xrightarrow{\text{CH}_3\text{O}_2\text{CNSO}_2\text{NEt}_3} \text{PhNHCHO}$$
(75%)

如上所述，Beckmann 重排反应是肟在酸性条件下的重排反应，肟的结构对反应有明显的影响。醛肟在合成上应用较少。

对称的酮与盐酸羟胺反应，只生成一种肟，而不对称的酮与盐酸羟胺反应则生成两种肟的异构体。

在不对称酮与盐酸羟胺生成的两种肟中，一般是空间位阻较大的烃基与肟的羟基处于反位的 E-型异构体较稳定，生成的量较大。若使用两种肟的混合物进行 Beckmann 重排反应，往往得到两种酰胺的混合物，其中占优势比例的肟生成的相应的酰胺也较多。例如 α-甲基环己酮，与盐酸羟胺反应后只生成反式肟，重排后只生成一种酰胺。

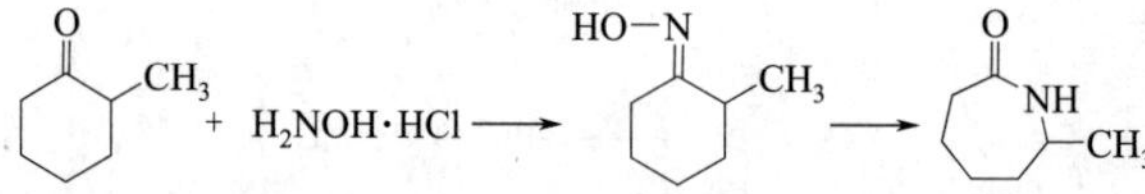

维生素 B_2 的重要原料 3,4-二甲基乙酰苯胺（**18**），可以用如下方法来合成[彭贵存，贾蓓焕，张生金，郑学忠. 大学化学，1988，3（6）：38]。

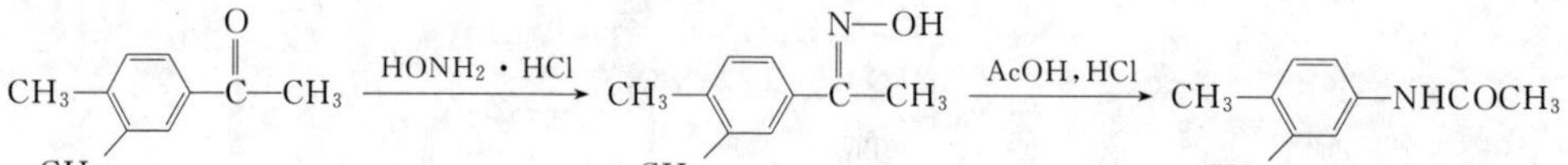

（93%）　　　　　　　　　（82%）（**18**）

又如抗高血压类药物苯那普利（Benazepril）中间体（**19**）的合成[王甦惠，王玉成. 徐州师大学报：自然科学报，1999，17（2）：34]。

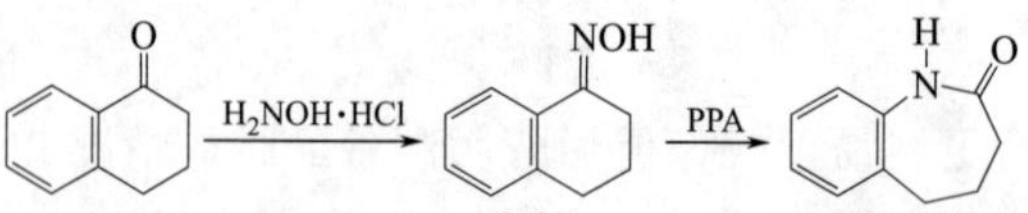

(94%)　　　　　(82%)（**19**）

取代的苯亚甲基丙酮与盐酸羟胺反应，随着苯环上取代基性质的不同，得到的酮肟的比例也不同。若苯环上连有吸电子的硝基时，由于共轭效应和诱导效应的影响，有利于氢键的形成，只生成 E-型异构体；若苯环上连有给电子的甲氧基时，则得到两种异构体的混合物，其中 E 为 65%，Z 为 35%。

$$Y-\text{C}_6\text{H}_4-CH=CH-C(O)-CH_3 + H_2NOH \cdot HCl \longrightarrow Y-\text{C}_6\text{H}_4-CH=CH-C(=NOH)-CH_2 \quad (E)$$

肟类化合物分子中 R 基团上取代基的性质对反应速率有影响。吸电子基团的存在使重排反应速率降低，而给电子基团使重排反应速率加快。例如二苯甲酮肟的苦味酸酯，在二苯甲酮苯环上有吸电子基团时重排反应速率减慢。

$$(Y-\text{C}_6\text{H}_4)_2C=N-O-\text{C}_6\text{H}_2(NO_2)_3$$

当 Y 为 Cl、H、CH_3 时，重排反应速率比为 $0.09 : 1 : 28$。其原因是吸电子基团的存在，使离去基团的离去变得困难。

若肟分子中的两个 R 基团其中之一容易生成比较稳定的碳正离子，则反应中可能会发生如下的裂解副反应（反常的 Beckmann 反应）。

$$R^1R^2C=N-OY \longrightarrow R^{2+} + R^1C \equiv N + YO^-$$

例如：

$$Ph_2CH-C(CH_3)=N-OH \xrightarrow{PCl_5} CH_3C \equiv N + Ph_2CHCl$$

在该反应中生成了稳定的 Ph_2CH^+，而后与氯负离子结合生成二苯基氯甲烷，并成为主反应。

在反应中，催化剂的选择、反应温度及溶剂对反应速率、收率、酰胺异构体的比例有很大影响，一般来说，极性溶剂和较高的温度都能加速反应。在极性溶剂中，用质子酸催化使肟的异构体产生平衡，故得酰胺混合物。若在非极性或极性小的非质子溶剂中，用 PCl_5 催化，可以避免肟的异构化。例如，异丁基苯基酮肟为 E 型异构体，用不同的催化剂和溶剂，得到不同的产物。

$$(CH_3)_2CHCH_2-C(Ph)=N-OH \xrightarrow{HCl, HOAc} (CH_3)_2CHCH_2-C(Ph)=N-OH$$

$$E \downarrow PCl_5$$

$$(CH_3)_2CHCH_2CONHPh$$

$$Z \downarrow$$

$$PhCONHCH_2CH(CH_3)_2$$

这种异构化现象有时可以应用于有机合成中。例如如下反应：

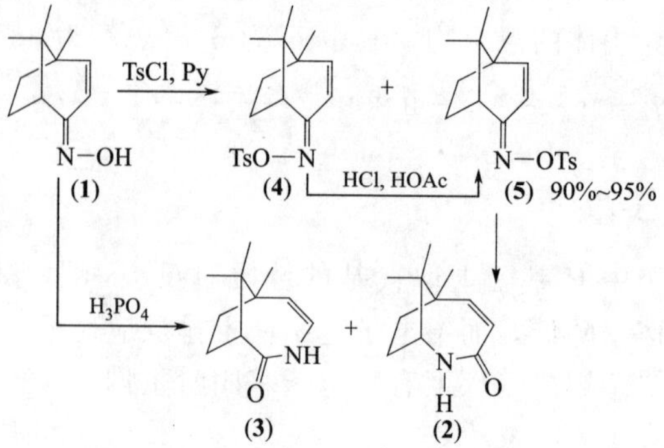

在用起始原料（**1**）合成化合物（**2**）时，若用磷酸作为催化剂，则得到化合物（**2**）和（**3**）的混合物。为了提高化合物（**2**）的收率，可以先将（**1**）在吡啶存在下与对甲苯磺酰氯反应制成磺酸酯（**4**）和（**5**），在 HCl-HOAc 体系中，（**4**）异构化为（**5**），（**5**）重排生成（**2**），收率可达 82％。

当溶剂中有亲核性化合物或溶剂本身为亲核性化合物（醇、酚、硫醇、胺或叠氮、偏磷酸酯等）时，重排生成的中间体碳正离子会与之结合生成相应的化合物，不能得到酰胺。

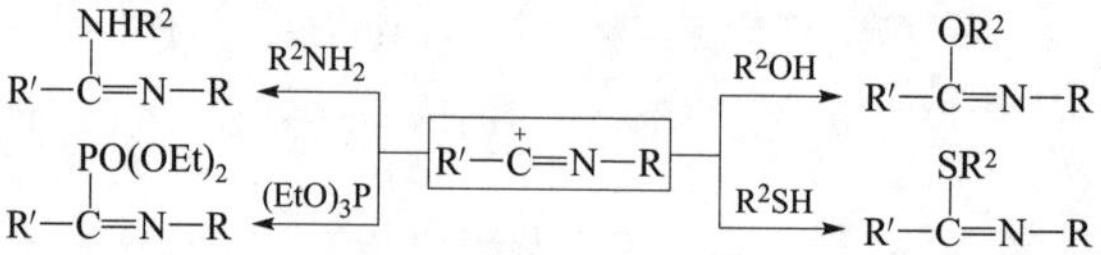

抗菌药环丙沙星（Ciprofloxacin）等的中间体环丙胺（**20**）的一条合成路线，就是使用乙酰环丙烷的肟，用苯磺酰氯作催化剂来合成的。

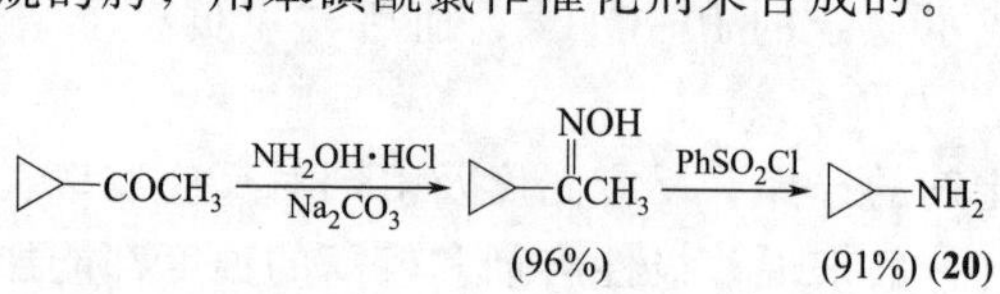

酮肟重排常用的催化剂是浓硫酸、PCl_5 的醚溶液、HCl 的醋酸和醋酸酐溶液（Beckmann 混合液）、多聚磷酸及三氟乙酸酐等。用多聚磷酸时产率一般较高；产物为水溶性的酰胺时，用三氟醋酸酐作催化剂较好。也有用甲酸、液体 SO_2、PPh_3-CCl_4、$(Me_2N)_3PO$、P_2O_5-甲磺酸、$SOCl_2$ 及硅胶来催化反应的。

环酮肟在 DMF 存在下，用 $POCl_3$ 于 90℃反应，则在发生 Beckmann 重排反应的同时，在内酰胺氮原子上引入了甲醛基［Majo V J, Venugopal M, Prince A A M and Perumal P T. Synth Commun，1995，25（23）：3863］。

Wang B（Wang B. Tetrahedron Lett，2004，46：3369）等用氨基磺酸作 Beckmann 重排反应的催化剂，将酮肟顺利地转化为酰胺。

氨基磺酸可以回收重复利用，是一种绿色环保的好方法。芳香酮肟重排收率高，而脂肪酮肟重排的收率较低。例如使用环己酮肟时，己内酰胺的收率只有 40%。

醛肟重排可以用铜、RaneyNi、醋酸镍、三氟化硼、三氟醋酸、PCl₅、磷酸作催化剂。用醋酸镍作催化剂时，反应可以在中性均相中进行，效果极佳。也有将醛肟吸附于硅胶上于 100℃加热来进行反应的报道，

催化剂的选择不但要考虑是醛肟还是酮肟，而且还要考虑肟的具体结构。不对称的肟在质子酸催化下会发生异构化。

选用非极性或极性小的非质子溶剂作溶剂，PCl₅ 作催化剂时，可以有效防止异构化。反应物容易磺化时，应避免使用浓硫酸。

如果肟分子中存在对酸敏感的基团时，可以在吡啶中用酰氯作催化剂，用酰氯进行重排时，先生成酮肟酯，后者在酸性条件下再进行重排。有时也可以使用 Lewis 酸催化。

催化剂的作用是促进离去基团的离去。有的催化剂是使肟质子化，有的则是催化剂与肟生成酯。例如：

近年来有不少文献报道，超声波对 Beckmann 重排反应有催化作用，可以缩

短反应时间，提高收率。在微波促进下，蒙脱土 K10、有机铑试剂等也能催化 Beckmann 重排反应。

2002 年 Sharghi H（Sharghi H, Hosseini M. Synthesis, 2002：1057）等报道，将酮或醛与盐酸羟胺及氧化锌充分混合，在不加任何溶剂的情况下于 140～170℃ 直接加热反应，可以发生 Beckmann 重排反应生成酰胺。

$$R^1-\underset{\underset{O}{\|}}{C}-R^2 \xrightarrow[140\sim170℃]{ZnO, NH_2OH\cdot HCl} R^1-\underset{\underset{O}{\|}}{C}-NHR^2$$

在 Beckmann 重排反应中，若肟的分子中含有其他活性基团，则在重排的过程中可能与活性基团继续反应生成新的化合物。例如染料中间体 5-氯-2-甲基苯并噻唑（**21**）的合成。

(70%) **(21)**

如下磺酸酯在 Al_2O_3 存在下，除了生成正常的重排产物外，还生成了苯并异噁唑衍生物［仇缀百，朱淬砺.化学学报，1983，41（6）：566］。

R = CH₃、CH₂=CHCH₂—

醛肟和酮肟在一定的条件下可以生成腈，该类反应属于非正常的 Beckmann 重排反应。

$$\underset{H}{\overset{R}{C}}=N-OH \xrightarrow{Ac_2O} R-C\equiv N$$

许多脱水剂可以使醛肟脱水生成腈。其中常用的是醋酸酐。在温和条件下（室温）有效的试剂有 Ph_3P-CCl_4、SeO_2、硫酸铁、$SOCl_2$-苯并三唑、$TiCl_3$（OTf）、CS_2、离子交换树脂 Amberlyst A26（OH^-）、KSF 蒙脱石等。在钌催化剂存在下将肟加热也可以得到腈。有些酮肟在质子酸或 Lewis 酸作用下也可以生成腈。例如：

$$R-\underset{\underset{N-OH}{\|}}{C}-\underset{\underset{O}{\|}}{C}-R' \xrightarrow{SOCl_2} R-C\equiv N + R'COO^-$$

在这些酮肟中，有 α-二酮肟（如上式）、α-酮酸、α-二烷基氨基酮、α-羟基酮

以及 β-酮醚及类似化合物的肟等。

Beckmann 重排反应是一个理想的原子经济性反应，符合环境友好的原则。在有机合成、药物合成中应用广泛，可以用于合成 N-取代酰胺或胺类化合物，也用于肟的结构测定。高效、环境友好催化剂的研究仍是该重排反应的研究方向。

二、Hofmann 重排反应

氮原子上无取代基的酰胺在碱性条件下用氯或溴处理，失去羧基生成少一个碳原子的伯胺，此反应称为 Hofmann（霍夫曼）重排反应。由于在反应中失去一个碳原子，故也称为 Hofmann 降解反应。该反应是首先由 Hofmann 于 1881 年发现的。

$$RCONH_2 + Br_2 \xrightarrow{NaOH} RNH_2 + Na_2CO_3 + NaBr + H_2O$$

反应机理如下：

$$NaOH + Br_2 \longrightarrow NaOBr + NaBr + H_2O$$

反应的第一步是酰胺与卤素或次卤酸盐进行氮原子上的取代反应，生成 N-卤代酰胺；第二步是在碱的作用下发生消除反应，失去卤化氢（实际上是失去水和卤素负离子）生成氮烯（Notrene）中间体；第三步是氮烯经重排生成异氰酸酯；异氰酸酯与水反应生成氨基甲酸，后者不稳定，失去二氧化碳得到减少一个碳原子的伯胺。

在上述机理中，第一步中间体 N-卤代酰胺和第三步异氰酸酯中间体，已经分离出来，证明了反应的正确性。氨基甲酸不稳定，容易失去二氧化碳并生成胺，这是大家熟悉的事实。因此，问题的焦点便集中第二步反应，即 N-卤代酰胺如何发生消除反应并重排生成异氰酸酯上。

N-卤代酰胺分子中，由于氮原子上连有酰基和卤素原子两个吸电子基团，使得氮原子上的氢原子具有弱酸性，在碱的作用下容易失去质子，生成卤代酰胺负离子。卤代酰胺负离子可能有如下两种方式生成异氰酸酯：

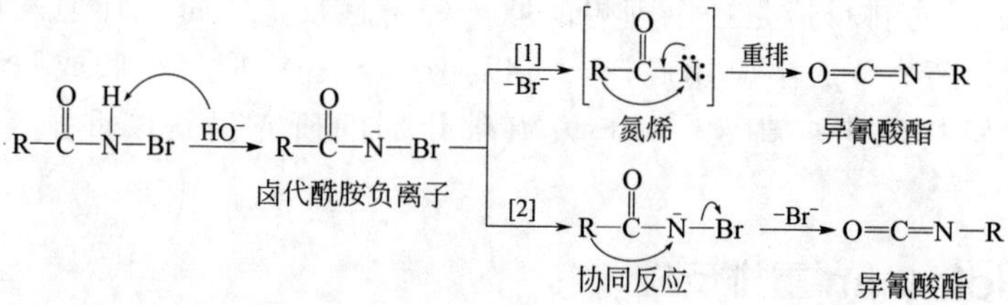

方式[1]是卤代酰胺负离子先失去卤素负离子生成氮烯，而后氮烯分子中的 R 基团迁移到氮原子上生成异氰酸酯。方式[2]是卤代酰胺负离子中卤素负离子的离去和 R 基团的迁移同时进行，生成异氰酸酯。

用光学活性的酰胺进行该重排反应，结果得到构型保持的胺。

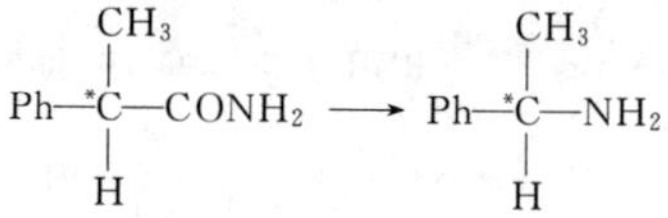

光学纯度 95.5%

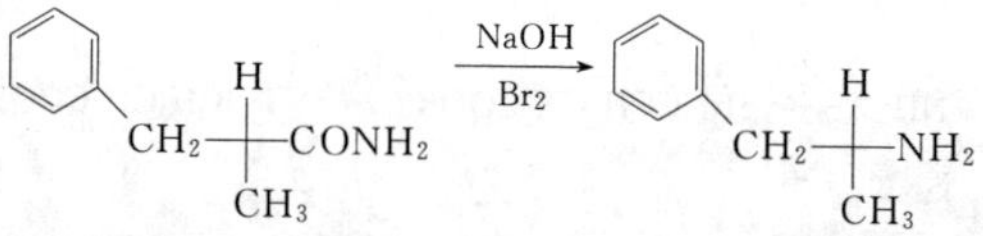

因此，该反应应当是分子内的协同反应，即卤素负离子的离去和 R 基团的迁移是同步进行的。重排过程中尚缺少生成氮烯而后重排的证据。

N-烃基取代的酰胺，不发生 Hofmann 重排反应，因为其分子中没有活泼的氢，不能生成 N-卤代酰胺负离子。

Hofmann 重排反应是制备伯胺的一种重要方法，适用的范围很广。反应物可以是脂肪族、脂环族、芳香族的酰胺，也可以是杂环族的酰胺。其中以低级脂肪族酰胺合成伯胺的收率较高。无论哪一种酰胺，酰胺的氮原子上都不能含有其他烃基取代基。

丁胺卡那霉素（Amikacin）中间体 γ-氨基-α-羟基丁酸（**22**）的合成如下（孙昌俊，曹晓冉，王秀菊. 药物合成反应——理论与实践. 北京：化学工业出版社，2007：241）：

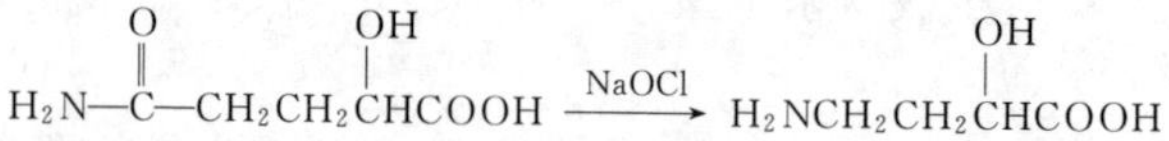

又如抗病毒药奈韦拉平（Nevirapine）中间体 2,6-二氯-3-氨基-4-甲基吡啶（**23**）的合成（陈仲强，陈虹. 现代药物的合成与制备：第一卷. 北京：化学工业出版社，2007：92）：

(23)

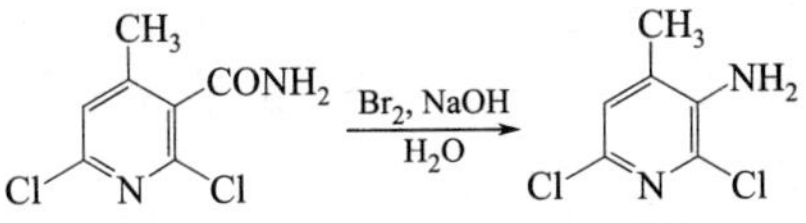

消炎镇痛药伊索昔康（Isoxicam）中间体3-氨基-5-甲基异噁唑的合成如下。

3-氨基-5-甲基异噁唑　（3-Amino-5-methylisoxazole），$C_4H_6N_2O$，98.10。mp 62℃。

制法　陈芬儿.有机药物合成法：第一卷.北京：中国医药科技出版社，1999：949.

(2)　　**(1)**

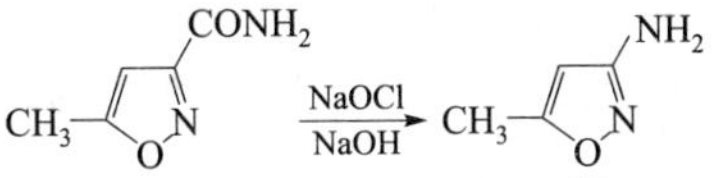

于安有搅拌器、温度计的反应瓶中，加入含次氯酸钠0.271 mol的水溶液215 g，冰水浴冷至8～12℃，分批加入5-甲基异噁唑-3-甲酰胺（**2**）31.5 g（0.25 mol），约30 min加完。加完后继续搅拌反应1 h。加入40%的氢氧化钠溶液13.8 g（0.138 mol）和水30 mL，继续搅拌反应10 min，反应液呈浅黄色透明液，为氯代酰胺钠溶液。

于另一反应瓶中，加入水30 mL，加热回流，慢慢滴加上述氯代酰胺钠溶液，约30 min加完。此时反应液pH值为7。再滴加12%的氢氧化钠溶液70 g（0.21 mol），约10 min加完。加完后回流反应2.5 h。冷至室温，加入40%的氢氧化钠溶液35 g（0.35 mol），冷至25℃，氯仿提取。回收氯仿后，冷却，析出固体，空气中干燥，得化合物（**1**）20.0～20.4 g。收率81.6%～83.5%，mp 62℃。

强心药氨力农（Amrinone）原料药（**24**）的合成如下（陈芬儿.有机药物合成法：第一卷.北京：中国医药科技出版社，1994：67）：

(64%)　**(24)**

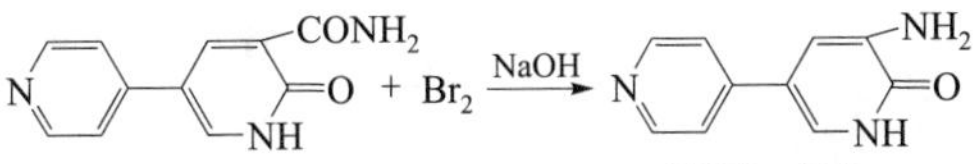

普鲁卡因胺盐酸盐（procainamide hydrochloride）、泰必利（Tiapride）、地布卡因（Dibucaine）等的中间体β-二乙胺基乙胺（**25**），可以以丙烯腈为原料，经部分水解、Meachal加成和Hofmann重排反应来合成：

$$CH_2{=}CHCN \xrightarrow[H_2SO_4]{H_2O} CH_2{=}CHCONH_2 \xrightarrow{(C_2H_5)_2NH} (C_2H_5)_2NCH_2CH_2CONH_2 \xrightarrow[NaOCl]{NaOH} (C_2H_5)_2NCH_2CH_2NH_2$$

(25)

又如抗抑郁药吗氯贝胺（Moclobemide）等的中间体4-(2-氨基）乙基吗啉

的合成。

4-(2-氨基)乙基吗啉[4-(2-Amino) ethylmorpholine]，$C_6H_{14}N_2O$，130.19。无色液体。bp 99～100℃/3.2 kPa。n_D^{20} 14739。

制法　① 陈芬儿. 有机药物合成法：第一卷. 北京：中国医药科技出版社，1999：410. ② 成志毅等. 中国医药工业杂志，1994，25：100.

$$CH_2=CHCONH_2 + O\!\!\bigcirc\!\!NH \longrightarrow \left[O\!\!\bigcirc\!\!N-CH_2CH_2CONH_2 \right] \xrightarrow{NaOCl} O\!\!\bigcirc\!\!N-CH_2CH_2NH_2$$
　　　　(2)　　　　　　　　　　　　　　　　　　　　　　　　　　　　　　　(1)

于安有搅拌器、温度计、滴液漏斗的反应瓶中，加入丙烯酰胺（**2**）7 g（0.1 mol），水 15 mL，冰浴冷却，慢慢滴加吗啉—水合物 8.7 g（0.1 mol）溶于 10 mL 水的溶液，控制滴加速度使反应温度在 10℃ 以下。加完后继续搅拌反应 30 min，而后于 45℃ 搅拌反应 2 h。将含次氯酸钠 8.9 g（0.12 mol）的溶液 240 mL 加入反应瓶中，于 55℃ 搅拌反应 1 h 后，加入亚硫酸氢钠 0.5 g，以分解未反应的次氯酸钠。水蒸气蒸馏，直至流出液为中性为止。将馏出液用稀盐酸调至 pH3，减压浓缩至析出固体，冷至室温。加入 40％ 的氢氧化钠溶液，用乙醚提取 3 次，合并乙醚层，无水硫酸干燥。回收乙醚后，剩余物减压蒸馏，收集 99～100℃/3.2 kPa 的馏分，得无色液体（**1**）5.5 g，收率 42.3％。n_D^{20} 14739。

八个碳原子以下的单酰胺通常可以高收率的得到伯胺，而碳原子数更多的单酰胺，可以在甲醇中反应生成氨基甲酸甲酯，后者水解也可以得到较高收率的伯胺。

$$C_{11}H_{23}CONH_2 \xrightarrow[Br_2]{CH_3ONa} C_{11}H_{23}NHCO_2CH_3 \xrightarrow[H_2O]{HO^-} C_{11}H_{23}NH_2$$

这种方法也适用于脂环类酰胺制备环状伯胺。

丁二酰胺用次氯酸钠处理时，重排后不生成乙二胺，而是生成二氢脲嘧啶，水解后生成 β-氨基丙酸。β-氨基丙酸主要用于合成泛酸和泛酸钙、肌肽、帕米膦酸钠、巴柳氮等，在医药、饲料、食品等领域应用广泛。

$$\begin{array}{c}CH_2CONH_2\\|\\CH_2CONH_2\end{array} \xrightarrow[OH^-]{NaOBr} \left[\begin{array}{c}H_2C-N\\|\quad\ \ >C=O\\H_2C-N\\|\\Br\end{array} \right] \xrightarrow[-HOBr]{H_2O} \begin{array}{c}NH\\H_2C-C<\\|\qquad >O\\H_2C-C\\|\\NH\end{array} \xrightarrow{H_2O} H_2NCH_2CH_2COOH$$

若两个酰氨基相距较远，则可生成正常的二胺。己二酸二酰胺及其高级同系物通过 Hofmann 重排反应可以生成二胺。例如：

$$H_2NCO(CH_2)_nCONH_2 \longrightarrow H_2N(CH_2)_nNH_2 \quad (n \geqslant 6)$$

α-羟基酸的酰胺用次氯酸钠处理，得到醛。

$$\begin{array}{c}RCHCONH_2\\|\\OH\end{array} \xrightarrow{NaOCl} \left[\begin{array}{c}RCHNH_2\\|\\OH\end{array} \right] \longrightarrow RCHO + NH_3$$

含 α，β-不饱和双键的酰胺用甲醇-次氯酸钠溶液处理生成氨基甲酸甲酯类化合物，原因是重排后生成的异氰酸酯与甲醇反应，而得到氨基甲酸甲酯类化合物。

$$CH=CHCONH_2 \xrightarrow[\text{CH}_3\text{OH}]{\text{NaOCl}} CH=CHNHCO_2CH_3$$

(70%)

α,β-乙炔基酰胺发生 Hofmann 反应生成腈。

$$RC\equiv CCONH_2 \xrightarrow{\text{NaOCl}} [\ RC\equiv CNH_2\ ] \longrightarrow RCH_2C\equiv N$$

丁二酰亚胺在水中与次溴酸钠反应生成 β-氨基丙酸，而在乙醇钠的乙醇溶液中用溴处理，生成 β-氨基丙酸乙酯。

$$\xrightarrow[\text{C}_2\text{H}_5\text{OH}]{\text{Br}_2,\ \text{C}_2\text{H}_5\text{ONa}} H_2N\quad COOC_2H_5$$

邻苯二甲酰亚胺经 Hofmann 重排生成抗炎药甲灭酸（mefenamic acid）等的中间体的邻氨基苯甲酸（**26**）。

$$\xrightarrow[\text{OH}^-]{\text{NaOCl}}$$

(95%) (**26**)

骨骼肌松弛药巴氯芬（Baclofen）原料药的合成如下。

巴氯芬［Baclofen, 4-Amino-2-(4-chlorophenyl) butyric acid］，$C_{10}H_{12}ClNO_2$，213.66，mp 206～208℃。

制法　郭忠武.医药工业，1988，19（6）：266.

$$\text{(2)} \xrightarrow[50℃]{\text{NaOH, H}_2\text{O}} \xrightarrow[\text{2.H}^+]{\text{1.NaOH, Br}_2} \text{(1)}$$

将 4.0 g（100 mmol）氢氧化钠溶于 20 mL 水中，慢慢滴加溴 4.0 g（25.0 mmol），制成次溴酸钠溶液备用。

于安有搅拌器、温度计、滴液漏斗的反应瓶中，加入水 20 mL，氢氧化钠 0.9 g（22.5 mmol），溶解后加入 3-对氯苯基戊二酰亚胺（**2**）4.3 g（19.24 mmol），于 50～60℃水浴中搅拌至溶解。冷至 15℃以下，搅拌下慢慢滴加上述次溴酸钠溶液，加完后搅拌反应 12 h。加热至 80℃，搅拌反应 30 min。冷后用浓盐酸调至 pH7，过滤，水洗，用水重结晶，得化合物（**1**），收率 76%，mp 204.5～207℃（206～208℃）。

但芳香族或杂环酰氨基的邻位有氨基或羟基时，反应中生成的异氰酸酯可进行分子内的亲核加成，生成环脲或氨基内脲。例如：

Hofmann 重排反应通常是用氯或溴在氢氧化钠溶液中与酰胺首先在低温进行反应，而后加热生成伯胺，也可以直接用次氯酸钠或次溴酸钠溶液反应。一般很少用到碘。在具体操作中，可将酰胺加入碱溶液中，而后在低温下慢慢加入溴或次氯酸盐，也可先在碱中加入溴或次氯酸盐，再加入酰胺。反应结束后加热可得到胺。有时也使酰胺先与溴反应生成 N-溴代酰胺，而后进行重排反应。

治疗外周神经痛药物普瑞巴林（Pregabalin）中间体 3-氨甲基-5-甲基己酸的合成如下。

3-氨甲基-5-甲基己酸 ［3-(Aminomethyl)-5-methylhexanoic acid］，$C_8H_{17}NO_2$，159.23。白色固体。mp 168.5～170.1℃。

制法　杨健，黄燕.高校化学工程学报.2009，23（5）：825.

于 100 mL 三口烧瓶中加入 90 mL 水，50%NaOH 溶液 52.8 g（0.66 mol）。冷至−15℃左右，慢慢滴加 Br_2 32.5 g（0.20 mol）。加完后继续搅拌 1 h，加入 3-(氨甲酰甲基)-5-甲基己酸（**2**）24 g（0.13 mol），温度保持−15～−10℃，搅拌 2 h，再室温搅拌 1 h。慢慢升温至 70℃保持 2 h。冷却，用甲基叔丁基醚萃取，以浓盐酸将体系调至 pH 1 左右，甲基叔丁基醚（100 mL×3）萃取。再用 50%氢氧化钠溶液将水层调至 pH 7 左右，有大量白色固体析出，室温冷却搅拌 3 h。过滤生成的白色固体，干燥，得化合物（**1**）15.8 g，mp168.5～170.1℃，收率 77.3%。

又如环丙沙星、环丙氟哌酸等的中间体环丙胺的合成如下 ［易健民，唐阔文，黄良.精细化工，2000，17（9）：552］：

近年来，人们又发现了一些关于 Hofmann 重排反应的新方法，主要是一些新试剂的发现。所用的新试剂主要包括以下几种。

①Pb(OAc)$_4$；②Ph(OTs)OH，PhI(OCH$_3$)$_2$，Ph(OAc)$_2$，PhI(OCOCF$_3$)$_2$，PhI(OAc)$_2$、C$_6$H$_5$IO 类；③二溴海因-Hg(OAc)$_2$-ROH，二溴海因-AgOAc-ROH 类；④NBS-Hg(OAc)$_2$-ROH，NBS-AgOAc-ROH、NBS-DBU-ROH 类。

新试剂的发现，大大提高了重排反应的收率，例如（Togo H，Nabana T，Yamaguchi K. J Org Chem，2000，65：8391）：

$$CH_3(CH_2)_8CONH_2 \xrightarrow[]{A(或\,B,C,D),DMF} CH_3(CH_2)_8NHCOOCH_3$$
$$（100\%）$$

式中：A 为 NBS-Hg（OAc）$_2$-CH$_3$OH；B 为 NBS-AgOAc-CH$_3$OH；
C 为二溴海因-Hg（OAc）$_2$-CH$_3$OH；D 为二溴海因-AgOAc-CH$_3$OH

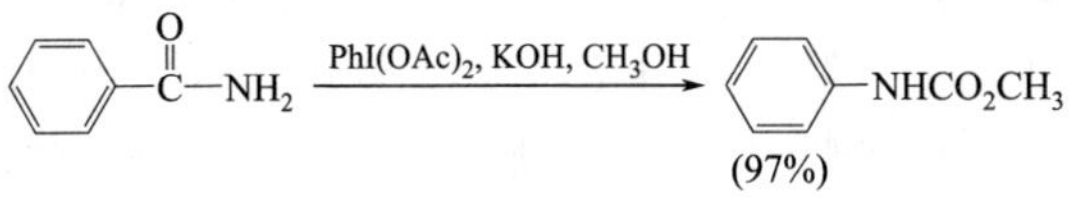

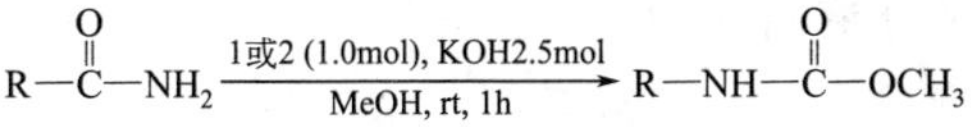

（97%）

式中：R = Ph，PhCH=CH

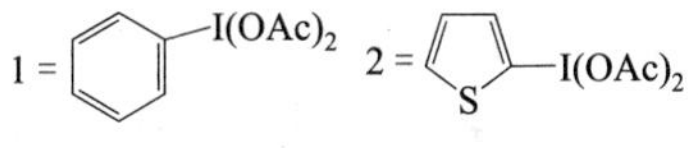

YuＣＺ等用二（三氟乙酰氧基）碘苯〔PhI（OCOCF$_3$）$_2$〕进行如下 Hofmann 重排反应，得到高收率的重排产物（YU C Z，Jiang Y Y，Liu B，Hu L Q. Tetrahedron Lett，2001，42：1440）。

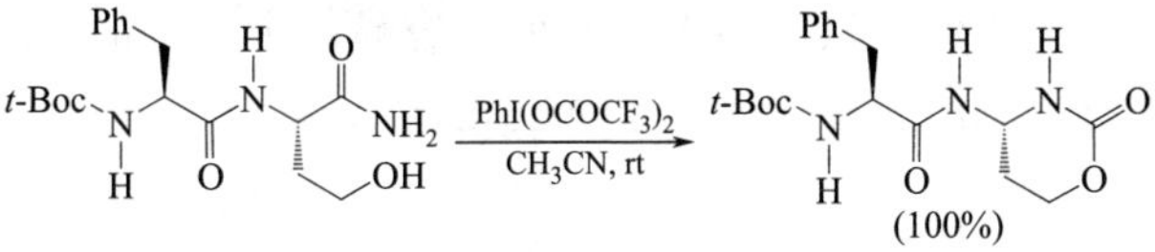

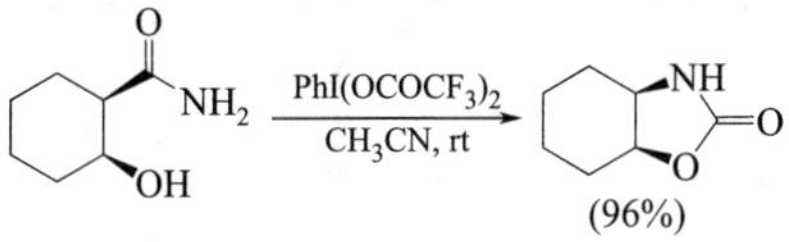

（100%）

（96%）

使用 PhI（OAc）$_2$ 时，分子中的双键可以不受影响。例如〔Robert M Moriarty，et al. J Org Chem，1993，58（9）：2478〕：

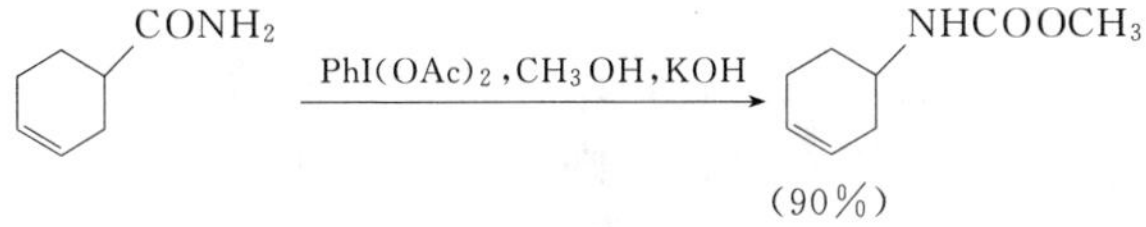

（90%）

用 PhI（OCH$_3$）$_2$ 作催化剂时，可能的反应机理如下。

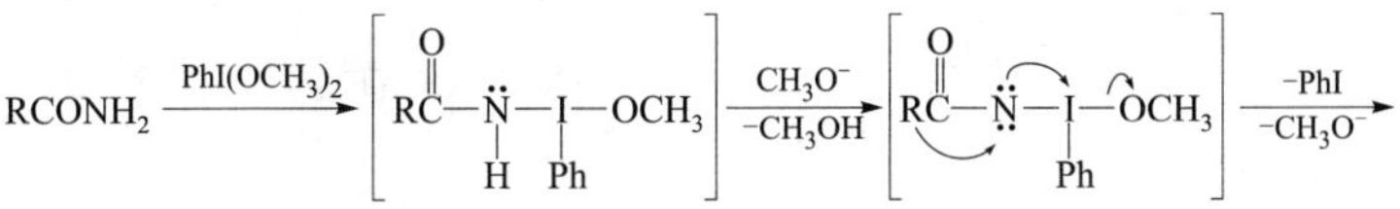

$$R-N=C=O \xrightarrow{CH_3OH} RNHCO_2CH_3$$

例如抗结核病药利福平（Rifampicin）等的中间体环丁基胺的合成。

环丁基胺（Cyclibutylamine），C$_4$H$_9$N，71.12。无色液体。bp 80.5～81.5℃，n_D^{25} 1.4356。其盐酸盐 mp 183～184℃。

制法　Merrick R A，Julie B S，Alan E T，et al. Org Synth，1993，Coll Vol 8：132.

于安有搅拌器的 500 mL 反应瓶（用铝箔包裹）中，加入 1，1-双三氟乙酰氧基碘苯 16.13 g（37.5 mmol），37.5 mL 乙腈，生成的溶液用 37.5 mL 无离子水稀释。加入环丁基甲酰胺（**2**）2.48 g（25 mmol），酰胺很快溶解，继续搅拌反应 4 h。旋转蒸发除去乙腈，剩余的水层中加入 250 mL 乙醚一起搅拌，加入 50 mL 浓盐酸。将其转移至分液漏斗中，分出水层，水层用乙醚提取 2 次。乙醚层用 2 mol/L 的盐酸提取 2 次。合并水层，减压浓缩。剩余物中加入 50 mL 苯，继续减压浓缩。如此加苯、浓缩 5 次。剩余物于盛有浓硫酸的真空干燥器中真空干燥过夜。将得到的固体加入 5 mL 无水乙醇和 35 mL 无水乙醚，加热回流，慢慢加入乙醇，直至固体溶解。冷至室温，慢慢加入乙醚，直至开始出现结晶。冰箱中放置析晶，过滤，于盛有五氧化二磷的干燥器中减压干燥过夜，得化合物（**1**）1.86～2.06 g，收率 69%～77%，mp 183～185℃。

酰胺的结构对反应有明显的影响，长链脂肪酰胺在水中进行 Hofmann 反应收率很低，原因是生成的异氰酸酯水溶性低，容易与未重排的卤酰胺负离子反应生成了酰基脲或与生成的胺反应生成了脲类化合物。

如果使反应物在反应体系中分布均匀，加快异氰酸酯转化为胺的速率，可以减少上述两种副反应的发生。

若利用此重排反应来合成酰基脲，则 NaOH-Br$_2$ 的用量应当减少一半。

若使反应在醇钠的醇溶液中进行，则首先生成氨基甲酸酯，后者水解，可得到高产率的胺。

苯并环丁甲酰胺水溶性差，在水中进行 Hofmann 反应时，在较高温度下反应得不到四元环的胺。在甲醇-甲醇钠中反应，则可以在较低温度下生成氨基甲酸甲酯。氨基甲酸酯水解生成相应的胺。

抗菌药帕珠沙星（Pazufloxacin）原料药的合成如下。

帕珠沙星（Pazufloxacin），$C_{16}H_{17}FN_2O_4$，320.32。白色固体。mp 267～268℃，纯度 99.4％（HPLC）。

制法　① 张文治，束家友.中国医药工业杂志，2003，34（12）：593.② 朱建明.中国药师，2007，10（3）：249.

于安有搅拌器、低温温度计的反应瓶中，加入甲醇 250 mL，50％的甲醇钠 24.8 g（0.23 mol），氮气保护，干冰-丙酮浴冷至 −40℃。剧烈搅拌下滴加溴 11.2 g（70 mmol），待溴的颜色褪去后，分批加入（3S）-9-氟-10-(1-氨甲酰基环丙基)-3-甲基-7-氧代-2,3-二氢-7H-吡啶［1,2,3-de］-1,4-苯并噁嗪-6-羧酸（**2**）15 g（43 mmol）。完全溶解后 继续保温反应 1 h。慢慢升至 35℃，搅拌反应 1 h，再于 60℃反应 15 min。自然冷至室温，加入 2 mol/L 的氢氧化钠溶液 50 mL，回流反应 30 min。用 6 mol/L 的盐酸调至 pH 5，析出淡黄色固体。过滤，水洗。滤液和洗涤液合并后用乙酸乙酯提取。将提取液减压浓缩至干，得部分固体。将其与前面的淡黄色固体合并，于 70℃溶于适量 6 mol/L 的盐酸中，活性炭脱色，减压蒸出溶剂至干，得白色的化合物（**1**）的盐酸盐。溶于适量含 1.8％的氢氧化钾的 40％乙醇溶液中，通入二氧化碳至饱和，析出白色固体，过滤，干燥，得白色化合物（**1**）10.5 g，收率 69％，mp 267～268℃，纯度 99.4％（HPLC）。

若在 −40℃将溴滴加至甲醇-甲醇钠溶液中使生成次溴酸甲酯，则不饱和酰胺分子中的双键不受影响。

海因类化合物可以代替卤素，例如苯基氨基甲酸酯的合成，苯基氨基甲酸异丙酯（**28**）是合成燕麦灵的主要中间体等，乙酯是合成镇痛、催眠药（俗称乌拉坦）的主要中间体（黄光佛.湖北化工，2000，5：21）。

含七个或七个碳原子以上的脂肪族酰胺，在水中进行该反应时，可以得到减少一个碳原子的腈。

$$RCH_2CONH_2 \xrightarrow{NaOH, Br_2} R—C\equiv N$$

次卤酸盐是氧化剂，可以将胺氧化为腈。

$$R—CH_2NH_2 \xrightarrow{NaOH, Br_2} R—C\equiv N$$

氧化机理如下：

$$R \diagdown NH_2 \xrightarrow{Br_2^-, BrO^-} R \diagdown N \diagup^{Br}_{Br} \xrightarrow[-HBr]{HO^-} R \diagdown N \diagdown^{Br} \xrightarrow[-HBr]{HO^-} RCN$$

容易发生芳香环上卤代的芳香酰胺，发生 Hofmann 重排反应时可能会发生环上的卤化副反应。

酰胺的 α-位有羟基、卤素等原子或基团，以及 α,β-不饱和酰胺发生 Hofmann 重排反应时，生成不稳定的胺或烯胺，水解后生成醛。

$$RCH=CHCONH_2 \xrightarrow{NaOBr, H_2O} [RCH=CHNH_2] \xrightarrow{H_2O} RCH_2CHO$$

$$\underset{\underset{Y}{|}}{RCHCONH_2} \xrightarrow{NaOBr, H_2O} \left[\underset{\underset{Y}{|}}{RCHNH_2} \right] \xrightarrow{H_2O} RCH_2CHO$$

式中 Y=Cl、Br、OH

利用这一性质，可以制备醛、酮甚至腈类化合物。

$$\underset{\underset{OH}{|}}{C_{11}H_{23}—\overset{\overset{CH_3}{|}}{C}—CONH_2} \xrightarrow[rt]{NBS, AcOAg, DMF} C_{11}H_{23}COCH_3$$

(100%)

α,β-位含有炔键的酰胺，重排后得到腈。

$$CH_3(CH_2)_4C\equiv CCONH_2 \xrightarrow[2. Ba(OH)_2]{1. NaOCl, H_2O} CH_3(CH_2)_4CH_2CN$$

电化学诱导（Electrochem Inducted，E.I.）法是近年来开发的 Hofmann 重排反应的新方法。特点是在中性、温和的条件下，于不同醇组成的新溶剂系统中反应，顺利地得到重排产物氨基甲酸酯类化合物。

$$R—\overset{\overset{O}{\|}}{C}—NH_2 \xrightarrow[E.I.]{R'OH, CH_3CN} RNHCO_2R'$$

Hofmann 重排反应是由酰胺制备减少一个碳原子的伯胺的重要方法之一。反应若在醇中进行，则可以合成氨基甲酸酯。由于反应中生成中间体异氰酸酯，是性质活泼的化合物，可以进一步发生反应生成相应衍生物。因此该反应在有机合成、药物合成中应用十分广泛，也可以用于天然产物的合成。研究绿色试剂来代替溴、铅等有害试剂，仍是化学工作者关注的问题。

三、Curtius 重排反应

酰基叠氮化合物加热分解放出氮气，生成异氰酸酯，该反应称为 Curtius

（库尔蒂斯）重排反应。

$$R-\overset{\overset{\displaystyle O}{\|}}{C}-N_3 \xrightarrow{\triangle} R-N=C=O + N_2$$

羧酸经酰基叠氮最后转化为伯胺的全过程称为 Curtius 反应。该反应是由 Curtius T 于 1890 年首先发现的。

$$R-\overset{\overset{\displaystyle O}{\|}}{C}-OH \longrightarrow R-\overset{\overset{\displaystyle O}{\|}}{C}-N_3 \xrightarrow{\triangle} R-N=C=O \xrightarrow{H_2O} RNH_2 + CO_2$$

Curtius 重排反应的反应机理如下：

$$O=C=N-R \xrightarrow{H_2O} HO-\overset{\overset{\displaystyle O}{\|}}{C}-NH-R \longrightarrow RNH_2 + CO_2$$
异氰酸酯

显然，反应机理与 Hofmann 重排反应机理相似，也是生成异氰酸酯。反应中氮气作为离去基团，与 N_2^+ 处于反位的 R 基团迁移，N_2 的失去与 R 基团的迁移是同时进行的。若 R 基团为手性基团，则重排后 R 基团的绝对构型保持不变。Curtius 重排反应是分子内由碳至氮的协同过程。该反应可以得到高收率的异氰酸酯，因为反应中没有使其水解成胺的水存在。该反应实际上也可以在水、醇中进行，生成胺或氨基甲酸酯或酰基脲。

该反应是酰基叠氮化合物的热分解反应，而且热分解温度不高。该反应几乎适用于所有类型的羧酸，包括脂肪族、脂环族、芳香族、杂环以及不饱和羧酸等。含有多官能团的羧酸只要可以生成酰基叠氮，也大都能进行 Curtius 重排反应。

一些具有过氧键的化合物甚至也可以发生 Curtius 重排反应，例如化合物（**29**）的合成 ［Dussault P H，Xu C. Tetrahedron Lett，2004，45（40）：7455］：

含手性的化合物重排后，手性保持不变。例如 ［Shu fuchang，Zhou Qilin. Synth Commun，1999，29（4）：567］：

例如磺酰脲类抗糖尿病药格列美脲（Glimepiride）中间体反-4-甲基环己基异氰酸酯的合成。

反-4-甲基环己基异氰酸酯（*trans*-4-Methylcyclohexyl isocyanate），$C_8H_{13}NO$，139.20。无色透明液体。bp 112~114℃/1.5 kPa。

制法 邓勇，沈怡，严忠勤等. 中国医药工业杂志，2005，36（3）：138.

(2)　　　　(3)　　　　(4)　　　　(1)

反-4-甲基环己基甲酰氯（**3**）：于安有搅拌器、温度计、回流冷凝器的反应瓶中，加入反-4-甲基环己基甲酸（**2**）36 g（0.25 mol），二氯乙烷 180 mL，PCl_5 55.2 g（0.25 mol），于45℃搅拌反应 3 h。减压蒸出溶剂，剩余物减压蒸馏，收集 116~119℃/1.5 kPa 的馏分，得浅黄色透明液体（**3**）38.6 g，收率95％。

反-4-甲基环己基甲酰叠氮（**4**）：于安有搅拌器、温度计、滴液漏斗的反应瓶中，加入叠氮钠 7.8 g（0.12 mol），水 35 mL，冷至0℃以下。搅拌下慢慢滴加由化合物（**3**）16.1 g（0.1 mol）溶于 50 mL 甲苯的溶液，控制滴加速度，保持反应液温度在 5~10℃之间。加完后保温反应 2 h。静置分层，水层用冷的甲苯 50 mL 提取。合并有机层，无水硫酸钠干燥。过滤，得澄清的浅黄色化合物（**4**）的甲苯溶液，直接用于下一步反应。

反-4-甲基环己基异氰酸酯（**1**）：于安有搅拌器、温度计、滴液漏斗、回流冷凝器的反应瓶中，加入 50 mL 干燥的甲苯，搅拌下加热至65℃左右，慢慢滴加上述化合物（**4**）的甲苯溶液，控制反应液温度在 60~70℃之间，加完后继续反应直至无氮气放出，约需 1 h。蒸出溶剂，剩余物减压蒸馏，收集 112~114℃/1.5 kPa 的馏分，得无色透明液体（**1**）11.1 g，收率80％。

又如农药中间体 4-溴苯基异氰酸酯的合成［冯桂荣. 农药，2006，46（11）：742］：

（70％~80％）

若将上述反应中的溴原子用氯代替，则 4-氯苯基异氰酸酯的收率达89％。

α,β-不饱和酸的酰基叠氮分解后生成比酰基叠氮少一个碳原子的醛。例如：

$$RCH\!=\!CHCON_3 \longrightarrow RCH\!=\!CHNCO \xrightarrow{H_3O^+} RCH_2CHO$$

一些二元或多元酰基叠氮，同样可以重排生成二元或多元胺。此时选用酰氯与叠氮钠反应比较好，例如［Davis M C. Synth Commun. 2007，37（20）：3519］：

（95％）　　　　　　　　　　　　　　　　　（60％）

又如高血压症治疗药物阿齐沙坦（Azilsartan medoxomil）中间体 2-（叔丁氧

羰基）氨基-3-硝基苯甲酸甲酯的合成。

2-(叔丁氧羰基）氨基-3-硝基苯甲酸甲酯（Methyl 2-[(*t*-Butoxycarbonyl) amino]-3-nitrobenzoate），$C_{13}H_{16}N_2O_6$，296.28。浅黄色固体。mp 96～97℃（106～107℃）。

制法　① Kubo K，Kohara Y，Imamiya E，et al. J Med Chem，1993，36（15）：2182. ② 束蓓艳，吴雪松，岑均达. 中国医药工业杂志，2010，41（12）：881.

（**2**）　　　　　　　　　　　　（**1**）

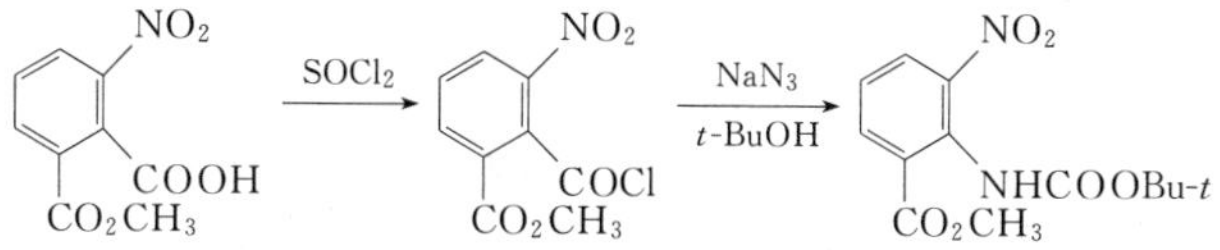

于安有搅拌器、回流冷凝器的反应瓶中，加入甲苯 10 mL，2-硝基-6-甲氧羰基苯甲酸（**2**）2.3 g（10 mmol），氯化亚砜 1.8 g（15 mmol），2 滴 DMF，搅拌下加热回流 30 min。减压蒸出溶剂，剩余物溶于 10 mL 丙酮中，慢慢滴加至冰冷的叠氮钠 1.0 g（15 mmol）溶于 10 mL 水的溶液中，加完后继续低温反应 1 h。反应混合物用冷水稀释，过滤生成的固体，干燥，得酰基叠氮化合物。将其加入 10 mL 叔丁醇中，搅拌下慢慢加热，而后回流反应 1.5 h。减压蒸出溶剂，剩余物过硅胶柱纯化，乙酸乙酯-己烷（1∶5）洗脱，剩余的固体用甲醇重结晶，得浅黄色固体（**1**）1.7 g，收率 57%，mp 96～97℃。

酰基叠氮的主要制备方法有如下四种。

（1）由酰氯制备酰基叠氮　酰氯与叠氮钠反应可以生成酰基叠氮。

$$R-\overset{\overset{\large O}{\|}}{C}-Cl + NaN_3 \longrightarrow R-\overset{\overset{\large O}{\|}}{C}-N_3 + NaCl$$

例如：

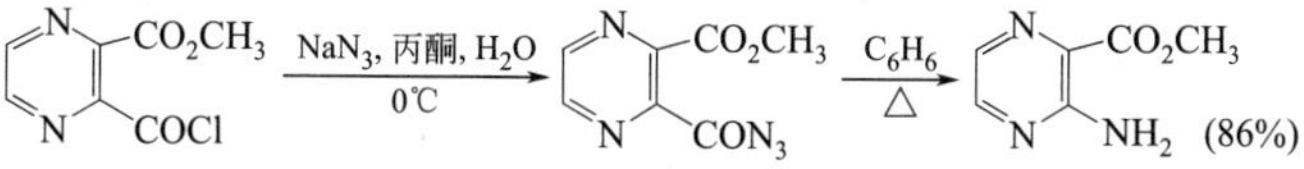

（2）由酯制备酰基叠氮　酯类化合物与叠氮钠或二苯氧基磷酰叠氮（DPPA）反应，可以生成酰基叠氮。

羧酸也可以直接与二苯氧基磷酰叠氮（DPPA）反应生成酰基叠氮。

$$RCOOH + \underset{(DPPA)}{(PhO)_2PON_3} \longrightarrow R-\overset{\overset{\large O}{\|}}{C}-N_3 + (PhO)_2\overset{\overset{\large O}{\|}}{P}OH$$

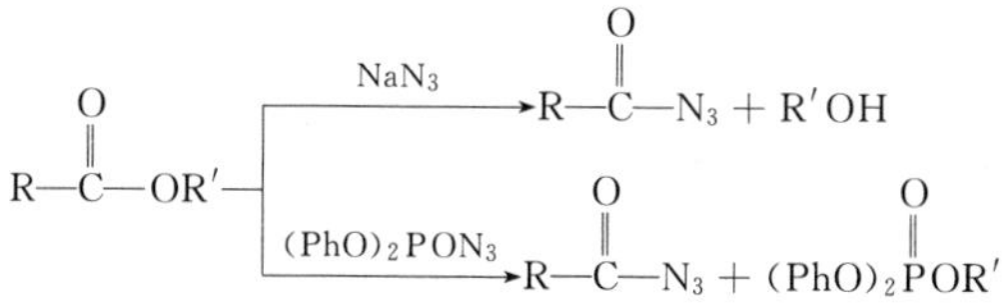

（3）由酸酐制备酰基叠氮　酸酐可以与叠氮钠反应生成酰基叠氮，但酸酐的数量有限。将羧酸在三乙胺存在下与氯甲酸酯反应，可以生成混合酸酐，混合酸酐再与叠氮钠反应，很容易得到酰基叠氮。

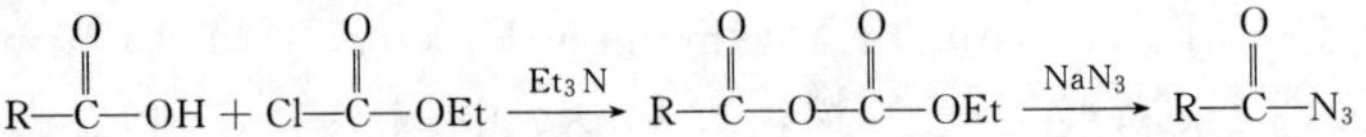

$$R-\overset{O}{\underset{}{C}}-OH + Cl-\overset{O}{\underset{}{C}}-OEt \xrightarrow{Et_3N} R-\overset{O}{\underset{}{C}}-O-\overset{O}{\underset{}{C}}-OEt \xrightarrow{NaN_3} R-\overset{O}{\underset{}{C}}-N_3$$

例如化合物（**30**）的合成〔Evans D A，Wu L D. J Org Chem，1999，64（17）：6411〕：

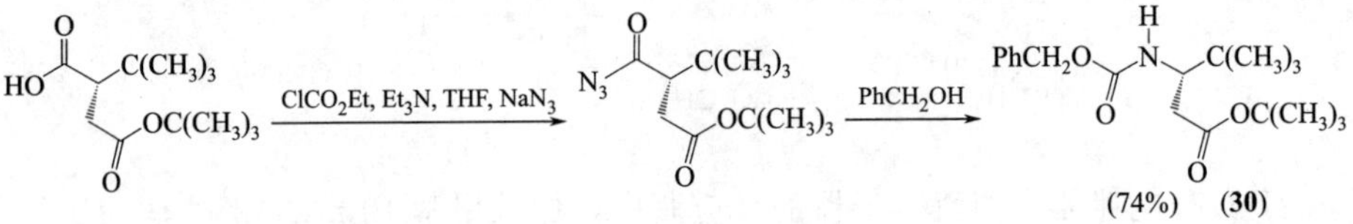

（4）由酰肼制备酰基叠氮　酰肼与亚硝酸反应生成 N-亚硝基酰肼，后者脱水生成酰基叠氮。

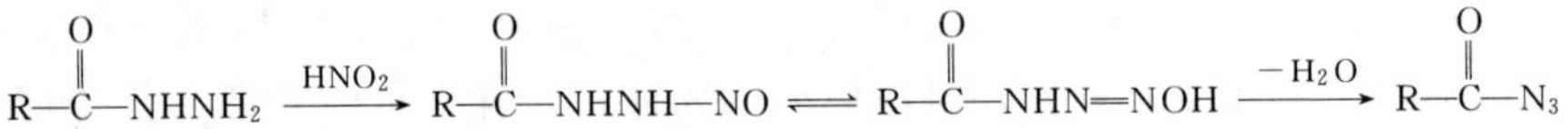

$$R-\overset{O}{\underset{}{C}}-NHNH_2 \xrightarrow{HNO_2} R-\overset{O}{\underset{}{C}}-NHNH-NO \rightleftharpoons R-\overset{O}{\underset{}{C}}-NHN=NOH \xrightarrow{-H_2O} R-\overset{O}{\underset{}{C}}-N_3$$

酰肼可以由酰氯、酸酐或酯的肼解合成。

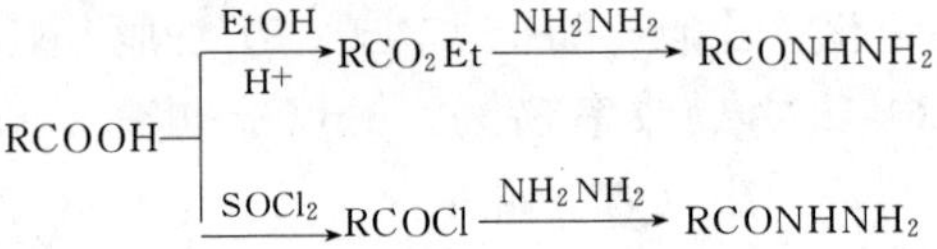

$$RCOOH \begin{cases} \xrightarrow[H^+]{EtOH} RCO_2Et \xrightarrow{NH_2NH_2} RCONHNH_2 \\ \xrightarrow{SOCl_2} RCOCl \xrightarrow{NH_2NH_2} RCONHNH_2 \end{cases}$$

新药开发中间体 1-氨基-7-甲氧基-β-咔啉盐酸盐（**31**）的合成如下〔徐广宇，周伊，左高磊，蒋勇军. 有机化学，2009，29（10）：1593〕：

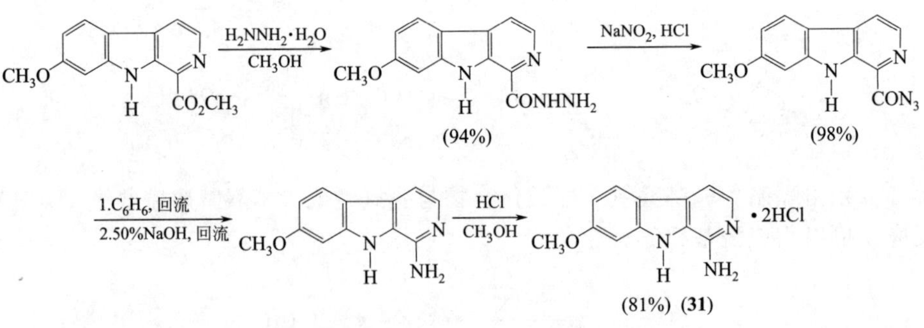

又如医药中间体丁二胺盐酸盐的合成。

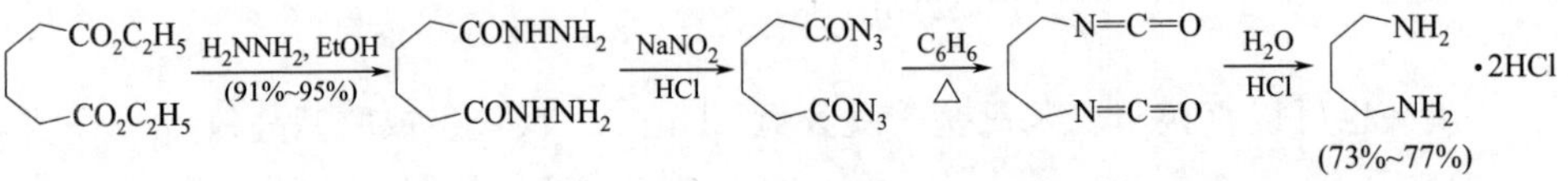

值得指出的是，若选用多元酸的酯与肼反应先制成酰肼，再与亚硝酸钠反应的方法，效果有时不一定很好，因为可能会发生如下副反应。

如上所述，酰基叠氮可以有多种方法来得到，在实际操作中，究竟采用哪种方法合成酰基叠氮，要根据反应物的结构来决定。

例如具有抑制 γ-分泌酶作用的 N-烷基磺胺类药物等的中间体 2-(1-咪唑基)乙胺的合成。

2-(1-咪唑基) 乙胺 [2-(1-Imidazolyl) ethanamine]，$C_5H_9N_3$，111.15。浅黄色油状液体。

制法　江来恩，邓胜松等. 中国医药工业杂志，2010，41 (4)：253.

(2) 　　　　　　　　　　　　**(3)** 　　　　　　　　　**(1)**

3-(1-咪唑基) 丙酰肼 (**3**)：于安有搅拌器、温度计、滴液漏斗、回流冷凝器的反应瓶中，加入80％的水合肼72.7 mL (1.2 mol)，乙醇80 mL，于40℃慢慢滴加 3-(1-咪唑基) 丙酸乙酯 (**2**) 67.3 g (0.4 mol) 溶于 30 mL 乙醇的溶液，约30 min加完。加完后继续搅拌回流 8 h。减压蒸出溶剂，剩余物用二氯甲烷提取（300 mL×3），合并有机层，回收溶剂后过硅胶柱纯化，用二氯甲烷-甲醇（40：3）洗脱，得黄色油状液体 (**3**) 58.3 g，收率94.5％。

2-(1-咪唑基) 乙胺 (**1**)：于安有搅拌器、温度计、滴液漏斗的反应瓶中，加入化合物 (**3**) 46.3 g (0.3 mol)，水 100 mL，冷却下加入浓盐酸74.7 mL (0.9 mol)。冰盐浴冷却，慢慢滴加由亚硝酸钠24.8 g (0.36 mol) 溶于 50 mL 水的溶液。加完后继续低温反应 1 h。慢慢加热至90℃，反应 7 h。冷至室温，用40％的氢氧化钠溶液调至 pH 9。减压蒸出溶剂，冷却下加入 150 mL 甲醇，冷却，过滤。滤液减压浓缩后过硅胶柱纯化，用二氯甲烷-甲醇（20：3）洗脱，得浅黄色油状液体 (**1**) 26.5 g，收率79.5％。

分子量较大的酯与肼反应缓慢，因此，最好用酰氯或混合酐法制备酰基叠氮。不饱和羧酸酯与肼反应时副反应较多，也应注意选用其他路线。

对于分子中含对水或强酸敏感官能团的化合物，可以利用羧酸直接与二苯氧基磷酰叠氮（DPPA）来制备酰基叠氮。

芳环酰基叠氮邻位有活泼基团，重排时会生成杂环化合物。例如：

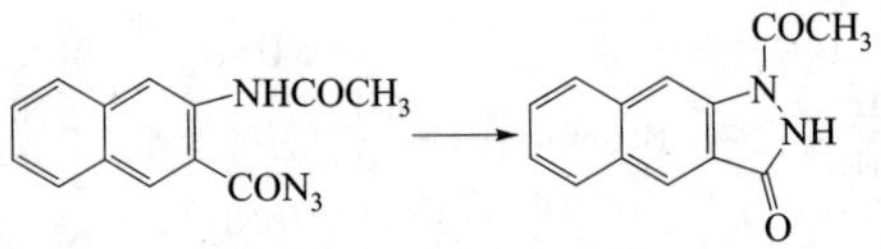

又如如下反应（施栩翎，杨振军等. 化学学报，1995，53：199）：

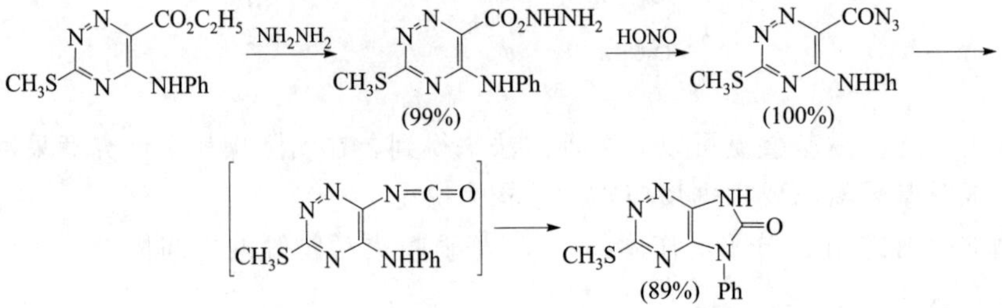

酰基叠氮的热分解温度一般都不高，在 100℃ 左右。酸对热分解反应有催化作用。既可用 Lewis 酸作催化剂，也可以用质子酸作催化剂。

热分解反应常用的溶剂是苯、甲苯、氯仿等。热分解反应若在苯、氯仿等非质子溶剂中进行，可以得到异氰酸酯。若在水、醇、胺中进行，则分别得到胺、氨基甲酸酯、取代的脲，因为热分解过程中生成的异氰酸酯可以立即与水、醇、胺反应生成相应的化合物。

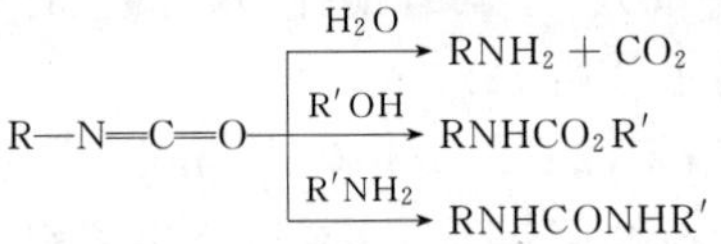

生成的氨基甲酸酯和取代的脲，水解后都可以生成胺。

Curtius 重排反应因其反应条件温和、产率高，污染小，在有机合成中应用较多。可以通过酰基叠氮加热生成异氰酸酯，这是非光气法合成异氰酸酯的方法之一。Hofmann 重排反应和 Curtius 重排反应都是由羧酸制备减少一个碳原子的胺的方法，具有相似的反应机理，两种方法各自具有自己的适用范围。酰肼容易由酯的肼解来合成，以羧酸酯为起始原料制备胺时宜选用 Curtius 重排反应；由羧酸制备胺时宜采用 Hofmann 重排反应，因为该重排反应可以集多步反应于同一操作中；不饱和酸、含活泼氢取代的芳香酸及酰化氨基酸宜选用 Curtius 重排反应；氨基酸和酮酸选用 Hofmann 重排反应更好。

四、Schmidt 重排反应

在酸催化下，酸和酮（或醛）与叠氮酸反应，分别生成伯胺、N-烃基取代的酰胺或腈，该反应称为 Schmidt（施密特）重排反应。

$$R{-}COOH + HN_3 \xrightarrow{H_2SO_4} RNH_2 + CO_2 + N_2$$

$$RCHO + HN_3 \xrightarrow{H_2SO_4} R{-}CN + CO_2 + N_2$$

$$RCOR' + HN_3 \xrightarrow{H_2SO_4} RCONHR' + N_2$$

该反应是 Schmidt 教授在 1924 年研究环己酮与叠氮酸的反应时首先发现的。

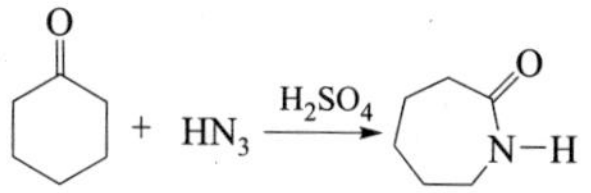

后来人们将叔醇和烯在酸性条件下与叠氮酸反应生成亚胺的反应也归属于 Schmidt 重排反应。

$$R_3COH \xrightarrow[H_2SO_4]{HN_3} R_2C\!=\!NR$$

$$R_2C\!=\!CR_2 \xrightarrow[H_2SO_4]{HN_3} R_2CHC\!=\!NR$$
$$\qquad\qquad\qquad\qquad\;\; |$$
$$\qquad\qquad\qquad\qquad\;\; R$$

该反应的反应底物包括羧酸、醛和酮类化合物，它们的反应机理各不相同。

羧酸的 Schmidt 重排反应：

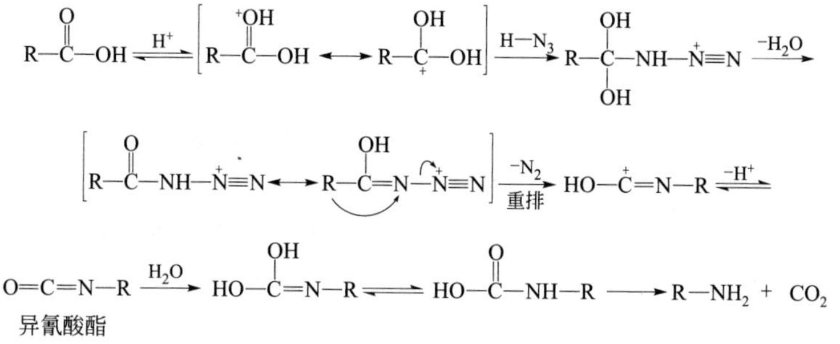

反应中质子化的羧酸与叠氮酸反应，而后经重排生成异氰酸酯，后者水解生成氨基甲酸，氨基甲酸分解生成胺，并放出二氧化碳。最终的结果是生成比原来羧酸减少一个碳原子的胺。

关于酸的 Schmidt 重排反应机理，还有如下另外一种解释：

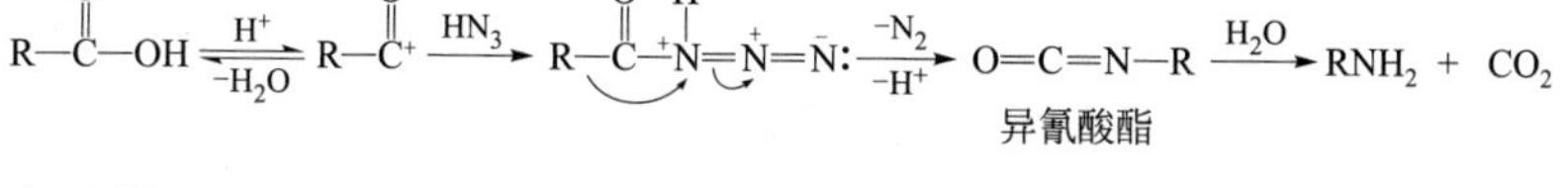

反应的第一步是 $A_{Ac}1$ 反应，酰氧键断裂生成酰基碳正离子，而后与叠氮酸进行反应，重排生成异氰酸酯，后者水解生成胺。R 基团大的羧酸有利于 $A_{Ac}1$ 反应，所以，空间位阻大的羧酸进行 Schmidt 重排反应时，胺的收率较高。

两种解释的共同点在于，缺电子中心是由于叠氮基失去 N_2 而引起的，Schmidt 重排反应是由碳至氮的分子内的重排。

酮的 Schmidt 重排反应：

$$R-\overset{O}{\overset{\|}{C}}-R' \underset{}{\overset{H^+}{\rightleftharpoons}} \left[R-\overset{+OH}{\overset{\|}{C}}-R' \longleftrightarrow R-\overset{OH}{\underset{+}{C}}-R'\right] \overset{H-N_3}{\longrightarrow} R-\overset{OH}{\underset{R'}{\overset{\|}{C}}}-NH-\overset{+}{N}{\equiv}N \overset{-H_2O}{\longrightarrow}$$

$$R-\overset{}{\underset{R'}{C}}{=}N-\overset{+}{N}{\equiv}N \overset{-N_2}{\underset{重排}{\longrightarrow}} R-\overset{+}{C}{=}N-R' \overset{H_2O}{\underset{-H^+}{\longrightarrow}} R-\overset{+OH_2}{\overset{\|}{C}}{=}N-R' \overset{-H^+}{\longrightarrow} R-\overset{OH}{\overset{\|}{C}}{=}N-R' \rightleftharpoons R-\overset{O}{\overset{\|}{C}}-NH-R$$

反应中质子化的酮羰基与叠氮酸反应，经脱水、失去氮分子，重排生成质子化的 N-取代亚胺，后者与水分子结合，最终生成 N-取代酰胺，氮上的取代基就是原来酮分子中羰基上的一个取代基。

醛的 Schmidt 重排反应：

$$R-\overset{O}{\overset{\|}{C}}-H \overset{H^+}{\rightleftharpoons} \left[R-\overset{+OH}{\overset{\|}{C}}-H \longleftrightarrow R-\overset{OH}{\underset{+}{C}}-H\right] \overset{H-N_3}{\longrightarrow} R-\overset{OH}{\underset{H}{\overset{\|}{C}}}-NH-\overset{+}{N}{\equiv}N \overset{-H_2O}{\longrightarrow}$$

$$R-\overset{}{\underset{H}{C}}{=}N-\overset{+}{N}{\equiv}N \overset{-N_2}{\underset{重排}{\longrightarrow}} R-\overset{+}{C}{=}N-H \overset{-H^+}{\longrightarrow} R-C{\equiv}N$$

反应中质子化的醛羰基与叠氮酸反应，经脱水、失去氮分子，重排生成质子化的亚胺，后者与水分子结合，最终生成腈。生成的腈与原来的醛具有相同的碳原子数目。

显然，在上述三种不同底物的反应中，都是首先进行羰基上的质子化，与叠氮酸加成后，再通过消除和重排等过程，最后得到相应的产物。羧酸重排后得到比原来羧酸少一个碳原子的胺；酮重排后得到 N-取代酰胺，相当于在酮的 R（或 R'）与羰基之间插入了 NH；而醛重排后得到相同碳原子数目的腈。

当使用由其他方法制备的取代乙烯基叠氮化合物在 Schmidt 重排反应条件下反应时，其结果和相应的酮与叠氮酸的重排反应产物相同，而且产物的比例也相同。由此，可以认为在 Schmidt 重排反应中有脱水过程，其结果是生成相同的中间体 A。

$$N{\equiv}\overset{+}{N}-N-\overset{R}{\underset{R'}{\overset{\|}{C}}}{=}\overset{H}{C} \overset{H^+}{\longrightarrow} N{\equiv}\overset{+}{N}-N{=}\overset{R}{\underset{R'}{\overset{\|}{C}}}-\overset{H}{\underset{}{\overset{\|}{C}}}-H$$

$$A$$

$$\uparrow_{-H_2O}$$

$$R-\overset{O}{\overset{\|}{C}}-CH_2R' \overset{HN_3}{\underset{H^+}{\longrightarrow}} R-\overset{OH}{\underset{CH_2R'}{\overset{\|}{C}}}-NH-\overset{+}{N}{\equiv}N$$

在不对称酮的 Schmidt 重排反应中，不管基团的性质如何，迁移的基团总是体积较大的基团。这一事实也进一步证明了有中间体 A 的存在。在中间体 A 中，大基团与 N_2 处于反位是比较稳定的结构，这一点同 Beckmann 重排是相同的。

顺、反异构体之间也可以相互转换，但转换能垒比肟低，更容易转换。

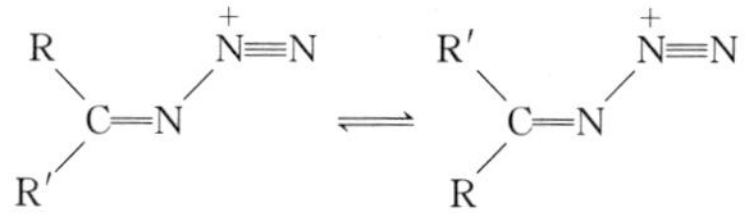

重排时 R 基团迁移，生成亚胺碳正离子：

若迁移基团为手性基团，则重排后手性基团的绝对构型不变。

在酮的 Schmidt 重排反应中，有副产物四唑生成，也进一步证明了有亚胺碳正离子存在。亚胺碳正离子与叠氮化合物反应可以发生 [3＋2] 反应生成四唑。

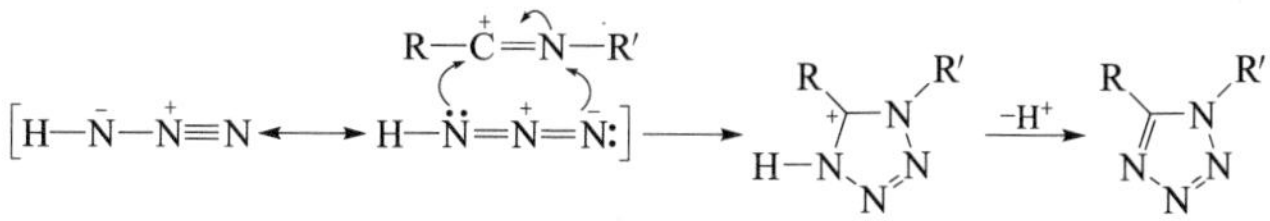

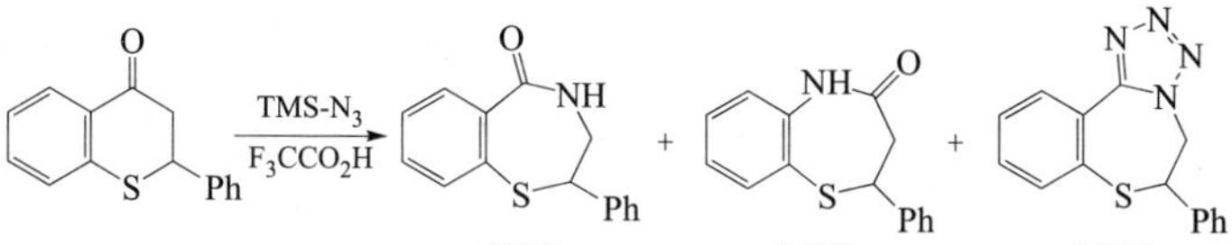

Schmidt 重排反应适用的范围很广，羧酸、醛、酮，甚至酯类化合物都可以发生该反应。羧酸类化合物中，脂肪族羧酸、芳香族羧酸、杂环类羧酸等都可以发生 Schmidt 重排反应。即使是长碳链的羧酸以及空间位阻较大的羧酸，采用该重排反应都可以得到高收率的胺。

3，5-二甲基-4-氨基苯甲酸（**32**）的合成如下：

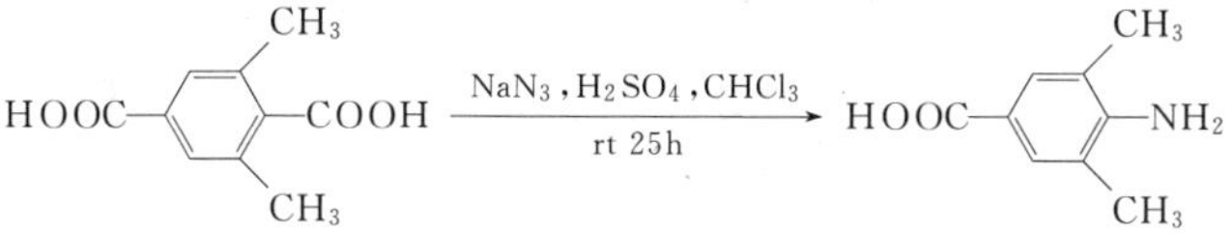

（87%）（**32**）

稠环化合物的羧酸也可以发生该反应。例如：

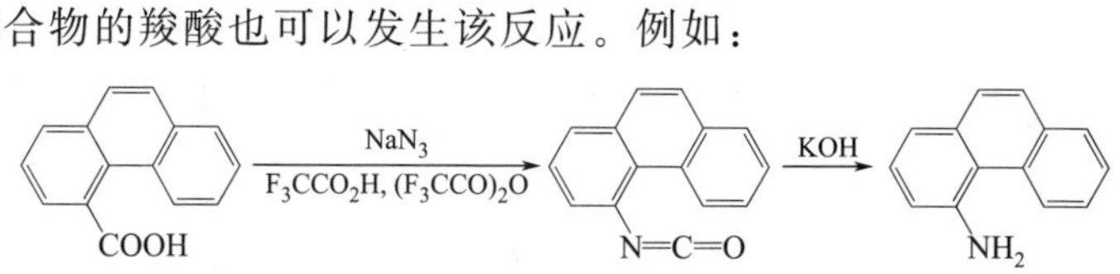

（95.5%） （84%）

羧酸的来源很广，因此，这是由羧酸制备胺类化合物的方法之一。但叠氮酸有毒，且容易爆炸，影响了其应用。叠氮酸的 4%～10% 的氯仿或苯溶液，可以由叠氮钠与浓硫酸在氯仿或苯中反应来制备。凡是对浓硫酸稳定的羧酸，都适用于用此法制备相应的胺。该重排反应不适用于对浓硫酸不稳定的有机酸。例如α-氯代酸，因为其容易发生脱氯化氢反应。

该反应更适用于由脂肪族一元羧酸和二元羧酸、脂环族羧酸以及芳香族羧酸等合成胺。反应中手性中心的绝对构型不变。例如：

例如抗结核病药利福平（Rifampicin）等的中间体环丁基胺的合成。

环丁基胺（Cyclobutylamine），C_4H_9N，71.12。无色液体。bp 80.5～81.5℃，n_D^{25} 1.4356。其盐酸盐 mp 183～184℃。

制法 Newton W W，Joseph C Jr. Org Synth，1973，Coll Vol 5：273.

于安有搅拌器、回流冷凝器、固体加料漏斗的反应瓶中，加入氯仿 180 mL，环丁烷甲酸（**2**）16.0 g（0.31 mol），48 mL 浓硫酸。搅拌下油浴加热至 45～50℃，于 1.5 h 内分批加入叠氮钠 20.0 g（0.31 mol）。加完后于 50℃ 搅拌反应 1.5 h。冰浴中冷却，慢慢加入 200 g 碎冰，而后慢慢滴加 100 g 氢氧化钠溶于 200 mL 水的冷的溶液，使反应液 pH 12～13。水蒸气蒸馏，接受瓶中加入 90 mL 3 mol/L 的盐酸，收集约 2 L 的馏出液。将接受瓶中的氯仿和水减压蒸出，残存的环丁胺盐酸盐溶于数毫升水中。将其转移至 50 mL 圆底烧瓶中，安上回流冷凝器，冰浴冷却下由冷凝器顶部分批加入浆状氢氧化钾（将粒状氢氧化钾溶于最少体积的水置于研钵中研磨而得），直至溶液呈强碱性，游离出环丁胺。分出胺层，用固体氢氧化钾干燥后，分馏，收集 79～83℃ 的馏分。再用固体氢氧化钾干燥 2 天，分馏，得环丁胺（**1**）7～9 g，收率 60%～80%。

α,β-不饱和羧酸及其酯，通过该重排反应生成不稳定的烯胺，后者水解生成羰基化合物。肉桂酸在发生该反应时生成苯乙醛。

$$PhCH = CHCOOH \xrightarrow{HN_3} [PhCH = CHNH_2] \longrightarrow [PhCH_2CH = NH] \longrightarrow PhCH_2CHO$$
$$\text{烯胺}$$

如下环状 α,β-不饱和羧酸反应后生成环酮。例如环十五酮（**33**）的合成，（**33**）为生产香精、香料和化妆品的原料。

又如临床上用于冠心病心绞痛、血管性头痛、坐骨神经痛、白癜风等的药物麝香酮的合成。

麝香酮（Muscone），$C_{16}H_{30}O$，238.41。无色油状液体。

制法　Mookherjee B D，Trenkle R W and Petll R R. J Org Chem，1971，36（22）：3266.

于安有搅拌器、温度计的反应瓶中，加入浓硫酸 5.2 g，于 5℃慢慢加入纯的 3-甲基环-1-十五烯甲酸（**2**）2 g（0.007 mol），约 15 min 加完。再加入氯仿 15 mL，搅拌下加热至 40℃。在此温度下分批加入叠氮钠 0.6 g（0.0095 mol）。加完后继续于 40℃反应 15 min。冷至 5℃，倒入 50 g 碎冰中。将整个反应物转移至水蒸气蒸馏装置中，进行水蒸气蒸馏，收集约 500 mL 的馏出液。馏出液用氯化钠饱和，乙醚提取。乙醚提取液用硫酸钠干燥。蒸出溶剂，得油状物 1.2 g。过硅胶柱纯化（硅胶 80 g），用 2% 的乙醚/己烷洗脱，最终得化合物（**1**）1.0 g，收率 58.8%。

α-氨基酸的氨基对羧基有抑制作用。如下 α-氨基酸对叠氮酸是不活泼的，甘氨酸、马尿酸和硝基马尿酸、α-或 β-丙氨酸、苯丙氨酸、乙酰基丙氨酸、苯甘氨酸、N-对甲苯磺酰基苯丙氨酸、β-苯基-β-氨基氢化肉桂酸等。二肽和多肽也不与叠氮酸反应。由 α-氨基二元羧酸合成二氨基羧酸是可以的。例如：

$$HO_2C(CH_2)_3\underset{\underset{NH_2}{|}}{C}HCOOH + HN_3 \xrightarrow{H_2SO_4} H_2N(CH_2)_3\underset{\underset{NH_2}{|}}{C}HCOOH$$

环状的二元羧酸与叠氮钠反应可以生成环状的二胺。反应中顺式的二元羧酸生成顺式的二胺，而反式的二元羧酸则生成反式的二胺。例如：

酮类化合物的 Schmidt 重排反应生成 N-取代的酰胺。酮类化合物中，二烷基酮、环酮、二芳基酮及烷基芳基混合酮等都能发生该重排反应。

单酮重排后产物比较简单，只有一种 N-取代酰胺。

$$R\overset{\overset{O}{\|}}{-}C\overset{}{-}R + HN_3 \xrightarrow{H_2SO_4} R\overset{\overset{O}{\|}}{-}C\overset{}{-}NH\overset{}{-}R$$

混合酮重排后得到两种酰胺的混合物，混合物的比例取决于基团的迁移能力。在烷基芳基酮的反应中，一般是芳基优先迁移，生成 N-芳基酰胺为主。

$$R-\overset{O}{\underset{\|}{C}}-R' \xrightarrow[H_2SO_4]{HN_3} R-\overset{O}{\underset{\|}{C}}-NHR' + R'-\overset{O}{\underset{\|}{C}}-NHR + N_2$$

混合酮

例如磺胺类药物中间体、可用作止痛剂、退热剂等的乙酰苯胺的合成。

乙酰苯胺（Acetanilide，Acetylanilide），C_8H_9NO，135.17。白色片状结晶。mp 114.3℃。易溶于热水、醇、醚、氯仿、丙酮、甘油和苯。遇酸或碱溶液分解为苯胺和乙酸。

制法 Conley R T. J Org Chem，1958，23：1330.

$$C_6H_5COCH_3 + NaN_3 \xrightarrow{PPA} CH_3CONHC_6H_5$$
$$\quad\quad (2) \quad\quad\quad\quad\quad\quad\quad\quad (1)$$

于安有搅拌器、温度计的反应瓶中，加入苯乙酮（**2**）12.10 g（0.1 mol），多聚磷酸 225 g。搅拌下分批加入叠氮钠 6.80 g（0.105 mol）。加完后于 50℃ 搅拌反应 7 h。到入 500 g 冰水中，充分搅拌，抽滤，水洗，干燥，得粗品（**1**）13.35 g，收率 98%。水中重结晶，mp 113～114℃。

实际上工业上乙酰苯胺是通过苯胺的乙酰基化来合成的。

(*R*)-*N*-乙酰基-α-甲基苯丙氨酸的合成如下 [Tanaka M，Oba M，Tamal K，Suemune H. J Org Chem，2001，66（8）：2667]：

环酮重排后生成环状内酰胺。例如己内酰胺的合成。

醌类化合物也可以发生该重排反应。

桥环酮类化合物也可以发生 Schmidt 重排反应，反应中生成两种内酰胺的混合物，但往往其中一种占优势。例如 [Krow G R. J Org Chem，1999，64（4）：1254]：

式中：$n=0$、1；R^1、$R^2=H$、Me、Ph

除了叠氮酸，三甲基硅基叠氮（TMS-N₃）也可以代替叠氮酸。

例如化合物（**34**）的合成［Cristau H J，Marat X，Vors J P and Pirat J L. Tetrahedron Lett，2003，44（15）：3179］。

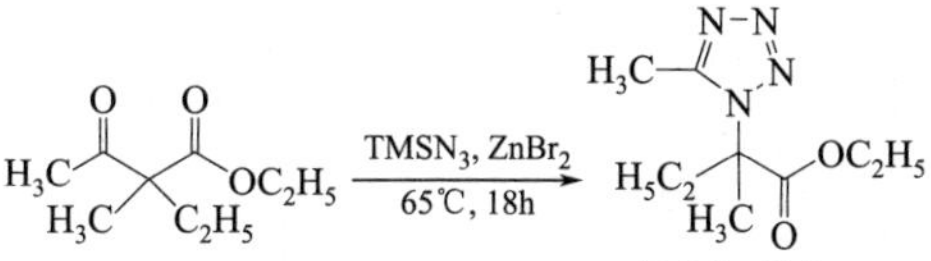

(86%) (**34**)

该反应的大致过程如下：

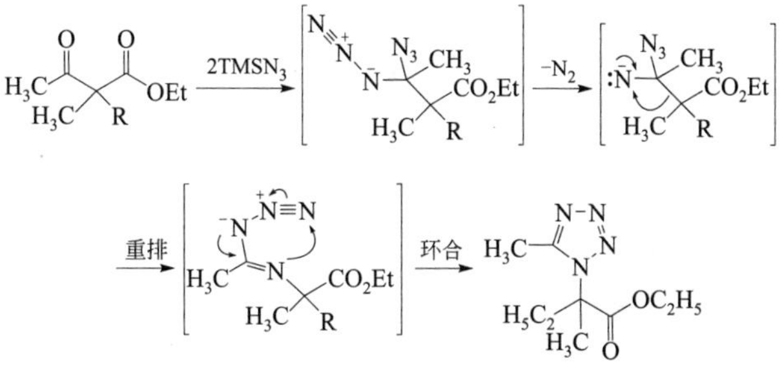

分子内的 Schmidt 重排反应对不同的环酮和侧链都能很好地进行，尤其是羰基和叠氮相隔四个碳的底物，反应更容易进行，原因是易生成稳定的六元环中间体（Aube J and Milligan G I. J Am Chem Soc，1991：113，8965）。

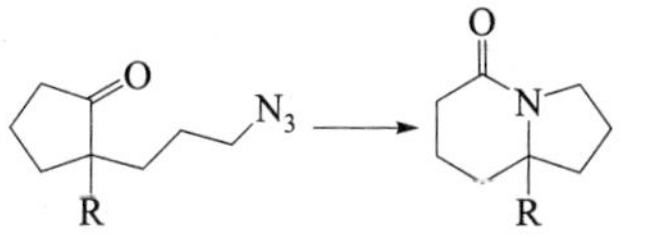

R = H	TFA, 40min	83%
R = CO₂CH₃	TFA, 16h	66%
R = CO₂CH₃	TiCl₄, CH₂Cl₂, 20min	70%

烷基叠氮化合物最简便的合成方法是由卤代烃与叠氮钠反应来制备。

$$R-Br + NaN_3 \longrightarrow R-N_3 + NaBr$$

叠氮酮与二苯基锍环丙基叶立德在硅胶作用下可以反应生成烷基叠氮环丁酮，后者发生 Schmidt 重排反应生成双环化合物（Aube J and Milligan G I. J Am Chem Soc，1991，113：8965）。

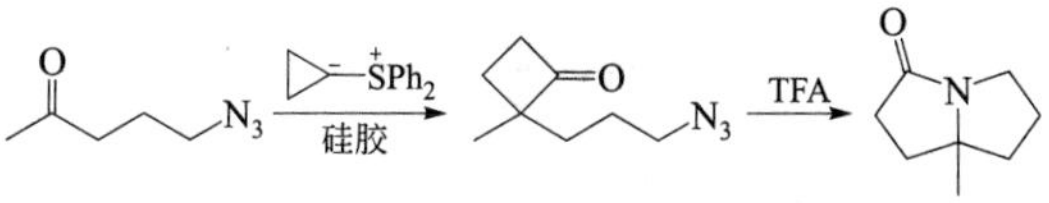

(总收率71%)

分子内同时含有叠氮基和不饱和双键或羟基的化合物，可以环化生成稠环化合物［Pearson W H，Hutta D A，Fang W K. J Org Chem，2000，65（24）：8326］。

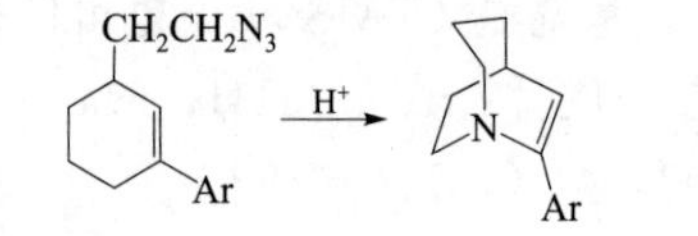

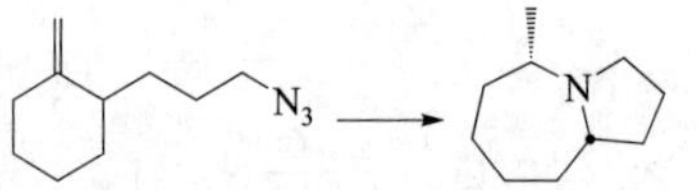

烷基叠氮与羰基的分子间 Schmidt 重排反应在强的质子酸或 Lewis 酸催化下也能进行，但反应的普适性和产率较分子内的反应要逊色很多。

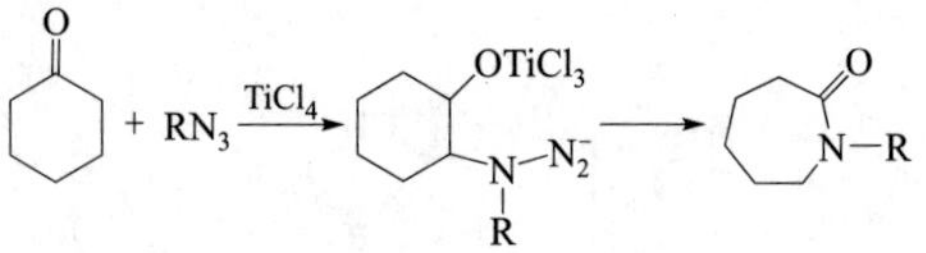

例如 2-正己基-4-氮杂高金刚烷酮的合成 [Desai P，Schildknegt K，Agrios K A，at el. J Am Chem Soc，2000，122（30）：7226]：

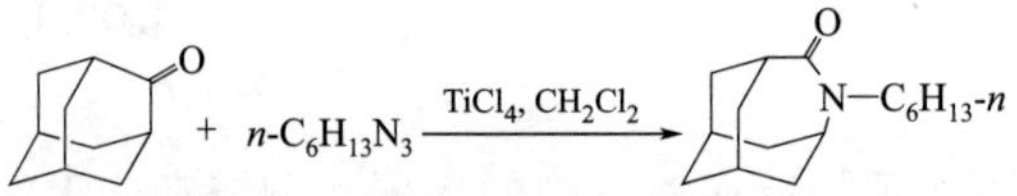

苄基叠氮与酮的分子间反应往往生成 Mannich 碱，首先活化的苄基叠氮发生芳基迁移生成亚胺正离子，后者与酮反应生成 Mannich 碱，称为 Azido-Mannich 反应。同样，分子内苄基叠氮与酮的反应则存在与 Schmidt 反应的竞争。

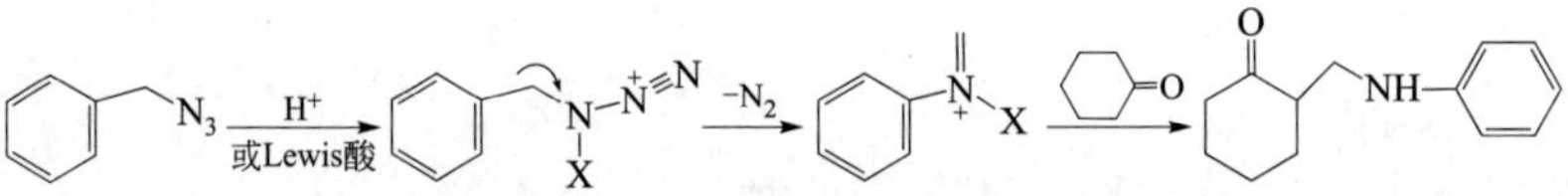

醛发生 Schmidt 重排反应生成腈。无论脂肪醛还是芳香醛，都可以发生该反应而生成腈。

$$CH_3CHO \xrightarrow{HN_3} CH_3CN$$
（64%）

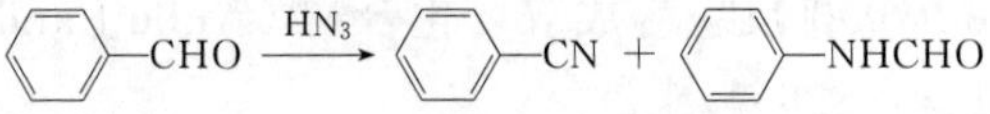

若反应中叠氮酸过量，也会生成四唑类化合物。

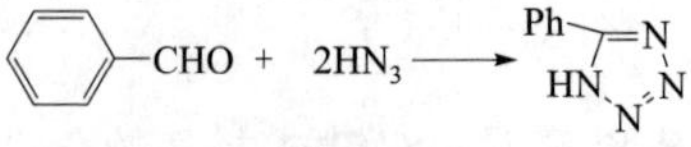

烷基叠氮与醛反应则生成 N-取代酰胺。

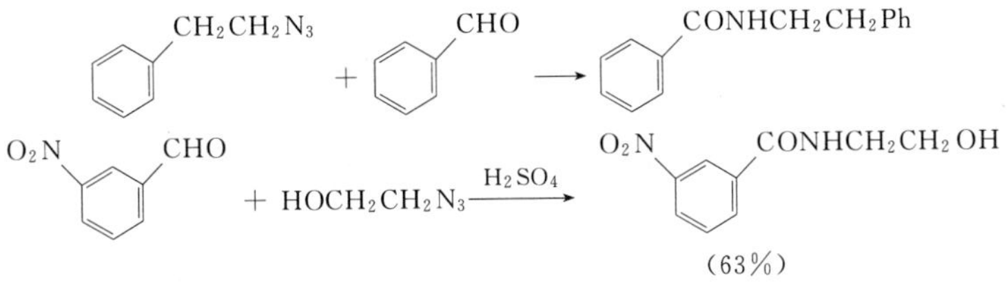

（63%）

分子内含有双键的叠氮化合物，也可以发生 Schmidt 重排反应生成环状的胺，例如如下反应 ［Pearson W H，Walavalkar R，Schkeryantz J M，et al. J Am Chem Soc，1993，115（22）：10183］。

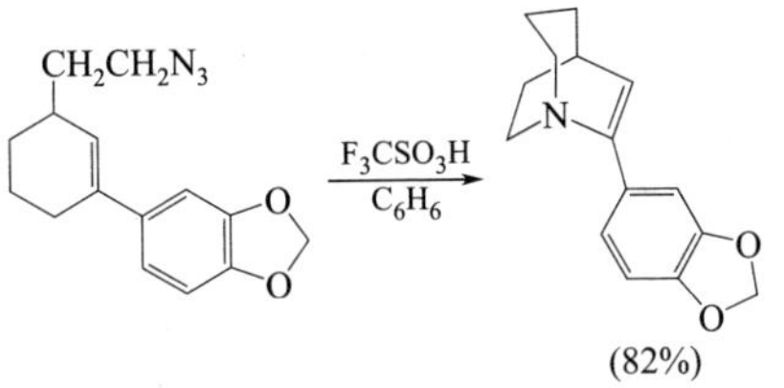

（82%）

可能的反应机理如下：

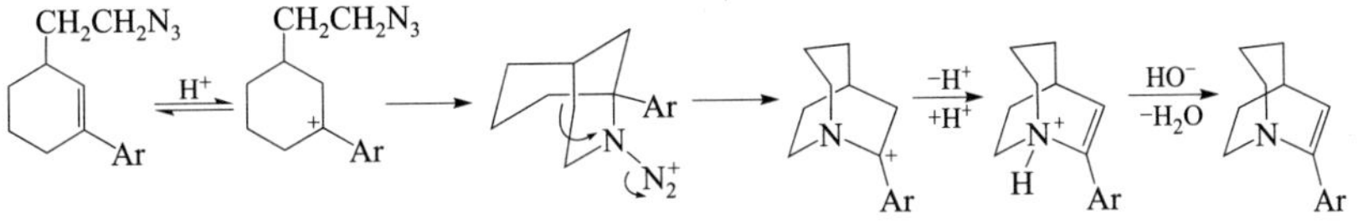

有机酸与叠氮酸作用生成减少一个碳原子的胺，这与 Hofmann 重排和 Curtius 重排反应相似。Schmidt 重排反应的优点是一步反应即可生成胺，而后二者却要制成羧酸的衍生物。但 Schmidt 重排反应使用了毒性很强的叠氮酸，并且常常使用浓硫酸作催化剂，对浓硫酸敏感的化合物不能使用 Schmidt 重排反应，这也是明显的缺点。

叠氮酸不稳定，叠氮酸钠盐可以稳定存在，但不能剧烈撞击或加热，以免引起爆炸。在 Schmidt 重排反应中，酸一方面作催化剂，另一方面，酸与叠氮钠反应生成叠氮酸，所以酸是过量的。

除了通常使用的浓硫酸外，也可以使用甲基磺酸、多聚磷酸、三氟醋酸等，有时也可以使用三氯化铝、氯化亚锡、四氯化钛等 Lewis 酸作催化剂。当使用烷基叠氮化合物时，Lewis 酸作催化剂应用较多。

Schmidt 重排反应在有机合成中具有广泛的用途。羧酸与叠氮钠反应可以生成减少一个碳原子的伯胺，酮与叠氮酸反应可以生成 N-取代酰胺。除了叠氮酸之外，烷基叠氮化合物也可以用于该重排反应。在天然产物的合成中该重排反应也具有广泛的用途。例如，Schultz 等（Schultz A G，Wang A，et al. J Med Chem，1996，39：1956）合成了一系列吗啡生物碱类似物，其中就应用了该重排反应。七元环的内酰胺的收率达 88%，过量的 HN₃ 生成了少量的四唑副产物。

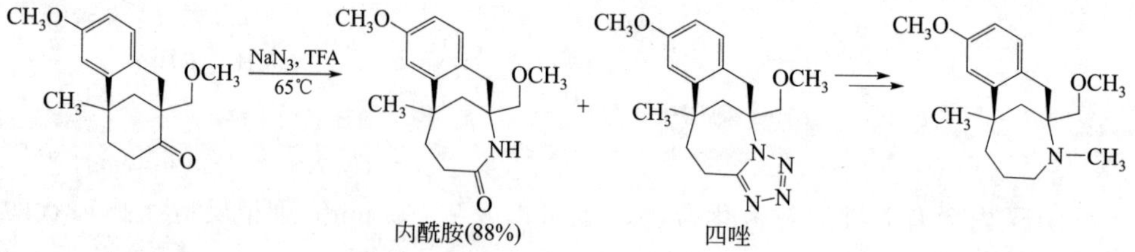

内酰胺(88%)　　　　四唑

五、Lossen 重排反应

异羟肟酸或其酰基衍生物等在单独加热或在 $SOCl_2$、P_2O_5、Ac_2O 等脱水剂存在下加热，可生成异氰酸酯。再经水解生成胺，此反应称为 Losson（洛森）重排反应。

该反应是由 Lossen 于 1872 年首先发现的。

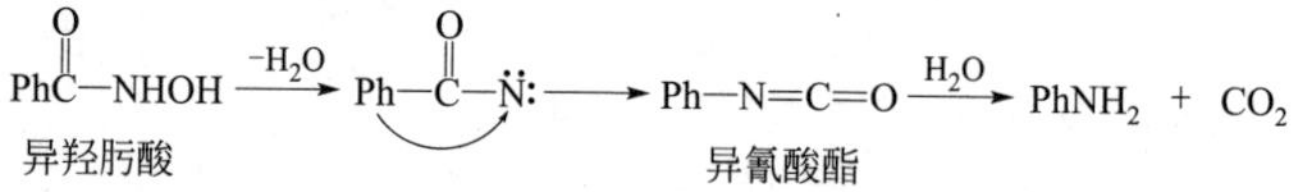

异羟肟酸　　　　　　　　　　异氰酸酯

该重排反应可以被酸催化，也可以被碱催化。

碱催化机理：

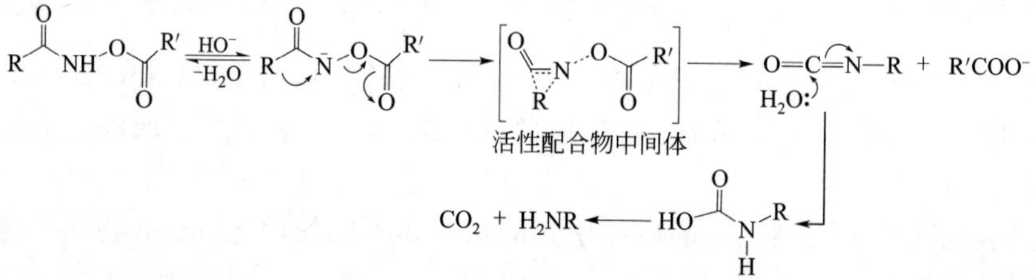

活性配合物中间体

$$CO_2 + H_2NR$$

羟肟酸酯首先在碱的作用下失去氮原子上的氢生成氮负离子，经活性配合物中间体生成异氰酸酯，后者与水反应生成氨基甲酸，氨基甲酸分解失去二氧化碳，最后生成减少一个碳原子的胺。

酸催化机理：

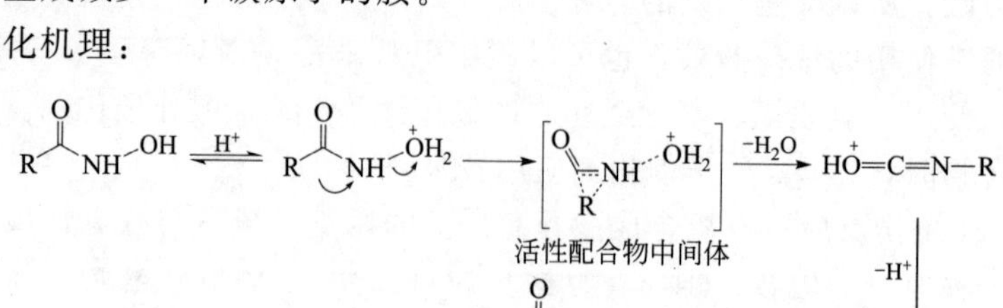

活性配合物中间体

酸催化也是经活性配合物中间体，生成异氰酸酯，最后生成与起始原料羧酸相比减少一个碳原子的胺。

显然，Lossen 重排反应机理与 Hofmann 重排反应机理非常相似。

反应若在醇中进行，则生成氨基甲酸酯；若在胺中进行，则生成脲的衍生物。

该重排是分子内重排。所以，若迁移基团是手性基团，则重排后迁移基团的绝对构型保持不变。

此反应适用于多种类型的羧酸，但更适合于由芳香族羧酸制备芳香胺，也适用于芳香杂环羧酸制备相应的胺。

脂肪族二元羟肟酸在苯或甲苯中，在氯化亚砜作用下重排生成二异氰酸酯。

$$(CH_2)_3 \begin{array}{c} CONHOH \\ \\ CONHOH \end{array} \xrightarrow{SOCl_2} (CH_2)_3 \begin{array}{c} N=C=O \\ \\ N=C=O \end{array}$$

直接用羟肟酸可以进行 Lossen 重排反应，羟肟酸酯也可以进行此反应。通常将适当的酰氯加到羟肟酸的冷的碱性溶液中，搅拌后产物很快析出，过滤，既得羟肟酸酯。

$$R\overset{O}{\underset{}{C}}NH{-}OH + R'COCl \longrightarrow R\overset{O}{\underset{}{C}}NH{-}O{-}\overset{O}{\underset{}{C}}R'$$

羟肟酸与甲磺酰氯反应生成甲基磺酸酯。

$$R\overset{O}{\underset{}{C}}NH{-}OH + CH_3SO_2Cl \longrightarrow R\overset{O}{\underset{}{C}}NH{-}O{-}SO_2CH_3$$

如下两个反应可以看作是该反应的变化形式。

$$CH_3{-}\!\!\langle\ \rangle\!\!{-}COOH + NH_2OH \xrightarrow[150\sim170℃]{PPA} CH_3{-}\!\!\langle\ \rangle\!\!{-}NH_2 + CO_2$$

$$Cl{-}\!\!\langle\ \rangle\!\!{-}COOH + CH_3NO_2 \xrightarrow[\triangle]{PPA} Cl{-}\!\!\langle\ \rangle\!\!{-}NH_2$$

此反应是硝基甲烷与 PPA 加热生成 NH$_2$OH 并参加了反应。

$$CH_3NO_2 + PPA \xrightarrow{\triangle} NH_2OH + CO$$

3-氨基香豆素本身具有止痛、镇静、抗菌等功能，为新药开发中间体，药物新生霉素（novobiocin）、氯新生霉素（chlorobiocin）分子中含有 3-氨基香豆素结构单元。其合成方法如下。

3-氨基香豆素（3-Aminocoumarin），$C_9H_7NO_2$，161.16。白色针状或片状固体。mp 133℃。

制法 孙一峰，宋化灿，徐晓航等. 中山大学学报：自然科学版，2002，41（6）：42.

(2)　　　　　　　(1)

于安有搅拌器、温度计。回流冷凝器的干燥的反应瓶中，加入香豆素-3-甲酸（**2**）4.0 g（21 mmol），盐酸羟胺 1.6 g（23 mmol），搅拌下加入多聚磷酸 40 g。油浴慢慢加热，当达到 150℃时，有大量二氧化碳气体生成。待气体放出完毕（约 167℃），搅拌下将反应物倒入 200 g 碎冰中水解。抽滤，滤液用 30%的氢氧化钠溶液中和至 pH8，析出浅棕色固体。抽滤，水洗，干燥，得浅棕色固体（**1**）。用上述方法重结晶，得白色针状或片状固体（**1**）1.7 g，收率 51.5%，mp 133℃。

对氯苯胺（**35**）为治疗焦虑症和一般性失眠药物氯氮䓬（Chlordiazepoxide）等的中间体，可以采用如下方法来合成（Bachman B and Goldmacher J E. J Org Chem，1964，29（9）：2576）。

$$Cl\text{-}C_6H_4\text{-}COOH + CH_3NO_2 \xrightarrow{PPA} Cl\text{-}C_6H_4\text{-}NH_2$$
$$(80\%) \quad (35)$$

2-萘胺（**36**）是重要的化工原料，在染料和有机合成中应用广泛，也用作有机分析试剂和荧光指标剂。其一条合成路线如下如下。

$$\text{萘-COOH} + H_2NOH \cdot HCl \xrightarrow{PPA,160℃} \text{萘-NH}_2$$
$$(82\%) \quad (36)$$

Lossen 重排反应的起始原料常常是羟肟酸。生成羟肟酸的方法有多种，最普通的方法是酯与羟胺在室温下反应。即将盐酸羟胺溶解在无水乙醇中，加入乙醇钠使其转变为游离碱，滤去氯化钠，将含游离碱的溶液加入酯的乙醇溶液中，再加入乙醇钠的乙醇溶液，放置片刻，而后浓缩，可以得到羟肟酸的钠盐结晶。

也可以由羧酸酯与盐酸羟胺在吡啶存在下于乙醇中反应来制备。

$$CH_3(CH_2)_{10}COOCH_3 \xrightarrow[EtOH,Py]{NH_2OH \cdot HCl} CH_3(CH_2)_{10}CONHOH$$

羟肟酸也可以由酰氯与羟胺直接反应来制备。

$$RCOCl + H_2NOH \longrightarrow RCONHOH$$

Lossen 重排反应在加热条件下即可进行，由于常用的溶剂是苯、甲苯，一般反应温度不高。

催化剂对重排反应有影响。常用的酸性催化剂有醋酸酐、氯化亚砜、P_2O_5，酰氯（生成酯）、也可以使用 Lewis 酸。

$$CH_3(CH_2)_{10}CONHOH \xrightarrow{PhCOCl} CH_3(CH_2)_{10}CONHOCOPh \xrightarrow[回流]{\triangle}$$

$$[CH_3(CH_2)_{10}NH]_2CO \xrightarrow{HCl} CH_3(CH_3)_{10}NH_2 \cdot HCl$$

在用羟肟酸进行反应时，羟肟酸可以与生成的异氰酸酯发生缩合等副反应。

$$R\text{-}CO\text{-}NH\text{-}OH + RNCO \longrightarrow R\text{-}CO\text{-}NH\text{-}O\text{-}CO\text{-}NH\text{-}R$$

解决缩合副反应的一种方法是使用活化的羟肟酸。文献中先后报道了多种羟肟酸的活化衍生化的方法。另一种方法是提高迁移基团的迁移能力，如得益于亚膦酰基出色的迁移能力，亚膦酰羟肟酸可以进行自发的 Lossen 重排反应 [Salomon C J and Breuer E. J Org Chem，1997，62（12）：3858]。

$$(i\text{-PrO})_2\overset{O}{\underset{}{P}}\text{—}\overset{O}{\underset{}{C}}\text{—SEt} \xrightarrow[72\text{ h,rt}]{H_2NOH,Py} (i\text{-PrO})_2\overset{O}{\underset{}{P}}\text{—}\overset{CH_3}{\underset{NH}{N}}$$

（74%）

羟肟酸与对甲苯磺酰氯在碱存在下生成磺酸酯，该酯不稳定，立即与羟肟酸反应生成 O-苯基氨甲酰基苯甲羟肟酸，后者可重排生成异氰酸酯，并进而与胺反应生成取代的脲。例如：

$$Ph\overset{O}{\underset{}{C}}\text{NHOH} \xrightarrow[CH_2Cl_2]{TsCl, Py} \left[Ph\overset{O}{\underset{}{C}}\text{NHO}_3S\text{—}\underset{}{\bigcirc}\text{—CH}_3\right] \longrightarrow Ph\overset{O}{\underset{}{C}}\text{NHOH} \longrightarrow Ph\overset{O}{\underset{}{C}}\text{NH—O—}\overset{O}{\underset{}{C}}\text{—NH—Ph}$$

$$\xrightarrow{\text{重排}} PhN\text{=}C\text{=}O \xrightarrow{n\text{-BuNH}_2} Ph\overset{H}{\underset{}{N}}\text{—}\overset{O}{\underset{}{C}}\text{—}\overset{H}{\underset{}{N}}\text{—Bu-}n$$

例如磺胺类抗菌药物新诺明（Sinomin）中间体 N,N' 二苯基脲的合成。

N,N'-**二苯基脲**（N,N'-Diphenylurea），$C_{13}H_{12}N_2O$，212.25。白色固体。mp 238～240℃。溶于乙醚、冰醋酸，中等程度溶于吡啶，微溶于、丙酮、乙醇、氯仿。

制法　Pihuleac J，Bauer L. Synthesis，1989，（1）：61.

$$Ph\overset{O}{\underset{}{C}}\text{NHOH} \xrightarrow[CH_2Cl_2]{TsCl, Py} Ph\overset{O}{\underset{}{C}}\text{NH—O—}\overset{O}{\underset{}{C}}\text{—NH—Ph} \xrightarrow{Et_3N} Ph\overset{H}{\underset{}{N}}\text{—}\overset{O}{\underset{}{C}}\text{—}\overset{H}{\underset{}{N}}\text{—Ph}$$

（2）　　　　　　　　　　　**（3）**　　　　　　　　　**（1）**

O-苯基氨甲酰基苯甲羟肟酸（**3**）：于安有搅拌器、回流冷凝器、滴液漏斗的反应瓶中，加入苯甲羟肟酸（**2**）3.45 g（25 mmol），干燥的二氯甲烷 50 mL，吡啶 3.95 g（50 mmol），搅拌下室温慢慢滴加对甲苯磺酰氯 4.75 g（25 mmol）溶于 25 mL 二氯甲烷的溶液。加热回流反应 30 min。冷却，加入 75 mL 水稀释，过滤析出的固体，干燥，得无色固体（**3**）2.3 g，收率 72%。mp 181～183℃，而后在 234～237℃重新熔化。

N,N'-二苯基脲（**1**）：于安有搅拌器、滴液漏斗、回流冷凝器的反应瓶中，加入干燥的二氯甲烷 20 mL，化合物（**3**）0.58 g（2 mmol），室温下慢慢滴加三乙胺 606 mg（6 mmol）溶于 10 mL 二氯甲烷的溶液。加完后加热回流 30 min。减压蒸出溶剂，剩余物依次用 1 mol/L 的盐酸、1 mol/L 的氢氧化钾、水各洗涤 2 次，水中重结晶，得化合物（**1**）0.38 g，收率 94%，mp 238～240℃。

有人报道了一种新的羟肟酸酯，这种酯重排可以得到各种不同的氨基甲酸酯类化合物，水解后得到胺。

降血糖药盐酸苯乙双胍（Phenformin hydrochloride）中间体 N-苄氧羰基苯乙胺的合成如下。

N-苄氧羰基苯乙胺 ［N-（Benzyloxycarbonyl）phenethylamine］，$C_{16}H_{17}NO_2$，255.32。无色固体。mp 50～52℃。

制法 Stafford J A，Gonzales S S. J Org Chem，1998，63（26）：10040.

N-$tert$-丁氧羰基-O-甲磺酰基羟胺（**3**）：于安有搅拌器、温度计、滴液漏斗的反应瓶中，加入 N-羟基氨基甲酸叔丁酯（**2**）26.6 g（0.2 mol），二氯甲烷 500 mL，冷至 0℃，搅拌下加入吡啶 17.4 g（0.22 mol）。10 min 后，慢慢滴加甲基磺酰氯 25.1 g（0.22 mol）。加完后于 4℃ 冰箱中放置 3 天。将反应物倒入 200 g 冰水中，分出有机层。有机层依次用水、1 mol/L 的磷酸、饱和盐水洗涤，无水硫酸镁干燥。过滤，减压浓缩，得固体物。用异丙醚-己烷重结晶，得无色固体（**3**）32.6 g，收率 77%，mp 83～85℃。

N-叔丁氧羰基-N-甲磺酰氧基-3-苯基丙酰胺（**4**）：于安有搅拌器、温度计、滴液漏斗的反应瓶中，加入 3-苯基丙酸 650 mg（5.0 mmol），DMF 10 mL，冷至 0℃，搅拌下加入 N-甲基吗啉（NMM）510 mg（5 mmol），搅拌 5 min 后，滴加氯甲酸异丁酯 690 mg（5.1 mmol）。加完后于 0℃ 搅拌反应 30 min。于另一安有搅拌器的反应瓶中，加入化合物（**3**）1.0 g（0.48 mmol）、DMAP 60 mg（0.5 mmol），3 mL DMF，冷至 0℃。将上面的溶液加入此溶液中，撤去冰浴，室温搅拌反应 16 h。而后加入 50 mL 乙醚和 100 mL 水。分出乙醚层，水层用乙醚提取 3 次。合并乙醚层，依次用水（50 mL×2）、1 mol/L 的磷酸（50 mL）、盐水

（50 mL）洗涤。无水硫酸镁干燥，过滤。减压蒸出溶剂，得固体物。用 8：1 的己烷-乙醚处理。得无色化合物（**4**）1.36 g，收率 82％，mp 85～87℃。

N-苄氧羰基苯乙胺（**1**）：于安有搅拌器、回流冷凝器的反应瓶中，加入化合物（**4**）686 mg（2.0 mmol），乙腈 10 mL，苄基醇 238 mg（2.2 mmol），2.6-二叔丁基吡啶（2,6-DTBP）382 mg（2.0 mmol），三氟醋酸锌 72 mg（0.2 mmol）。于 85℃搅拌反应 16 h。冷至室温，加入 50 mL 乙酸乙酯稀释。依次用水、1 mol/L 的磷酸、饱和盐水洗涤。合并水层，用乙酸乙酯提取 2 次。合并乙酸乙酯层，无水硫酸镁干燥。过滤，减压蒸出溶剂，过柱纯化，用己烷-乙酸乙酯（4：1）洗脱，得无色固体（**1**）352 mg，收率 81％，mp 50～52℃。

2000 年，Anilkumar R 等报道了一种"一锅烩"法合成胺类化合物的方法，在此方法中使用了一种新的试剂——*N*,*O*-双乙氧羰基羟胺，可以很方便地进行 Lossen 重排反应制备胺类化合物 [Anilkumar R，Chandrasekhar S and Sridhar M. Tetrahedron Letts，2000，41（27）：5291]。

式中，R 为：*p*-O$_2$NPh—、*p*-CH$_3$Ph—、*p*-BrPh—、*p*-CH$_3$OPh—、*p*-NCPh—、PhCH$_2$—、Prid-2-yl、(*E*)-PhCH＝CH—、PhOCH$_2$—等。

Ohmoto K 等报道了使用 DBU 催化的羟肟酸酯的重排反应（Ohmoto K. Synlett，2001：299）：

Lossen 重排过程是富电子迁移基团向缺电子氮的迁移，迁移基团有给电子基存在时，能加大反应速率，有吸电子基时，反应速率减慢。酰氧基中的 R′有吸电子基时会使反应速率加快，有给电子基时反应速率减慢。

若异羟肟酸和 PhCH$_2$N＝C＝NCH$_2$CH$_2$CH$_2$N(CH$_3$)$_2$ 一起反应，则在极其温和的条件下即可发生重排。

由于羟肟酸不易得到、稳定性有限以及在该反应中可以与生成的异氰酸酯发生缩合等副反应，该反应的实际应用相对较少。

Hofmann 重排反应、Schmidt 重排反应、Curtius 重排反应以及 Lossen 重排反应，有许多相似之处，它们都是由羧酸制备胺的方法，但又各具特点，在合成中均占有一定的位置。

Schmidt 重排反应在具体操作上占有优势，常常是只需一步反应，常用硫酸作为催化剂，对硫酸敏感的羧酸不易采用 Schmidt 重排反应。Curtius 重排反应条件温和，但不方便之处是需要将羧酸转化为酰基叠氮，危险性较大。Lossen 重排反应则是需制备羟肟酸，羟肟酸稳定性差，且不太容易制备，因而应用也最少。Hofmann 重排反应应用较多，且可以用来制备难以用亲核取代反应来制备的芳香胺，如果分子中不含对卤素及碱敏感的基团，一般还是选择 Hofmann 重排反应来合成胺。四种重排反应的关系如下：

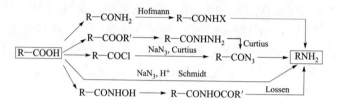

六、Neber 重排反应

该反应是由 Neber P W 于 1926 年发现的。当时 Neber 在进行苄基甲基酮肟磺酸酯的 Beckman 重排反应时发现了不寻常的现象。酮肟的磺酸酯在醇钠（钾）存在下反应，而后水解生成 α-氨基酮，后来此反应被称为 Neber（尼泊尔）反应。

$$R^1\text{—}CH_2\text{—}C(\text{=N—OTs})R^2 \xrightarrow[\text{2.H}_2\text{O}]{\text{1. EtOK}} R^1\text{—}CH(NH_2)\text{—}C(\text{=O})R^2 + \text{TsOH}$$

这是由酮制备 α-氨基酮的方法之一。

反应机理如下：

$$\text{EtO}^- + \text{H—CH}(R^1)\text{—C(=N—OTs)}R^2 \xrightarrow{\text{—EtOH}} {}^-\text{C}(R^1)\text{—C(=N—OTs)}R^2 \xrightarrow[\text{环化}]{\text{—TsOH}} \text{氮杂环丙烯中间体(吖丙啉)}$$

氮杂环丙烯中间体(吖丙啉)

$$R^1\text{—CH}(NH_2)\text{—C(=O)}R^2 \xleftarrow{} \text{（环状中间体）} \xleftarrow{\text{水解}}$$

反应的第一步是碱夺取酮肟磺酸酯 α-碳原子上一个氢原子，生成碳负离子；第二步是进行分子内的 S_N2 反应，环化失去磺酸基，生成氮杂环丙烯中间体——吖丙啉；第三步是吖丙啉水解，最后生成 α-氨基酮。在有些反应中，吖丙啉已经分离出来，证明该机理是正确的。反应中也有可能第一步和第二步是同时进行的协同反应，一步就生成了吖丙啉。还有一种可能就是第二步是分步进行的，先失去磺酸基，生成氮烯，而后再生成吖丙啉。

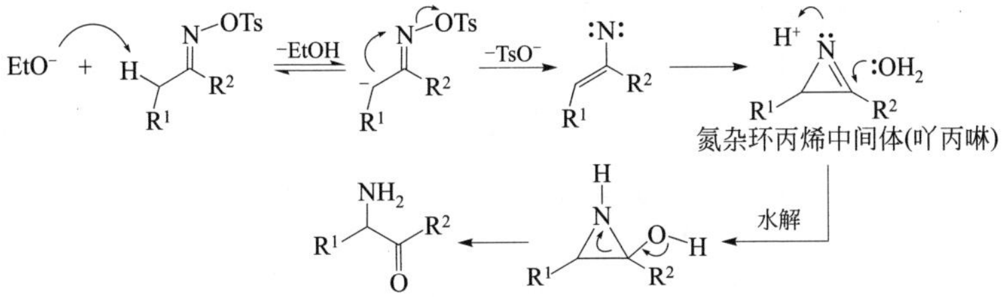

若用下面的反应式表示 Neber 反应：

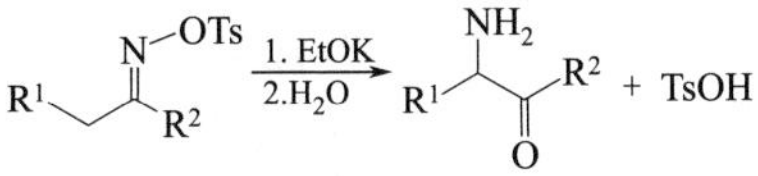

发生 Neber 反应时，式中的 R¹ 一般是芳基，但烷基和氢也可以。R² 是烷基或芳基，即具有 α-氢的酮肟可以发生 Neber 重排反应生成 α-氨基酮。但 R² 不能为氢，即醛肟的芳磺酸酯不能发生此反应。例如如下反应（John Y L Chung，et al，Tetrahedron Lett，1999，37：6739）。

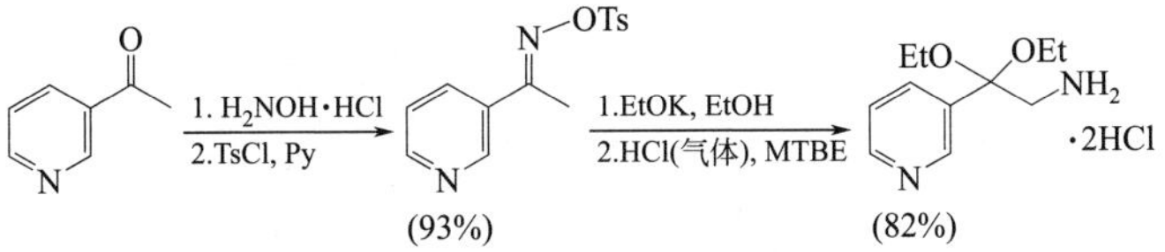

又如（John L，Lamattina，Suleske R T. Org Synth，1986，64：19）：

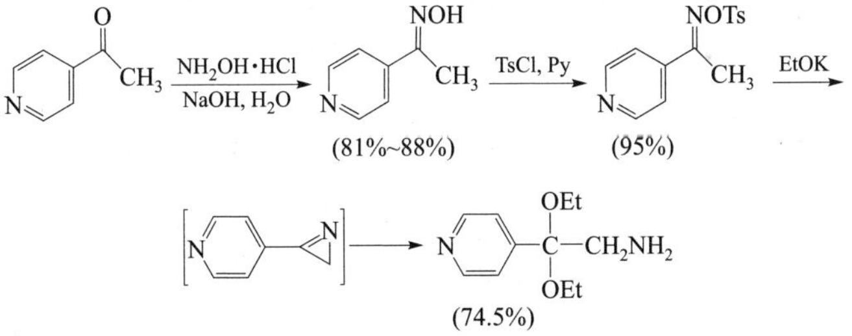

带有 α-氢的环酮肟也可以发生 Neber 重排反应。例如 α-氨基环己酮（**37**）的合成。

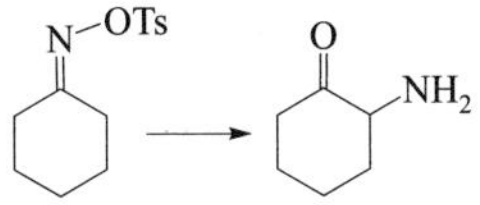

又如化合物（**38**）的合成：

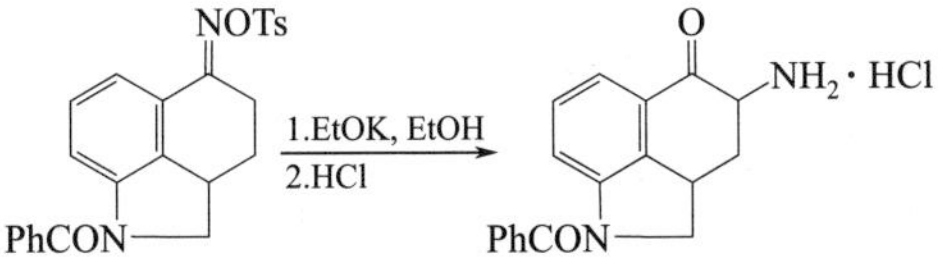

杂环酮肟也可以发生 Neber 重排反应。

多巴胺 D₃ 受体选择性激动剂 PD128907 中间体 3-氨基-6-甲氧基-3,4-二氢-2H-苯并吡喃-4-酮盐酸盐的合成如下。

3-氨基-6-甲氧基-3,4-二氢-2H-苯并吡喃-4-酮盐酸盐 （3-Amino-6-methoxy-3,4-dihydro-2H-[1]-benzopyran-4-one hydrochloride），$C_{10}H_{11}NO_3 \cdot HCl$，229.22。棕黄色固体。

制法　蔡进，李铭东，张皎月等. 中国新药杂志，2006，15（12）：987.

6-甲氧基-3,4-二氢-2H-苯并吡喃-4-肟（**3**）：于安有搅拌器、回流冷凝器的反应瓶中，加入 6-甲氧基-3,4-二氢-2H-苯并吡喃-4-酮（**2**）25.3 g（0.142 mol），盐酸羟胺 25.3 g（0.364 mol），甲醇 320 mL，吡啶 30 mL，搅拌下回流反应 4 h。蒸出约 2/3 体积的溶剂后，倒入 500 mL 冰水中，析出浅褐色固体。抽滤，冷水洗涤，干燥，得浅褐色固体（**3**）25.5 g，收率 93.1%，mp 119～121℃。

· 6-甲氧基-3,4-二氢-2H-苯并吡喃-4-对甲苯磺酸肟基酯（**4**）：于安有搅拌器、温度计的反应瓶中，加入化合物（**3**）25.5 g（0.132 mol），对甲苯磺酰氯 69 g（0.362 mol），吡啶 345 mL，于 0℃ 搅拌反应 4 h 后，再室温搅拌反应 2 h。将反应物倒入 550 mL 冰水中，充分搅拌，析出固体。抽滤，冰水洗涤 2 次，干燥，得棕色固体（**4**）42 g，收率 93.3%，mp 155～156℃。

3-氨基-6-甲氧基-3,4-二氢-2H-苯并吡喃-4-酮盐酸盐（**1**）：于安有搅拌器、回流冷凝器、滴液漏斗的反应瓶中，加入无水乙醇 280 mL，搅拌下分批加入金属钠 11 g。待金属钠完全反应后，冰浴冷却，慢慢滴加由化合物（**4**）42 g（0.121 mol）溶于 400 mL 甲苯的溶液，加完后于 0℃ 反应 4 h，而后室温反应 2 h，35℃ 反应 30 min。过滤除去固体物，滤液用 10% 的盐酸调至酸性，分出水层。有机层用稀盐酸提取一次，合并水层，乙醚提取 2 次。水层减压浓缩至干，得褐色固体。用 95% 的乙醇重结晶，得棕黄色固体（**1**）21.9 g，收率 78.9%。

　　酮肟的磺酸酯，可以由酮肟与对甲苯磺酰氯在碱性条件下直接反应来制备。磺酰氯主要是对甲苯磺酰氯。所用的碱可以是无机碱，也可以使用吡啶等有机碱。比较好的方法是肟在苯中用氨基钠处理生成肟的钠盐，而后于 20～30℃ 加入对甲苯磺酰氯。如果氨基钠足够纯的话，转化率 85%～100%。

　　酮肟的磺酸酯有时也可以先制成羟胺的磺酸酯，而后再与酮反应来制备。例如化合物（**39**）的合成（Tamura Y，Fujiwara H，Sumoto K，et al. Synth，1973：215）。

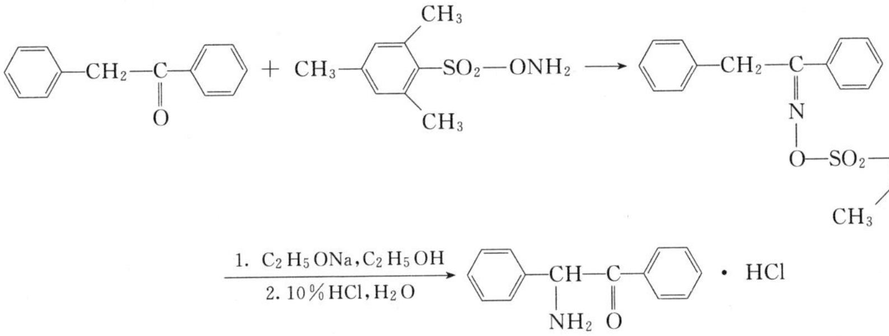

（34%）（**39**）

　　除了酮肟的磺酸酯外，如下化合物也可以发生 Neber 重排反应：

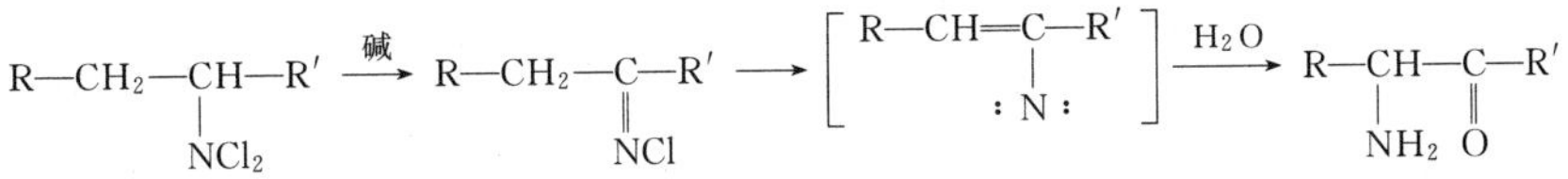

　　例如化合物（**40**）的合成（Baumgarten H E and Petersen J M. Org Synth，1973，Coll Vol 5：909）。

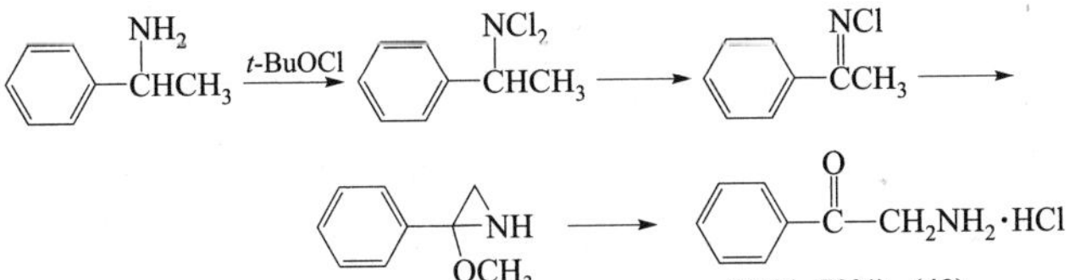

（55%~72%）（**40**）

　　酮的三甲基腙盐在醇钾（钠）作用下也可以发生 Neber 重排反应，生成 α-氨基酮。

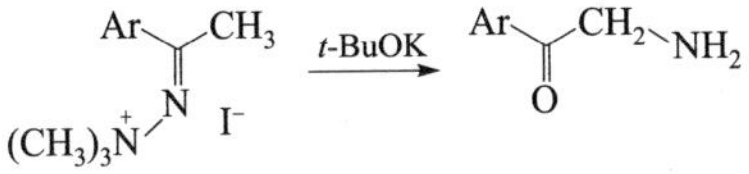

　　酮的三甲基腙盐可以由酮与 N,N-二甲基肼和碘甲烷一起反应来制备。

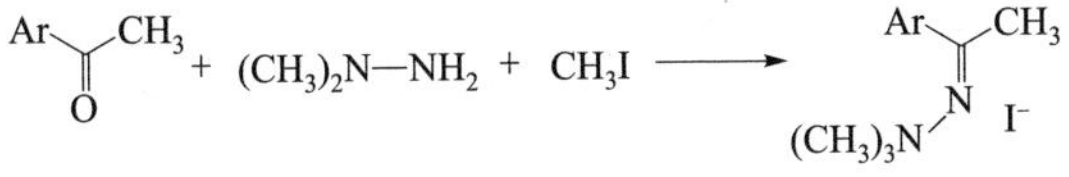

　　例如如下反应［Parcell R P，Sanchez J P. J Org Chem，1981，46（25）：5229］：

使用苯乙酮的脒盐与 N-氨基吡啶盐在叔丁醇钾作用下合成了一系列的吡啶并三嗪类化合物。实际上这是一种改进的 Neber 重排反应，苯乙酮的脒盐在叔丁醇钾作用下首先生成 α-氨基酮，进而与 N-氨基吡啶盐反应生成预期的化合物〔Kakehi A，Ito S，Manabe T，et al. J Org Chem，1977，42（14）：2514〕。

醛肟的磺酸酯不发生 Neber 重排反应，而是发生 E_2 消除反应生成腈或异腈。

反应中所用的碱除了醇钾、醇钠之外，也有使用吡啶的报道。常用的醇盐是乙醇、叔丁醇的钾或钠盐。使用甲醇时氨基酮的收率很低，主要产物是 Beckmann 重排产物。

若反应物的 α-和 α′-碳原子上都有氢，此时碱进攻的是酸性较强的氢，产物中的氨基也就连接在脱去的质子原来所连的碳原子上。

该反应的可能的副反应是 Beckmann 重排和非正常的 Beckmann 重排反应（消除生成腈）。

该反应与 Beckmann 重排反应不同，Beckmann 重排是肟的反式重排，而 Neber 重排则是肟的两种异构体都能发生重排，该反应不是立体专一性反应，反式和顺式酮肟重排后得到同一产物。

不对称 Neber 重排可以在手性相转移催化剂存在下进行。类似的不对称催化反应也可用于吖丙啶的不对称合成〔Mariëlle M H，Verstappen，Gerry J A，et al. J Am Chem Soc，1996，118（35）：8491〕。

Neber 重排反应可以合成 α-氨基酮，α-氨基酮除了除了自身的用途外，也是重要的有机合成中间体。例如：

Neber 重排也可用于 2H-吖丙啶的合成。

Neber 重排反应最近被巧妙地用于解决天然产物（＋）-Dragmacidin F 全合成中的难题。在合成中，该反应形成唯一的区域和立体异构体，而且通过后处理步骤。同时除去两个吲哚环 N 原子上的 Ts 和 SEM 保护基（Garg N K，Caspi D D，Stoltz B M. J Am Chem Soc，2005，127：5970）。

第四节　由碳至氧的重排

由碳至氧的亲核重排反应，中间生成带正电性的氧。这类重排主要有 Hydroperoxide 重排反应和 Baeyer-Villiger 反应。

一、Hydroperoxide 重排反应 (氢过氧化物的重排)

氢过氧化物重排反应指烃被氧化为氢过氧化物后，在质子酸或 Lewis 酸催化下，O-O 键发生断裂，同时烃基发生亲核重排，由碳原子迁移至氧原子上，生成醇（酚）和酮的反应。

氢过氧化物重排在工业上有重要应用，工业上利用此法，以异丙苯为原料生产苯酚和丙酮。

以异丙苯过氧化物为例，表示该类反应的反应机理如下：

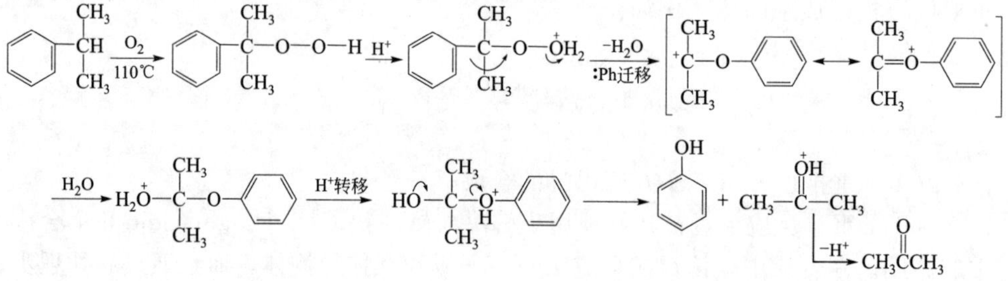

异丙苯氢过氧化物首先接受一个质子，而后发生 O-O 键断裂，失去一分子水并同时发生苯基的迁移，生成碳正离子。随后碳正离子与水分子结合，并发生氢质子的转移，同时进行 C-O 键的断裂，最后生成苯酚和丙酮。该重排反应属于烃基由碳向氧原子的亲核重排反应，重排是一个协同过程。

另一种解释是重排过程是分步进行的，质子化的异丙苯氢过氧化物先失去一分子水，而后发生烃基的迁移生成碳正离子：

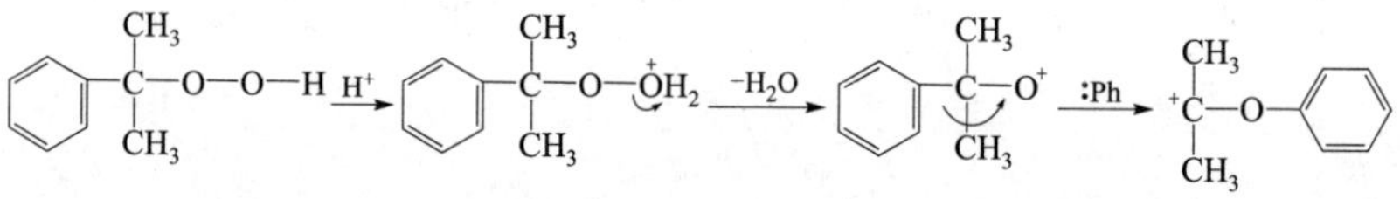

在该机理中，生成的氧正离子中，氧原子具有六个电子，是一种极不稳定的物种，很难形成。即使可以生成，也必然是立即重排生成较稳定的碳正离子。所以，在这两步反应中，第一步反应明显比第二步反应（烃基迁移）慢。这与如下事实不符。

在 R_3C-OOH 的重排反应中，若一个 R 基团是取代苯基，发现当苯环上连有给电子取代基时，反应速率增大，说明决定反应速率的步骤是基团的迁移。这与分步机理相矛盾，所以，水的离去和烃基的迁移是协同进行的。另外，在有些反应中，中间体 R_2C^+-OR 在低温下已经由超强酸溶液中分离出来，其结构也已经由核磁共振谱所证实。

原则上讲，凡是具有 R_3C-OOH 结构的化合物都可以发生该重排反应，其中 R 可以是烃基或芳基。

R_3C-OOH 类化合物可以通过氧化芳环或碳-碳双键的 α-H 来制备。常用的氧化剂有过氧化氢、过氧乙酸、过氧苯甲酸等。有些化合物也可以使用廉价的空气。醇与 H_2O_2 作用也可以生成氢过氧化物。

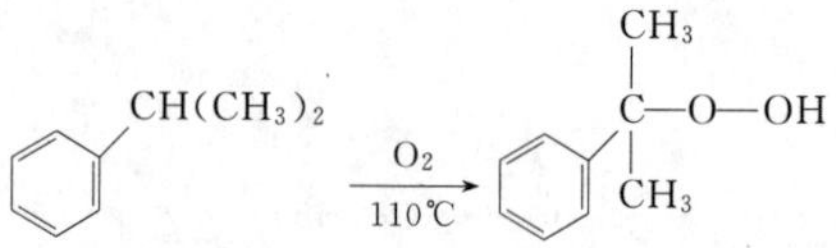

如下十氢萘的叔碳上的氢也容易被氧化。

三苯甲基氯在 SnCl₄ 催化下用过氧化氢氧化，也可以生成氢过氧化物。

伯醇氧化得到的氢过氧化物，若 R 基的迁移能力比氢大，重排产物将是比原来的醇少一个碳原子的醇。

过氧酸酯也可以发生类似的重排反应。

该重排反应是在酸性条件下进行的，常用的酸是硫酸，高氯酸的醋酸溶液等。

氢过氧化物分子中的烃基对重排反应有影响。若分子中同时存在芳基和烷基，重排时芳基更容易迁移。烷基和氢的优先迁移次序是：

$$叔 R > 仲 R > CH_3CH_2CH_2 \approx H > CH_3CH_2 \gg CH_3$$

因为该重排反应属于亲核重排，芳环上有给电子基团的芳环更容易迁移。

有时在反应中，氢过氧化物不经分离直接用于重排反应，使氧化和重排"一锅烩"，操作更方便。例如有机合成中间体 2,2-二甲基-1-丙醇的合成。

2，2-二甲基-1-丙醇（2,2-Dimethyl-1-propanol, Neopentyl alcohol），$C_5H_{12}O$，88.15。无色液体。mp 55℃。bp 111~113℃。

制法 Joseph Hoffmann. Org Synth，1973，Coll Vol 5：818.

$$(CH_3)_3CCH_2-C=CH_2 + H_2O_2 \longrightarrow (CH_3)_3CCH_2-\underset{\underset{CH_3}{|}}{\overset{\overset{CH_3}{|}}{C}}-OOH \xrightarrow{H^+} (CH_3)_3CCH_2OH + CH_3COCH_3$$

（2）　　　　　　　　　　　　　　　　　　　　　　　（1）

于安有搅拌器、温度计、滴液漏斗的反应瓶中，加入 30％的过氧化氢 800 g，冰浴冷却，搅拌下滴加 800 g 浓硫酸与 310 g 碎冰组成并冷至 10℃以下 的稀硫酸，控制在 5～10℃约 20 min 加完。而后滴加 2,4,4-三甲基戊烯-1（2） 224.4 g（2.0 mol），5～10 min 加完。撤去冰浴，25℃搅拌反应 24 h。分出有机 层，冰浴冷却，剧烈搅拌下滴加 70％的硫酸 500 g，保持内温 15～25℃，约需 67～75 min。加完后于 5～10℃搅拌 30 min。静置 1～3 h，分出有机层，倒入 1000 mL 水中，常压蒸馏（可能出现泡沫，此时可停止蒸馏）。馏出液冷后分出 有机层，无水硫酸钠干燥，分馏，收集 111～113℃的馏分，得化合物（1）60～ 70 g，收率 34％～40％。

该重排反应在实验室合成中应用并不多，重要的工业用途是由异丙苯氧化重 排合成苯酚和丙酮。从异丙苯到苯酚的总收率大于 95％，每生成一吨苯酚可以 同时得到 0.6t 丙酮。该方法的基本原料异丙苯，可以由苯与丙烯经烷基化反应 来制备，因而原料价廉易得。该方法可连续生产，同时得到苯酚和丙酮两种产 品。是工业上生成苯酚和丙酮的方法之一。

仲丁基苯氧化水解可以合成丁酮和苯酚。

二、Baeyer-Villiger 反应

醛、酮类化合物在酸催化下与过酸作用，在分子中氢或烃基与羰基之间插入 氧原子生成酯的反应，称为 Baeyer-Villiger（拜耶尔-魏立格）反应。由于在反应 中包含了一个基团由碳到氧原子的迁移，所以，该反应也叫 Baeyer-Villiger 重排 反应。

$$R-\overset{\overset{O}{\parallel}}{C}-R' + PhCO_3H \longrightarrow R-\overset{\overset{O}{\parallel}}{C}-OR' + PhCO_2H$$

该反应是 1899 年 Baeyer 和 Villiger 用过硫酸作氧化剂，将环酮（如香芹酮、 薄荷酮、樟脑等）氧化为相应的内酯而发现的。

反应机理如下：

$$R-\overset{O}{\underset{}{C}}-R' + R''-\overset{O}{\underset{}{C}}-O-O-H \longrightarrow R-\overset{OH}{\underset{R'}{C}}-O-\overset{O}{\underset{}{C}}-R'' \quad {}^-O-\overset{O}{\underset{}{C}}-R''$$

$$\left[R-\overset{OH}{\underset{+}{C}}-O-R' \longleftrightarrow R-\overset{+OH}{\underset{}{C}}-O-R'\right] \xrightarrow{-H^+} R-\overset{O}{\underset{}{C}}-O-R'$$

$$H^+ + {}^-O-\overset{O}{\underset{}{C}}-R'' \longrightarrow HO-\overset{O}{\underset{}{C}}-R''$$

反应中首先是过氧化物和酮进行亲核加成，而后在一个协同过程中，R'基团由碳原子迁移至氧原子上，同时离去基团（R''COO⁻）带着负电荷离去，最后生成酯和羧酸。Griegee R 对这一反应的机理曾进行了详细的研究，除了上述过程以外，他还认为重排时发生迁移的基团 R' 与离去基团 R''COO⁻ 处于平面反式的构象，这就是 Griegee 规则。

也可能经历了环状结构，协同反应得到酯和酸。

$$R-\overset{O}{\underset{}{C}}-R' + R''-\overset{O}{\underset{}{C}}-O-O-H \longrightarrow R\overset{O-H}{\underset{R'}{\overset{}{\underset{O-O}{}}}}C-R'' \longrightarrow R-\overset{O}{\underset{}{C}}-O-R' + HO-\overset{O}{\underset{}{C}}-R''$$

反应过程中，酸的催化作用是提高羰基的亲核加成活性，同时促进离去基团的离去。

Bayer-Villiger 反应适用的范围很广，脂肪族酮、芳香酮、混合酮等都可以发生 Bayer-Villiger 重排反应。环酮发生此反应生成扩环的内酯。例如环戊酮氧化生成 δ-戊内酯（**41**），（**41**）为重要的化工、医药中间体。

(41)

环己酮氧化后生成己内酯，后者聚合生成聚己内酯，可以制备可控释药物载体、完全可降解塑料手术缝合线等。

己内酯（Caprolactone，6-Hexanolactone），$C_6H_{10}O_2$，114.14。无色液体。bp 98~99℃，d_4^{20} 1.076，n_D^{20} 1.463。能与水任意混溶。

制法

方法 1　Olah G A，Wang Q，et al. Synth，1991：739.

于安有搅拌器、温度计的反应瓶中，加入环己酮（**2**）10 mmol，三氟醋酸 20 mL，冰盐浴冷至 0℃。于 40 min 慢慢加入过碳酸钠 15~20 mmol。慢慢升至室温，搅拌反应 2 h。加入 40 mL 冰水淬灭反应，二氯甲烷提取 3 次，每次 30 mL。合并有机层，10% 的碳酸氢钠溶液洗涤，无水硫酸镁干燥。过滤，减压蒸出溶剂，得化合物（**1**），收率 81%。

方法 2　Krow G R. Organic Reactions，1993，43：251.

于安有搅拌器、温度计的反应瓶中，加入单过氧邻苯二甲酸镁 1.39 g（3.6 mmol），DMF 15 mL，于 20℃加入环己酮（**2**）314 mg（3.2 mmol）。搅拌反应 16 h 后，加入二氯甲烷 50 mL，2.0 mol/L 的盐酸 20 mL。分出有机层，用饱和碳酸氢钠水溶液洗涤，无水硫酸钠干燥。蒸出溶剂，得化合物（**1**）204 mg，收率 57%。

对于非环状的酮来说，R 是二级、三级的烷基或烯丙基时，反应更容易进行。但 R 是一级时，用过氧三氟乙酸、BF_3-H_2O_2 及 $H_2S_2O_8$-H_2SO_4 时也足以进行该反应。

α-二酮重排生成酸酐。β-二酮容易发生烯醇化，不发生此重排反应。

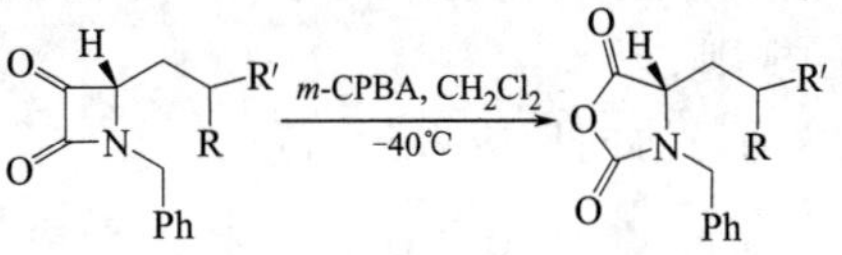

醛在该重排反应中发生氢迁移一般生成酸。但若与间氯过氧苯甲酸（m-CPBA）在二氯甲烷中室温反应，可以得到高收率的甲酸酯，且手性碳构型保持不变。例如化合物（**42**）的合成 [Alcaide B，Aly M F，Sierra M A. Tetrahedron Lett，1995，36（19）：3401]。

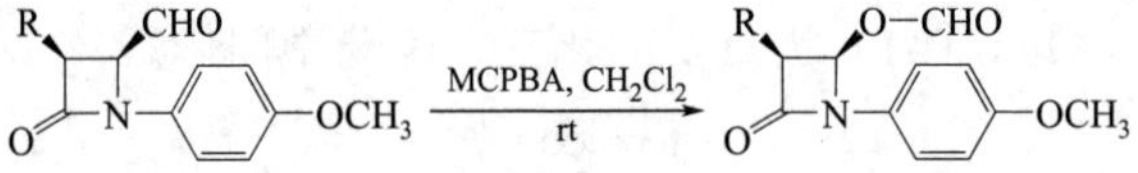

又如如下反应 [Barrero A F，et al. Tetrahedro Lett，1998，39（51）：9543]：

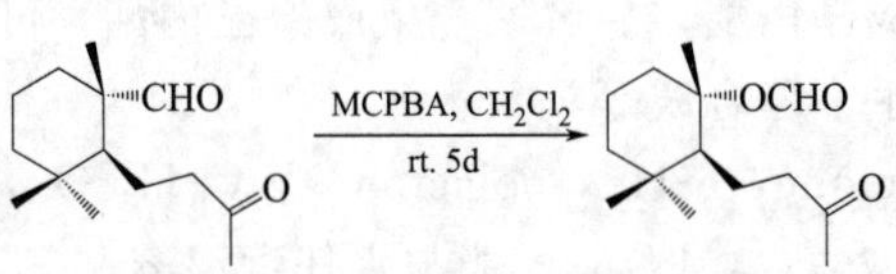

Dakin 氧化就是 o-，p-苯甲醛或苯基酮在碱性条件下与 H_2O_2 作用，经 Baeyer-Villiger 反应生成酯，后者在碱性条件下水解生成酚类化合物。例如：

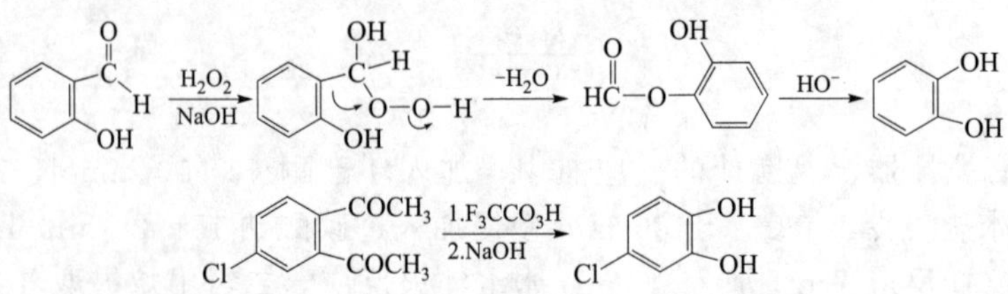

桥环酮类化合物也可以发生该重排反应。例如：

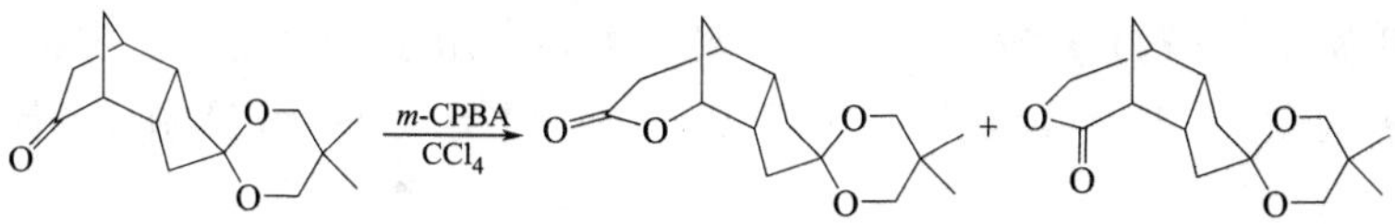

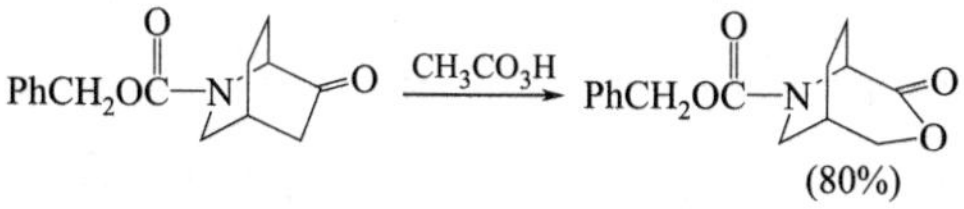

Glotter E 等（J Chem Soc，Perkin Trans I，1992：1735）研究发现，下面化合物在 m-CPBA 作用下，当—OAc 为轴向取向时，专一性地得到了相应的重排产物，双键没有被环氧化，这主要是由于—OAc 立体位阻的影响。若—OAc 为平面取向，则生成的产物会进一步被氧化生成环氧化合物。他们认为，在这样的底物中，当酮羰基与双键共轭时，酮发生 Baeyer-Villiger 反应生成烯醇内酯的速率比双键氧化为环氧化合物的速率快。

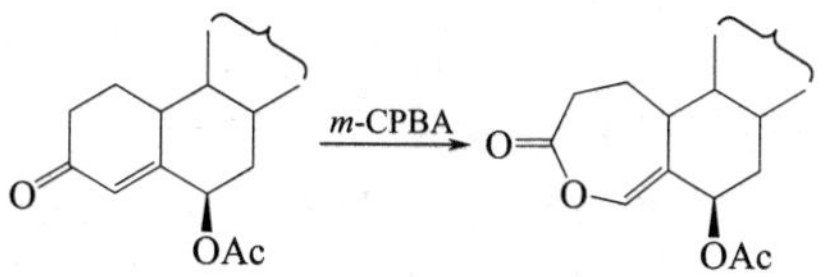

常用的过酸有过醋酸、过三氟醋酸、过苯甲酸、过氧化氢-三氟化硼、过顺丁烯二酸、过邻苯二甲酸、间氯过苯甲酸、过硫酸、过磷酸等。其中过三氟醋酸和过苯甲酸类应用最多。若在反应中加入磷酸氢二钠作缓冲剂，可以避免过三氟醋酸与反应产物之间的酯交换，收率可达 80%～90%。磺酸树脂制成过氧磺酸树脂也可用作氧化剂（Pande C S and Jain N. Synth Commun，1989，19：1271）。

各种氧化剂的氧化活性顺序如下：

过三氟乙酸＞单过顺丁烯二酸＞单过邻苯二甲酸＞过-3,5-二硝基苯甲酸＞过对硝基甲酸＞过间氯苯甲酸，过甲酸＞过苯甲酸＞过乙酸≫过氧化氢＞叔丁基过氧化物

近年来有很多关于 Baeyer-Villiger 反应氧化方法的报道。增强反应的普适性、选择性和环境友好性是人们追求的目标。已知的改进方法有：用醛作共氧化剂，以分子氧氧化；金属配合物催化氧化；有机锡催化氧化；有机/无机化合物催化氧化；生物催化氧化等。其中最值得关注的是催化氧化，因为催化氧化法可以简化操作条件、减少反应物用量、废物生成少，产品收率和转化率较高。

不对称的酮重排后的产物与酮的结构有关，取决于酮的电子效应和稳定中间体的构象，当没有特殊的构象要求时，电子效应起主导作用（立体电子控制），稳定正电荷能力越大的基团优先迁移。重排的最终结果是在酮羰基碳与容易迁移的烃基碳之间，插入一个氧原子，生成相应的酯。

在 Baeyer-Villiger 重排反应中，基团迁移能力的优先次序如下：

叔烷基＞环己基＞仲烷基＞苄基＞苯基＞伯烷基＞环丙基＞甲基

苯甲酸苄酯（**43**）是重要的化工原料，主要应用于纺织助剂、香精香料、制药、增塑剂等领域，可以由如下方法得到（Krow G R. Organic Reactions，1993，43：251）。

$$\text{—COCH}_2\text{Ph} + \text{—CO}_3\text{H} \xrightarrow{\text{研磨}} \text{—C—OCH}_2\text{Ph}$$
$$\text{(97\%) (43)}$$

由于甲基的迁移能力小，所以，利用该重排反应可以由甲基酮制备相应的乙酸酯及其水解产物醇或酚。

$$\xrightarrow{\text{PhCO}_3\text{H, CHCl}_3}$$
$$\text{(81\%)}$$

适用于原发性震颤麻痹症及非药原性震颤麻痹综合征的药物左旋多巴（又名左多巴）中间体 2-氨基-3-(3,4-二羟基苯基）丙酸的合成如下。

2-氨基-3-(3,4-二羟基苯基）丙酸 ［2-Amino-3-(3,4-dihydroxyphenyl) propanoic acid］，$C_9H_{11}NO_4$，197.19。白色固体。mp 278℃（分解）。

制法　谢如刚，陈翌清，袁德其，靳洪强. 有机化学，1984，4：297.

$$\xrightarrow[\text{pH8}\sim9]{\text{NaOH, H}_2\text{O, H}_2\text{O}_2}$$
$$\text{(2)} \qquad\qquad \text{(1)}$$

于安有磁力搅拌器、温度计的反应瓶中，加入左旋-3-乙酰基酪氨酸盐酸盐（**2**）770 mg（2.96 mmol），水 3 mL，用 5 mol/L 的氢氧化钠溶液调至 pH 8～9，氮气保护，于 35～40℃，慢慢分批加入 6% 的过氧化氢 2.5 mL（4.41 mmol），期间用 5 mol/L 的氢氧化钠溶液随时调节反应液的 pH 保持在 8～9，约 5 h 反应结束。通入二氧化硫气体至 pH5～6，静置析晶。过滤。母液浓缩或过离子交换柱纯化，可以再得到部分产品。合并后用含二氧化硫的蒸馏水重结晶，得化合物（**1**）410 mg，收率 80.9%，mp 278℃（分解）。

对于芳香酮来说，芳环的迁移能力与环上的取代基性质和位置有关。以二苯酮为例，对位取代的苯基的迁移能力为：

$$CH_3O > CH_3 > H > Cl > NO_2$$

即随着芳环上取代基给电子能力的增强，相应芳环的迁移能力也越大。

$$\xrightarrow{\text{CH}_3\text{CO}_3\text{H, HOAc}}$$
$$\text{(95\%)}$$

一些并环酮类化合物也可以发生反应。例如（Chandler C L, Phillips A. J Org Lett, 2005, 7: 3493）：

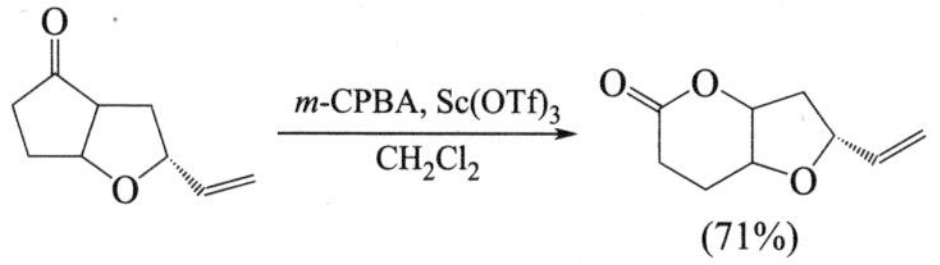

(71%)

又如

(89.8%)

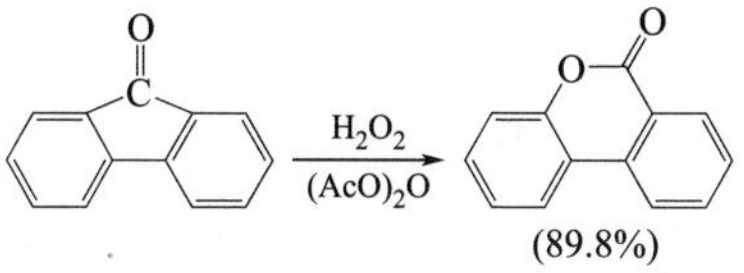

空间位阻和构象因素对反应也有影响。

酮用过苯甲酸处理，有可能生成的酯继续氧化，生成碳酸二烷基酯。

以环境友好的 H_2O_2 水溶液（30％）为氧化剂是 Baeyer-Villiger 反应长期以来人们追求的目标。近年来，Baeyer-Villiger 反应在均相催化、非均相催化以及生物催化等方面都有深入的研究，并且取得了令人可喜的成就。

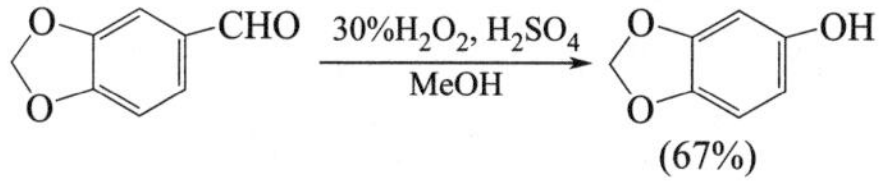

(67%)

在甲基三氧化铼（TMO）催化剂存在下，用 H_2O_2 可以实现酮的 Baeyer-Villiger 反应。例如：

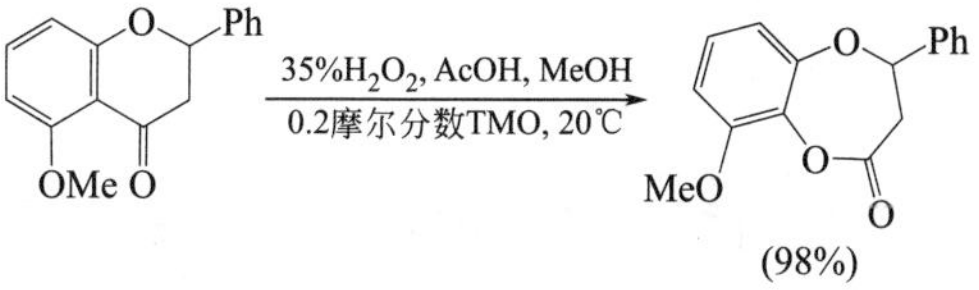

(98%)

采用酶作为催化剂，可以从非手性的环烷酮合成手性的内酯，反应具有很好的立体选择性，在合成具有光学活性物质中的优势明显。相信在不久的将来，生物催化的 Baeyer-Villiger 反应一定会得到大规模的应用。

Baeyer-Villiger 重排反应在反应中迁移基团的立体化学保持不变，而且有一定的区域选择性，广泛用于在有机合成中。此反应的成功之处在于它的多样性，例如，①链状酮氧化生成酯、环酮氧化成内酯、安息香醛氧化生成酚、羧酸和 α-二酮转化为酐；②其他基团对反应影响较小；③可以预测反应的区域选择性；④反应一般为立体选择性；⑤很多物质可以作为氧化剂等。在天然化合物合成中也有较大用途。

第二章　亲电重排反应

亲电重排反应也叫富电子重排，因为重排主要发生在碳原子上，也叫做碳负离子重排反应。这类反应在有机合成、药物合成中同样具有重要的用途。

碳负离子有两种可能的构型，sp^3 杂化的角锥型和 sp^2 杂化的平面型。一般碳负离子以角锥型存在，但当碳负离子的未共享电子与邻近的不饱和基团发生共轭作用时，则为平面构型。

sp^3杂化角锥型　　sp^2杂化平面型

亲电重排反应也可以分为三步反应：

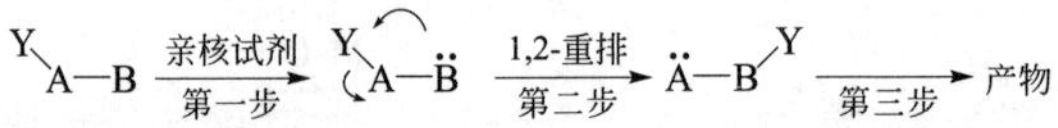

Y–A–B　亲核试剂／第一步　→　Y–A–B̈　1,2-重排／第二步　→　Ä–B–Y　第三步　→　产物

反应的第一步是在亲核试剂的作用下，反应底物中离去基离去生成富电中心，离去基以氢或金属原子为最常见；第二步是迁移基团留下一对成键电子，以正离子的形式迁移至富电中心，生成新的富电中心；第三步是新的富电中心生成稳定的中性分子。

碳负离子的 1,2-迁移的报道与碳正离子和自由基相比更为少见。对于碳负离子来说，它比自由基多一个电子，两个反键轨道中各有一个电子，在能量上就更不稳定，并且要求发生迁移的基团不能带有电子。虽然各种分析对碳负离子发生 1,2-迁移反应都是不利的，但是人们确实观察到了此类反应。

在下面讨论的具体例子中，有些重排属于自由基对机理，但重排前是负离子，重排后生成新的负离子，也将它们放在亲电重排反应中进行讨论。

Zimmerman-Grovenstein（格罗文斯坦-齐默尔曼）重排反应是碳负离子的 1,2-芳基迁移反应。金属钠（或锂、钾）与三苯基氯乙烷作用得到碳负离子，接着芳基从相邻的碳原子上向碳负离子中心迁移，生成新的碳负离子。

$$Ph_3C-CH_2Cl \xrightarrow[-30℃]{Li} Ph_3C-CH_2^- Li^+ \longrightarrow [Ph_2\overset{-}{C}-CH_2Ph] Li^+$$

$$K \downarrow -66℃$$

$$Ph_3C-CH_2^- K^+ \longrightarrow [Ph_2\overset{-}{C}-CH_2Ph] K^+$$

又如如下反应：

$$CH_3-\underset{CH_3}{\overset{Ph}{\underset{|}{\overset{|}{C}}}}-CH_2^- Li^+ \xrightarrow[回流]{Et_2O} CH_3-\underset{CH_3}{\overset{Li^+}{\underset{|}{\overset{-}{C}}}}-CH_2-Ph + CH_3-\underset{Ph}{\overset{Li^+}{\underset{|}{\overset{-}{C}}}}-CH_2-CH_3$$

（11∶1）

$$\left[Ph-\underset{}{\underset{}{\bigcirc}}\right]_2 \overset{}{\underset{}{C}}-CH_2Li \xrightarrow{THF,0℃} Ph-\underset{}{\bigcirc}-\underset{\underset{Li^+}{|}}{\overset{-}{C}}-CH_2-\underset{}{\bigcirc}-Ph$$

（＞98%）

上述反应的反应机理如下。

碳负离子中芳基的1,2-迁移可以认为是苯环参与了电荷的分散，形成了与碳正离子和自由基重排中类似的桥式结构的过渡态。在如下反应中，已经将环己二烯负离子的螺环物捕获，进一步证明了该机理的正确性。

对于上面的1,2-迁移反应的研究还表明，芳基对位上的不同取代基对反应有明显的影响，强吸电子基团有利于1,2-迁移反应的发生，而给电子基团不利于1,2-迁移的发生。

1961年Grovenstein报道了碳负离子的1,2-烷基（主要是苄基）迁移反应。对于苄基的1,2-迁移反应，可能有如下所示的两种机理：消除-加成的机理和自由基对机理。

$$\underset{CH_2Ph}{\overset{Ph_2C-CH_2}{\underset{|}{}}} \longrightarrow \underset{^-CH_2Ph}{\overset{Ph_2C=CH_2}{}} \longrightarrow \underset{CH_2Ph}{\overset{Ph_2\overset{-}{C}-CH_2}{\underset{|}{}}} \quad （消除-加成机理）$$

$$\underset{CH_2Ph}{\overset{Ph_2\overset{-}{C}-CH_2}{\underset{|}{}}} \longrightarrow \underset{\cdot CH_2Ph}{\overset{Ph_2\overset{-}{C}-CH_2}{\underset{|}{\cdot}}} \longrightarrow \underset{CH_2Ph}{\overset{Ph_2\overset{-}{C}-CH_2}{\underset{|}{}}} \quad （自由基对机理）$$

虽然没有足够的证据来区分这两种可能性，但是我们可以看出反应不是一个协同的过程，它伴随着电荷分离或自由基的形成。在碳负离子的1,2-迁移反应中，基团的迁移顺序为：苄基＞苯基，对于烷基、氢和其他基团的迁移，尚没有足够的实验证据，因此，这里不作详细的讨论。

比较常见的亲电重排反应有 Favorskii 重排反应、Stevens 重排反应、Wittig 重排反应等。这些重排反应在药物及其中间体的合成中有重要的应用。

第一节　Favorskii 重排反应

α-卤代酮在碱催化下重排生成酸或酯的反应，称为 Favorskii（法沃斯基）重排反应。

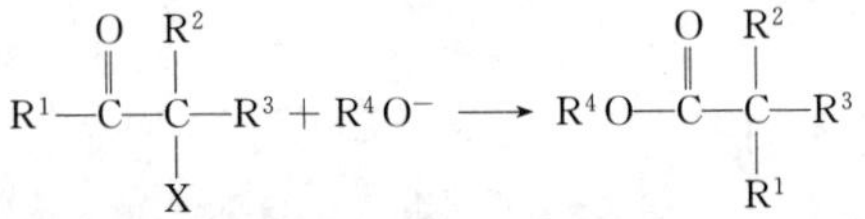

环状的 α-卤代酮反应后可以得到环缩小的产物。

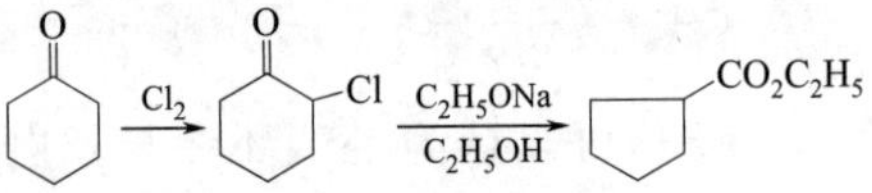

该反应是 Favorskii A E 于 1895 年首先报道的。

关于 Favorskii 反应，至少曾提出了五种不同的反应机理，虽然某些机理也能解释一些实验事实，但目前人们普遍接受的反应机理如下。

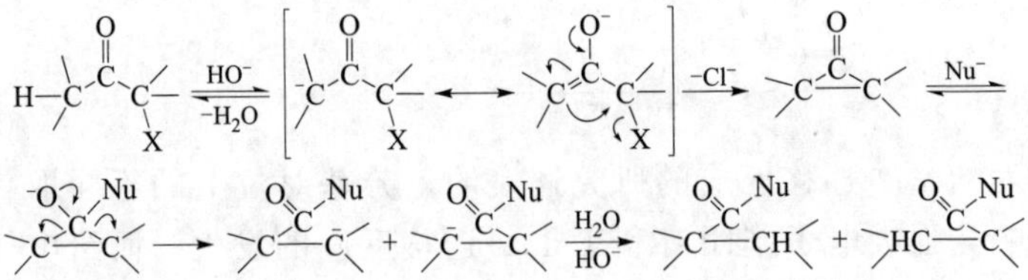

具体例子如下：

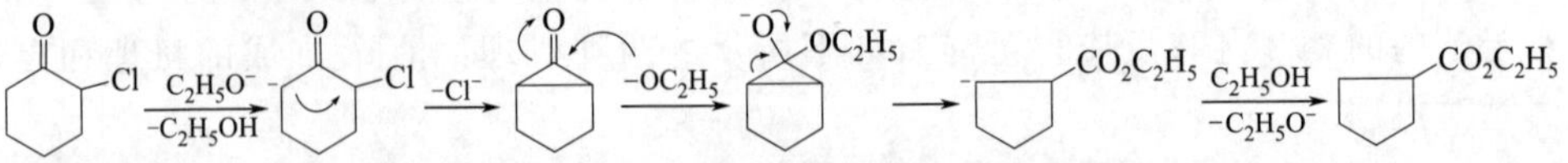

反应中首先碱夺取羰基 α-H 生成碳负离子，紧接着碳负离子发生分子内的 S_N2 反应，失去氯负离子生成环丙酮中间体。而后亲核试剂进攻环丙酮的羰基，并开环，最后生成缩环的产物。

对于这种具有 α-H 的卤代酮，一般认为重排机理是经历环丙酮中间体。这种环丙酮中间体的反应机理得到了同位素标记实验的支持。

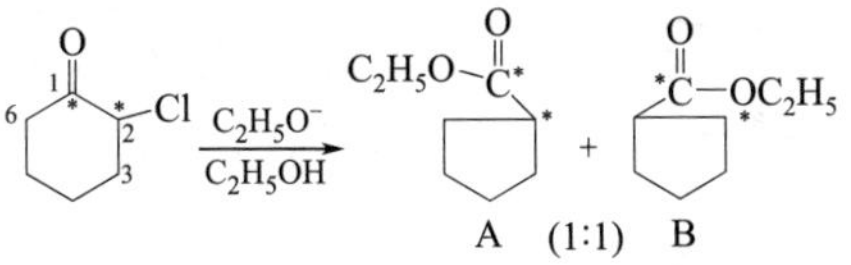

上述反应中，α-氯代环己酮的 1,2-位碳原子均为同位素标记的碳原子。若只是简单的 C_6 向 C_2 迁移并取代氯原子，则只能有一种产物 A。而事实上是得到两种产物 A 和 B，而且二者的比例为 1∶1。这说明反应中间体中与羰基相连的两个 α-碳原子处在相同的位置上，这只能是环丙酮中间体。

在下面的反应中，中间体环丙酮已经分离出来。

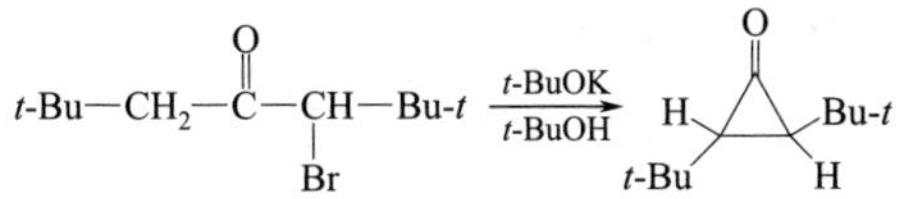

环丙酮中间体也曾被呋喃捕捉到。

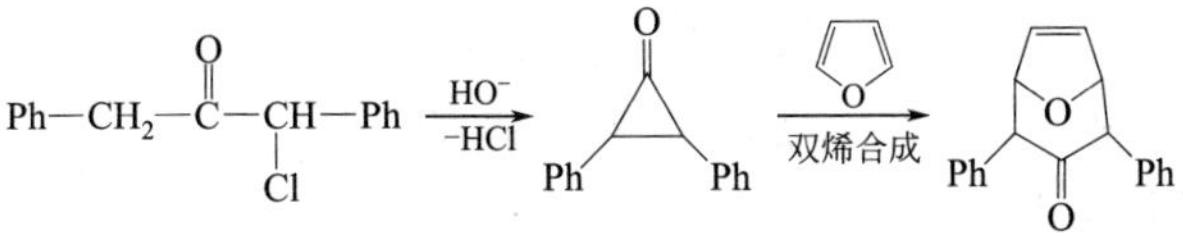

中间体环丙酮是很不稳定的中间体，原因是羰基碳为 sp^2 杂化碳，环丙酮的角张力比环丙烷还要大。羰基被加成并开环后变为 sp^3 杂化碳，角张力明显减小，变成比较稳定的化合物。

医药中间体 3,3-二苯基丙酸乙酯（**1**）的合成如下：

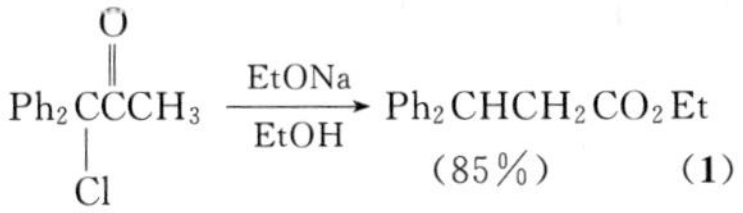

上述机理中都是羰基两侧中卤素的异侧必须有 α-H 存在。若异侧没有 α-H，反应将按准 Favorskii（quasi-Favorskii）重排机理进行，一般认为与 Benzil 重排反应（二苯基羟乙酸）相似，也称为半二苯乙醇酸机理。

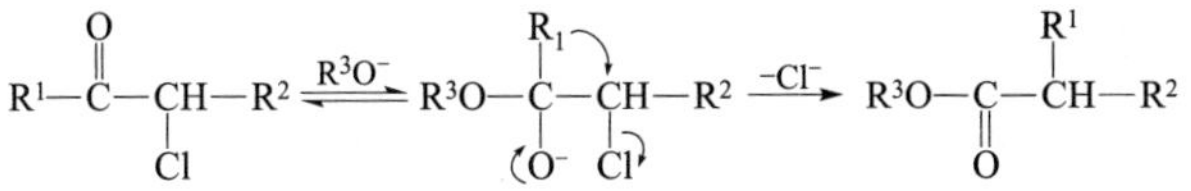

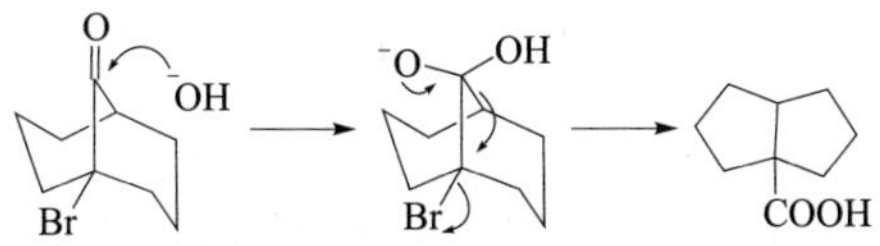

如下化合物在异丙烯基锂作用下发生 Favorskii 重排反应（Harmata M，Wacharasindhu S. Org Lett，2005，7：2563）。

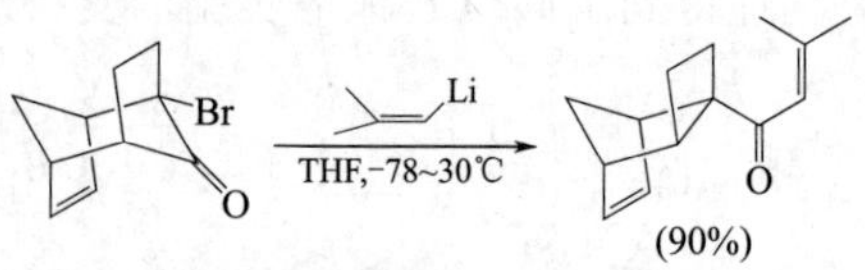

$$(90\%)$$

准 Favorskii 重排和 Favorskii 重排反应的产物是相同的。

具有 α-H 的卤代酮，有时也可能按准 Favorskii 重排机理进行。例如

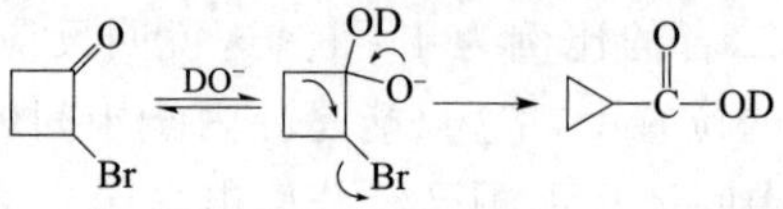

若按照环丙酮中间体机理进行：

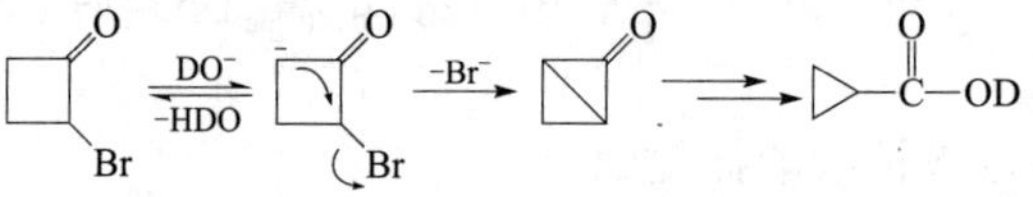

显然，这一环丙酮中间体环张力太大，在能量上达不到，很难生成，但若按照准 Favorskii 重排反应进行，则比较容易解释。

α-卤代酮常用的是氯代或溴代酮。

也有自由基型 Favorskii 重排反应的报道。例如如下反应（Dhavale D D，Mali V P，Sudrik S G，Sonawane H R. Tetrahedron，1997，53：16789）。

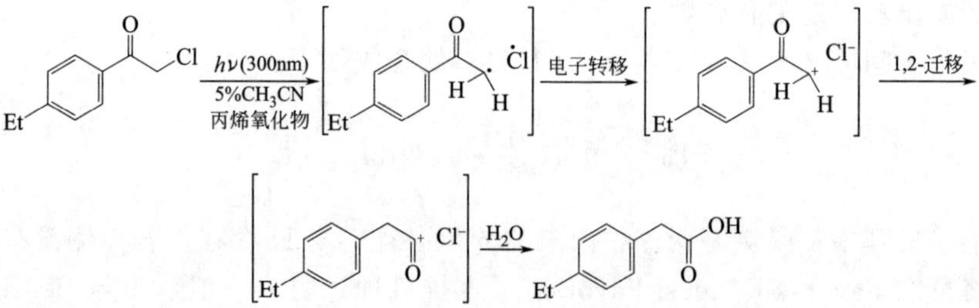

开链的 α-卤代酮是一种典型的 Favorskii 重排反应底物。例如 2,2-二甲基丙酸乙酯（**2**）的合成：

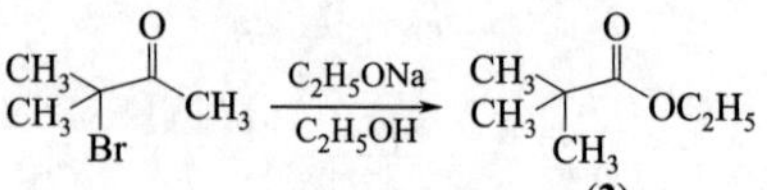

具有 α-H 的 α,α'-二卤代酮或具有 α'-H 的 α,α-二卤代酮，重排时会同时脱去卤化氢，生成 α,β-不饱和酯或酸。反应具有立体选择性，得到顺式立体异构体。

α，α'-二溴代环己酮在碱性条件下重排生成 1-羟基环戊酮甲酸，后者氧化脱羧得到环戊酮（**3**），该反应称为 Wallach 降解反应。化合物（**3**）是重要的香料、医药合成中间体。

一些三卤代酮也可以发生 Favorskii 重排反应，生成不饱和卤代酸。例如：

$$(CH_3)_2C-C-CHBr_2 + 2HO^- \longrightarrow (CH_3)_2C=C-COOH + 2Br^-$$

环状 α-卤代酮也广泛用于 Favorskii 重排反应中。一般情况下环状 α-卤代酮重排得到缩环化合物，即生成环上减少一个碳原子的环状羧酸及其衍生物。

笼状化合物是一类具有张力的稠环分子，通过 Favorskii 重排反应可以合成笼状化合物。例如（Kakeshita H，et al，J Org Chem，1994，59：6490）：

例如降糖药格列齐特（Gliclazide）中间体反-1，2-环戊基二甲酸的合成。

反-1，2-环戊基二甲酸（*trans*-Cyclopentane-1,2-dicarboxylic acid），$C_7H_{10}O_4$，158.15。白色粉状固体。mp 157～158℃（161～162℃）。

制法　鄢明国，黄耀东.安徽化工，2002，2：22.

6-溴-环己酮-2-甲酸乙酯（**3**）：于安有搅拌器、温度计、滴液漏斗的反应瓶中，加入环己酮-2-甲酸乙酯（**2**）25.0 g（0.1 mol），氯仿 75 mL，冰浴冷却下慢慢滴加溴 19.2 g（0.12 mol），约 30 min 加完。加完后搅拌反应过夜。向反应瓶中慢慢通入水蒸气，1 h 后将反应物转移至分液漏斗中，依次用饱和碳酸氢钠、食盐水洗涤，无水硫酸钠干燥。蒸出溶剂后减压蒸馏，收集 110～112℃/133 Pa 的馏分，得淡黄色液体（**3**）32.4 g，收率 86%。

反-1,2-环戊基二甲酸（**1**）：于安有搅拌器、温度计的反应瓶中，加入 100 mL 水，10.0 g 氢氧化钠，溶解后冰盐浴冷却。加入化合物（**3**）30.0 g（0.12 mol），继续搅拌反应 2 h。慢慢加入浓硫酸 100 mL，加热回流反应 8 h。冷至室温，用乙酸乙酯提取 4 次，合并有机层，无水硫酸钠干燥。减压蒸出溶剂，得浅红色固体。用乙酸乙酯重结晶，得白色粉状固体（**1**）13.9 g，收率 73.3%，mp 157～158℃（161～162℃）。

与上述反应相似的反应是反-1,2-环戊基二甲酰胺的合成，其也是降糖药格列齐特（Gliclazide）中间体。

反-1,2-环戊基二甲酰胺（*trans*-Cyclopentane-1,2-dicarboxamide），$C_7H_{12}N_2O_2$，156.18。白色固体。mp 318℃。

制法　Bischoff C，Schroder K. Journal f. Prakt Chemie，1981，323（4）：616.

6-溴-环己酮-2-甲酰胺（**3**）：于安有搅拌器、温度计、滴液漏斗的反应瓶中，加入环己酮-2-甲酰胺（**2**）28.2.0 g（0.2 mol），氯仿 200 mL，冰浴冷却下慢慢滴加溴 11 mL 溶于 50 mL 氯仿的溶液。保持反应液温度不超过 10℃。加完后搅拌反应 2 h。依次用饱和碳酸氢钠、食盐水洗涤，无水硫酸钠干燥。蒸出溶剂，得化合物（**3**）36.5 g，收率 83%，mp 163℃。

反-1,2-环戊基二甲酰胺（**1**）：于安有搅拌器、温度计的反应瓶中，加入化合物（**3**）8.8 g（0.04 mol），浓氨水 35 mL，搅拌反应。反应结束后过滤，水洗，干燥，得化合物（**1**）5.1 g，收率 81%，mp 318℃。有文献报道 mp 303℃。

α,α′-二卤代环酮可以合成环烯基羧酸及其衍生物。

α-羟基酮、α,β-环氧酮以及 α-卤代砜都能进行 Favorskii 重排反应。α,β-环氧酮重排后生成 β-羟基酸。

光学活性的 α-卤代砜在氢化钠催化下与胺反应，经过不对称的 Favorskii 重排反应，得到其中一种光学异构体达 94%ee 的酰胺 [Satoh T，et al. Tetrahedron Lett，1993，34（30）：4823]。

除了 α-卤代酮之外，其他带可以离去基团的化合物，若能形成环丙酮中间体，也可作为 Favorskii 重排的原料，如 α-烷氧基酮、α-磺酸酯基酮，甚至普通的酰胺、内酰胺等都有可能发生 Favorskii 重排反应。

L=烷氧基、磺酸酯基

在碱性条件下，某些 α-卤代酰胺或 α-卤代内酰胺也能发生 Favorskii 类型的重排，生成 α-氨基酰胺或缩环的 α-氨基酸（Lai J T. Tetrahedron Lett，1982，23：595）。

R = H, Pr. *t*-Bu. Ph. —CH$_2$CH$_2$—

2-哌嗪甲酸是抗癌药吡噻硫酮（Oltipraz）和一线抗结核药物吡嗪酰胺（Pyrazinamide）及抗风湿药物中间体，可以通过如下重排反应来合成。

(±)-2-哌嗪甲酸氢溴酸盐 ［(±)-2-Piperazinecarboxylic acid］，C$_5$H$_{10}$N$_2$O$_2$·2HBr，291.97。白色固体。mp 280℃（分解）。

制法　Merour J Y, Coadau J Y. Tetrahedron Lett，1991，32（22）：2469.

于安有搅拌器、回流冷凝器的反应瓶中，加入化合物（**2**）2.0 g（7.5 mmol），水 50 mL。搅拌下加热，分批加入八水合氢氧化钡 2.4 g（7.6 mmol），回流反应 6 h。冷却，用硫酸中和至 pH 7。于 80℃加热反应 1 h。过滤除去硫酸钡，滤液减压浓缩。得到的固体物溶于 48% 的氢溴酸中，加热。冷后得白色固体。过滤，丙酮洗涤，干燥，得化合物（**1**）0.98 g，收率 45%，mp 280℃（分解）。

一些含氮、氧、硫原子的杂环化合物也可以发生 Favorskii 重排反应。

甚至发现了一个非常有意思的类似 Favorskii 重排反应的反应，用没有 α-卤素原子的叔丁基环己酮与 Tl(NO$_3$)$_3$ 反应，得到 3-叔丁基环戊基-1-羧酸 ［Ferraz H M C and Silva Jr L F. Tetrahedron Lett，1997，38（11）：1899］。

该反应可能的反应机理如下。

又如如下反应〔Craig J C，Dinner A and Mulligan P J. J Org Chem，1972，37（22）：3539〕

（93%）

可能的反应机理如下。

Satoh T 等用光学活性的 α-氯代酮实现了不对称的 Favorskii 重排反应（Satoh T，et al. Tetrahedron Lett，1993，34：4823）。

在 Favorskii 重排反应中，若中间体环丙酮结构不对称，在空间位阻不大的情况下，羰基上加成后究竟从哪一边开环，取决于两种开环产物的相对稳定性。例如，下面两个反应都生成相同的环丙酮中间体，中间体开环时生成两种不同的碳负离子〔1〕和〔2〕，由于〔1〕的碳负离子上的负电荷与苯环共轭，而〔2〕中的不能，所以〔1〕比〔2〕稳定的多，优先生成，相应的产物也为占优势的产物。

若两种开环后的负离子稳定性相差不大，则两种重排产物的比例也应差别不大。

α-卤代酮分子中的卤素原子比较活泼，而 Favorskii 重排反应又是在碱性条件下进行的，所以，在该反应中，卤素原子的 S_N2 取代反应是常见的副反应，生成相应的醚——α-烷氧基醚。

$$PhCH_2\overset{O}{\underset{\|}{C}}CH_2Cl \xrightarrow{RO^-} PhCH_2\overset{O}{\underset{\|}{C}}CH_2{-}OR + Cl^-$$

Favorskii 重排反应是在碱性条件下进行的。常用的碱有醇钠、氢氧化钠、碳酸钠、伯胺、仲胺。若用含活泼氢的化合物如丙二酸酯、乙酰乙酸酯等，也可以发生重排。

该反应若在碱性水溶液中进行，则夺取氯代酮 α-氢的是氢氧根负离子，最后生成的产物是缩环的羧酸。例如医药中间体环戊烷甲酸（**4**）的合成：

(4)

广谱抗吸虫和绦虫药物吡喹酮（Praziquantel）中间体环己基甲酸的合成如下。

环己基甲酸（Cyclohexanecarboxylic acid），$C_7H_{12}O_2$，128.17。mp $22\sim 26℃$。bp 232.5℃。溶于乙醇、乙醚、氯仿等有机溶剂，微溶于水（15℃，0.021 g/100 mL）。

制法 Kende A S. Organic Reactions，1960，11：290.

(2)   (1)

于安有搅拌器、回流冷凝器的反应瓶中，加入碳酸钾 15 g，水 20 mL，2-氯环庚酮（**2**）5.0 g，搅拌下加热回流 6 h。冷却，乙醚提取以除去中性的副产物。水层酸化，乙醚提取。乙醚层干燥后蒸出溶剂，得化合物（**1**）3.0 g，收率 69%，mp $22\sim 26℃$（文献值 29℃）。

主要用于自由基药物化学研究的 1-氧基-2,2,5,5-四甲基吡咯-3-甲酸甲酯，可以用此方法来合成［Mark G，Pecar S. Syth Commun，1995，25（7）：1015］。

(56%)

α,α'-二卤代酮与伯胺反应，可以得到 α,β-不饱和酰胺和与其竞争的 α-亚氨基酮及 α-二亚胺。产生后者的原因是胺既是碱又是较强的亲核试剂，取代一个卤素原子后生成烯胺，进一步反应生成亚胺鎓离子而转化为 α-亚氨基酮，再与伯胺反应生成 α-二亚胺 [De Kimpe N，et al. Tetrahedron，1992，48 (15)：3183]。

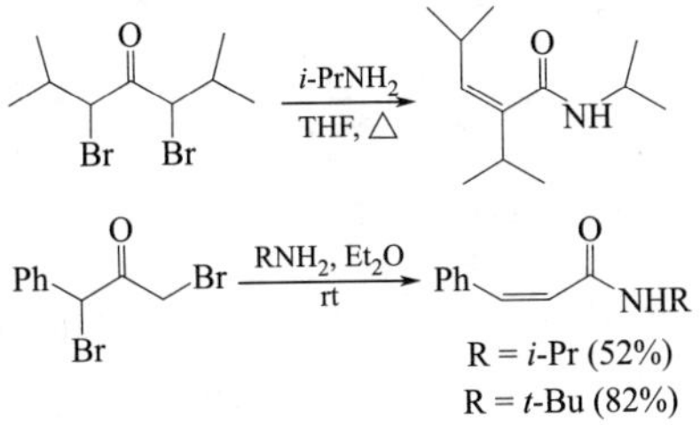

α,α'-二卤代酮与丙二酸二乙酯的钠盐于 THF 中在 0℃至室温反应，生成共轭烯酮 (Sakai T，et al. Bull Chem Soc Jpn，1987，60：2295)。

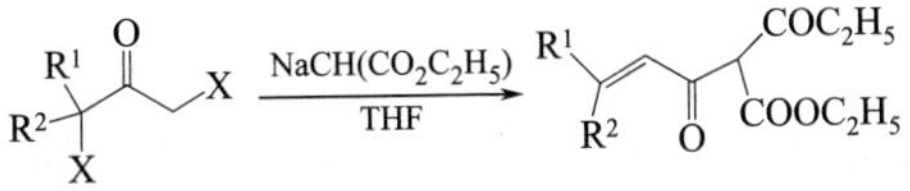

α,α'-二卤代酮与乙酰乙酸叔丁酯的钠盐在 THF 中反应得到二氢-4-吡喃酮的衍生物 [Sakai T，et al. Tetrahedron Lett，1985，26 (39)：4727]。

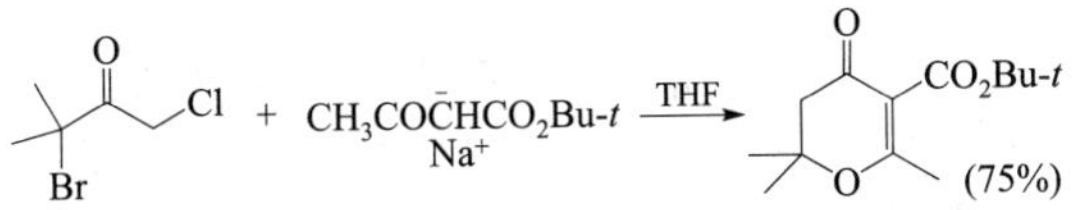

环状 α,α-二卤代酮类化合物也可发生缩环反应，生成环状羟基羧酸。例如：

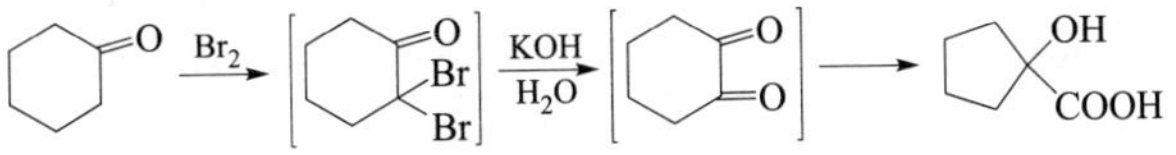

4-氯代异佛尔酮在甲醇钠催化下反应，生成重排产物 2,2,4-三甲基-3-环戊烯基甲酸甲酯（21%～23%）和 5,5-二甲基-3-亚甲基环戊烷甲酸甲酯（14%～17%）。而当使用 4-溴代异佛尔酮时，却未得到重排产物，只得到 2-甲氧基异佛尔酮 [Tsuboi S，et al. Synth Commun，1987，17 (7)：773]。说明卤素原子本身对反应也有影响。

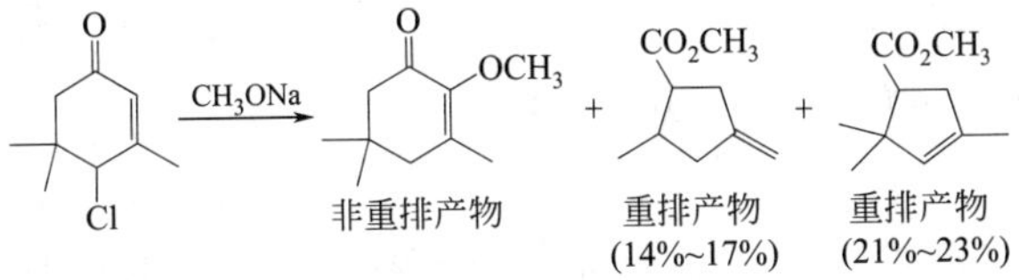

Favorskii 重排反应的立体选择性还与反应介质的极性和质子供体有关。例如，下列反应在非质子溶剂中与甲醇钠反应，得到 C_{17} 构型翻转的重排主产物，

而在甲醇-水中用碳酸氢钾作碱，得到构型保持的重排主产物（Engel C R，et al. J Org Chem，1983，47：4485）。

| 碱：CH₃ONa，DME | 1 | : | 19 |
| KHCO₃，CH₃OH，H₂O | 23 | : | 1 |

在有些反应中也可以使用电化学的方法进行 Favorskii 重排反应〔Kangan E Sh，et al. Zh Org Khim，1991，27（10）：2238〕。

α-氯代苯乙酮类化合物在光照条件下可以发生类似的 Favorskii 重排反应生成苯乙酸类化合物（Dhavale D D，Mali V P，Sudrik S G and Sonawane H R. Tetrahedron，1997，53：16789）。

Favorskii 重排反应的应用很广，既适用于开链的脂肪族 α-卤代酮，也适用于环状的 α-卤代酮，还适用于某些 α-位连有其他离去原子或基团的酮类化合物。该反应在天然产物的研究中也得到应用。不对称的 Favorskii 重排反应研究也取得了一定的进展。

第二节　Stevens 重排反应

含有 β-氢的季铵碱在加热条件下会发生 E₂ 消除反应生成烯，此反应称为季铵碱的 Hofmann（斯蒂文斯）消除反应。

$$R—CH_2CH_2\overset{+}{N}(CH_3) \xrightarrow{\triangle} R—CH=CH_2 + N(CH_3)_3$$

若季铵盐分子中不含 β-氢，而且 α-位具有吸电子的基团时，由于 α-氢受到季铵基和吸电子基团 Y 的双重影响，酸性明显增强，在碱的作用下容易失去 α-氢生成叶立德（Yled）：

$$R^2-\overset{\overset{R^1}{|}}{\underset{\underset{R^3}{|}}{N^+}}-CH_2-Y \xrightarrow{\text{碱}} R^2-\overset{\overset{R^1}{|}}{\underset{\underset{R^3}{|}}{N^+}}-\overset{-}{C}H-Y$$

叶立德氮原子上的烃基会发生 1,2-迁移，最终生成叔胺。该反应称为 Stevens 重排反应。

$$R^2-\overset{\overset{R^1}{|}}{\underset{\underset{R^3}{|}}{N^+}}-\overset{-}{C}H-Y \longrightarrow R^2-\overset{\overset{R^1}{|}}{\underset{\underset{R^3}{|}}{N}}-CH-Y$$

$$C_6H_5COCH_2\overset{+}{N}(CH_3)_2\cdot Br^- \xrightarrow[H_2O]{NaOH} \left[C_6H_5CO\overset{-}{C}HN(CH_3)_2 \right] \longrightarrow C_6H_5COCHN(CH_3)_2$$
$$\underset{CH_2C_6H_5}{\ } \qquad\qquad \underset{CH_2C_6H_5}{\ } \qquad\qquad\qquad \underset{CH_2C_6H_5}{\ }$$

该反应是 Stevens 于 1928 年发现的，后来便以其名字命名了该反应。

关于 Stevens 重排反应机理，目前人们普遍接受的是自由基型反应机理。

用顺旋共振光谱法研究该反应时，发现许多 Stevens 重排反应有自由基生成，在此基础上有人提出了自由基对机理。

$$Y-\overset{-}{C}H-\overset{\overset{R^3}{|}}{\underset{\underset{R^1}{|}}{N^+}}-R^2 \longrightarrow \left[Y-\overset{\cdot}{C}H-\overset{\overset{R^3}{|}}{\underset{\underset{:R^1}{|}}{N^+}}-R^2 \longleftrightarrow Y-\overset{\cdot}{C}H-\overset{\overset{R^3}{|}}{\underset{\underset{\cdot R^1}{|}}{N}}-R^2 \right] \longrightarrow Y-\overset{}{\underset{\underset{R^1}{|}}{C}}H-\overset{\overset{R^3}{|}}{N}-R^2$$
溶剂笼子

自由基对在溶剂笼子中很难旋转，并立即在笼子中重新结合，这与手性迁移基团在迁移过程中构型保持不变的事实是一致的。更能稳定生成的碳自由基的基团往往优先发生迁移。因为自由基在溶剂笼子中迅速结合，这也可以解释为什么几乎没有分子间交叉产物生成。

自由基逃出溶剂笼子，可以生成 $R^1—R^1$，在有些实验中检测到了 $R^1—R^1$，证明了该机理的正确性。

也有人提出了离子型机理，以如下反应为例，表示其反应机理如下：

$$Z-\overset{\overset{R}{|}}{\underset{\underset{R^1}{|}}{N^+}}-R^2 \xrightarrow{-R^-} Z=\overset{\overset{}{}}{\underset{\underset{R^1}{|}}{N^+}}-R^1 \longrightarrow Z-\overset{\overset{R}{|}}{\underset{\underset{R^2}{|}}{C}}H-N-R^1$$

$$C_6H_5COCH_2-\overset{+}{N}(CH_3)_2 \xrightleftharpoons[-H_2O]{HO^-} C_6H_5CO\overset{-}{C}H-N(CH_3)_2 \xrightarrow{\text{慢}} C_6H_5COCH-N(CH_3)_2$$
$$\underset{CH_2C_6H_5}{\ } \qquad\qquad \underset{CH_2C_6H_5}{\ } \qquad\qquad\qquad \underset{\ }{\ }$$

首先是碱夺取 α-碳上的氢失去一分子水生成碳负离子（叶立德），而后苄基与氮原子间的 C-N 键发生异裂，苄基带着正电荷迅速迁移，最终生成叔胺。反应为分子内的反应，可以解释交叉反应中没有交叉产物生成的原因，也可以解释当使用具有光学活性的季铵盐时，迁移基团的构型保持不变。

$$C_6H_5COCH_2-\overset{+}{\underset{\overset{|}{CH_3^*CHC_6H_5}}{N}}(CH_3)_2 \xrightarrow[-H_2O]{HO^-} C_6H_5COCH-\underset{\overset{|}{CH_3^*CHC_6H_5}}{N}(CH_3)_2$$

这似乎用如下环状过渡态表示更合适：

$$C_6H_5COCH_2-\overset{+}{\underset{\overset{|}{CH_3^*CHC_6H_5}}{N}}(CH_3)_2 \xrightarrow[-H_2O]{HO^-} \left[\begin{array}{c} C_6H_5\overset{O}{\overset{||}{C}} \\ \delta^- CH\cdots\overset{\delta^+}{N}(CH_3)_2 \\ CH_3\quad C_6H_5 \end{array}\right] \longrightarrow C_6H_5COCH-\underset{\overset{|}{CH_3^*CHC_6H_5}}{N}(CH_3)_2$$

有机合成中间体 2-二甲氨基-1-对氟苯基-2-苄基-1-丁酮（**5**）的合成如下（谢川，周荣，彭梦侠等. 精细石油化工，1999，3：12）。

$$F\text{—}\underset{\overset{|}{Br}}{\overset{O}{\overset{||}{\underset{}{C}}}}\text{—CHCH}_2\text{CH}_3 \xrightarrow{HN(CH_3)_2} F\text{—}\overset{O}{\overset{||}{\underset{N(CH_3)_2}{C}}}\text{—CHCH}_2\text{CH}_3 \xrightarrow{PhCH_2Cl}$$

$$\left[F\text{—}\underset{PhCH_2^+N(CH_3)_2}{\overset{O}{\overset{||}{\underset{}{C}}}}\text{—CHCH}_2\text{CH}_3\right] \xrightarrow{\text{碱}} F\text{—}\underset{N(CH_3)_2}{\overset{O}{\overset{||}{\underset{}{C}}}}\text{—}\overset{CH_2Ph}{\underset{}{C}}\text{CH}_2\text{CH}_3$$

$$(93.7\%)(5)$$

在下面的反应中，可以得到两种重排产物：

$$CH_2=CHCH_2-\overset{+}{\underset{\overset{|}{\underset{Ph}{CHR}}}{N}}(CH_3)_2 \xrightarrow{NaNH_2} CH_2=CHCH\underset{\overset{|}{\underset{Ph}{CHR}}}{N}(CH_3)_2 + CH_2-CH=CHN(CH_3)_2$$
$$\text{（1,2-迁移）}\qquad\text{（1,4-迁移）}$$

由此可见，该重排既可以发生 1,2-重排，又可以发生远程的重排（1,4-重排）。1,4-重排的过程可能如下。

$$\overset{CH-\bar{C}H}{\overset{}{\underset{\overset{|}{\underset{Ph}{*CHR}}}{CH_2}}}\overset{}{N}(CH_3)_2 \longrightarrow \overset{CH=CH}{\underset{\overset{|}{\underset{Ph}{*CHR}}}{CH_2}}N(CH_3)_2$$

如下化合物也可以发生 1,4-迁移：

产物的比例与反应条件有关，提高溶剂的极性和提高反应温度，有利于1,4-重排反应的进行。

抗白血病药物三尖杉碱（Cephalotaxine）中间体的合成如下。

1-苄基-8-甲基-7-氧杂-1-氮杂螺［4，4］壬烷-6-酮（1-Benzyl-8-methyl-7-oxa-1-azaspiro［4，4］non-6-one），$C_{15}H_{20}NO_2$，246.33。无色油状液体。

制法　孙默然，卢宏涛，杨华. 有机化学，2009，29（10）：1668.

N-苄基-2-烯丙基吡咯烷-2-甲酸甲酯（**3**）：于安有搅拌器、回流冷凝器的反应瓶中，加入 N-烯丙基吡咯烷-2-甲酸甲酯（**2**）10 g（59 mmol），无水碳酸钾 32 g（236 mmol），200 mL 乙腈，室温搅拌下滴加苄基溴 12 g（71 mmol）。加完后室温搅拌反应 12 h。滤去无机盐，减压蒸出乙腈。加入水，用乙酸乙酯提取。有机层用饱和食盐水洗涤，干燥。减压浓缩后过硅胶柱纯化，以石油醚-乙酸乙酯（5∶1）洗脱，得无色油状液体（**3**）14 g，收率 92%。

1-苄基-8-甲基-7-氧杂-1-氮杂螺［4，4］壬烷-6-酮（**1**）：于反应瓶中加入化合物（**3**）1.9 g（7.3 mmol），二氯甲烷 10 mL，三氟甲磺酸 5.5 g（36.5 mmol），室温搅拌反应 7 min。加入 100 mL 二氯甲烷，依次用饱和碳酸钠、饱和盐水洗涤，干燥，浓缩。过硅胶柱纯化，以石油醚-乙酸乙酯（4∶1）洗脱，得无色油状液体（**1**）1.7 g。收率 95%。

环状的季铵盐发生重排反应时，可以得到扩环或缩环的化合物。

也有人提出了离子对机理：

另外，还有硫叶立德和氧叶立德，它们也可以发生 Stevens 重排反应。

硫醚与卤代烃反应生成锍盐，锍盐可以生成锍叶立德并发生 Stevens 重排反应。

在锍盐化合物中也有类似的重排反应。例如：

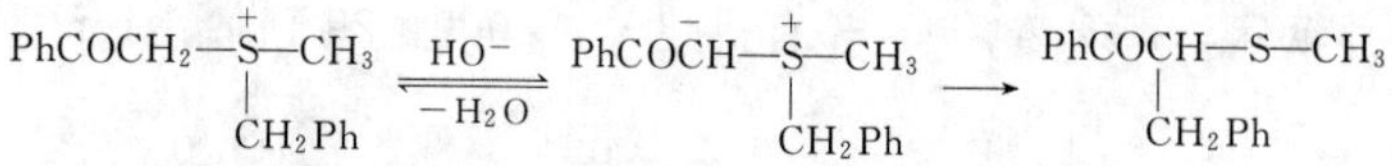

$$PhCOCH_2\overset{+}{\underset{|}{\overset{|}{S}}}CH_3 \underset{-H_2O}{\overset{HO^-}{\rightleftharpoons}} PhCO\overset{-}{\underset{|}{\overset{|}{C}}}\overset{+}{\underset{|}{\overset{|}{S}}}CH_3 \rightarrow PhCO\overset{|}{\underset{|}{C}}H\overset{|}{\underset{|}{S}}CH_3$$
$$CH_2PhCH_2PhCH_2Ph$$

又如新药中间体邻甲基苄基甲基硫醚的合成。

邻甲基苄基甲基硫醚（2-Methylbenzyl methyl sulfide），$C_9H_{12}S$，152.25。淡黄色液体。

制法　刘斌，李捷，朱畅蟾.上海师范大学学报，1994，23（2）：156.

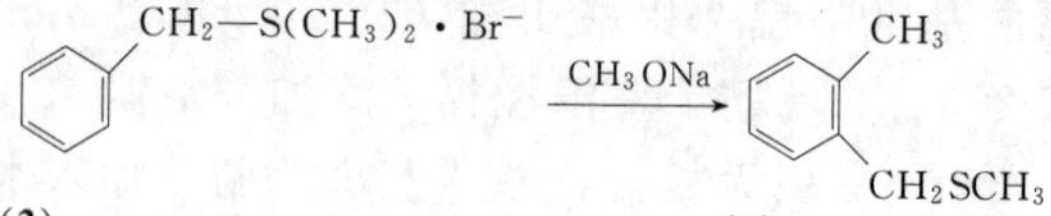

于安有搅拌器、回流冷凝器（安氯化钙干燥管）的反应瓶中，加入无水甲醇 11.2 mL，金属钠 0.635 g（0.027 mol），待金属钠完全反应后，氮气保护下蒸出甲醇。冷至室温，加入无水 DMSO 32 mL，溴化二甲基苄基锍（**2**）5.36 g（0.023 mol），室温搅拌反应 24 h。加入 100 mL 水，用二氯甲烷提取 4 次。合并二氯甲烷层，饱和食盐水洗涤，无水硫酸钠干燥。蒸出溶剂后，剩余物过硅胶柱纯化，用环己烷-乙醚（8：2）洗脱，得淡黄色液体（**1**）3.0 g，收率 85.7%。

采用相似的方法可以实现如下反应，收率 85.3% ［刘斌，李捷，朱畅蟾.上海师范大学学报，1994，23（2）：156］。

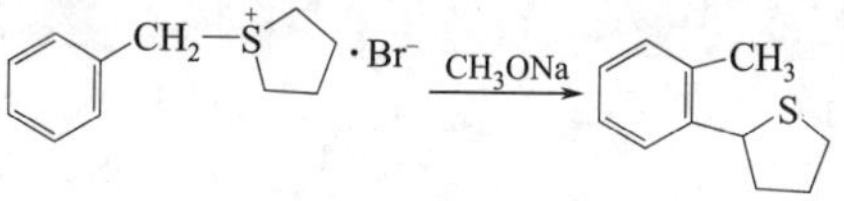

又如如下反应：

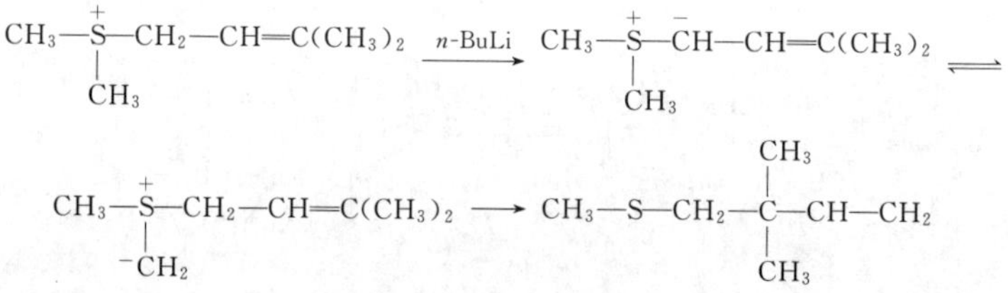

此处也是发生了 1,4-远程重排，重排基团在反应过程中又发生了重排。
迁移基团为烯丙基时可能按这种机理进行。
还有一种杂原子协助的离子机理，在一些特殊的反应里是适用的。

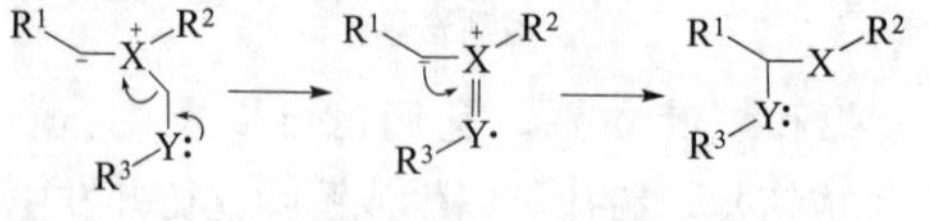

反应中形成的叶立德是 Stevens 重排反应的关键中间体。在随后的几十年中对该反应的拓展主要集中在叶立德的生成上。研究表明，可以有多种不同的叶立德，并且也可以有多种不同的生成叶立德的方法。
产生叶立德的方法主要有如下三种。

1. 碱作用下产生叶立德

在季铵盐、锍盐类化合物中，除了盐酸盐、氢溴酸盐、氢碘酸盐外，也可以使用对甲苯磺酸盐、甲基磺酸盐等，这些阴离子的类型对重排反应的影响不大。

2. 氟离子去硅产生叶立德

为了解决碱性条件下可能发生 Hofmann 消除副反应以及生成的叶立德区域选择性不好的问题，Vedejs 和 Sato 等采用了一种在非碱性条件下用氟离子对三甲基硅取代的锇盐脱硅产生叶立德的方法。该方法无论对季铵盐还是锍盐都适用。

例如 [Zhang C, Ito H, Maede Y, et al. J Org Chem，1999，64（2）：581]：

又如（Tanaka T, Shirai N, Sugimori J, et al. J Org Chem，1992，57：5034）。

整个反应的反应过程可能如下。

3. 由卡宾（Carbene）产生叶立德

重氮化合物在光或热的作用下分解产生自由卡宾或在金属（通常为 Cu 或 Rh）催化下产生金属卡宾，卡宾被带有孤电子对的杂原子进攻可以生成叶立德，氮、硫、氧叶立德都可以通过这种方式得到。由金属卡宾产生叶立德的方式，因为在底物拓展方面方便、有效的反应专一性控制等方面的优势，立即在 Stevens 重排反应中得到迅速的应用，也使得 Stevens 重排反应成为有机合成的一种重要的方法。

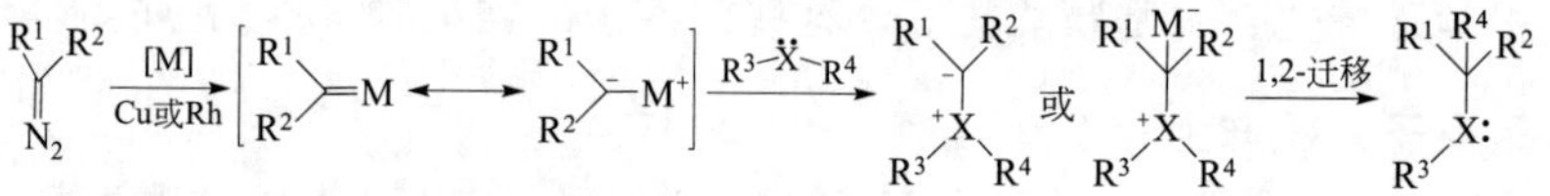

若用如下反应式代表 Stevens 重排反应：

式中，R 基团可以是 CH_3CO、$PhCO$、酯基、苯基、乙烯基、乙炔基、取代苯甲酰基（苯环上连有吸电子基团时反应速率降低）等；有时没有吸电子基团也会发生该重排反应，但使用的碱的碱性要强。R′可以是苄基、α-苯乙基、二苯甲基、9-笏基、3-苯基丙炔基、取代苯甲基（苯环上有吸电子基团时加速反应的进行）、苯甲酰甲基等。若负碳离子的活性特别强，甚至甲基也可以迁移。迁移基团的优先顺序一般如下：炔丙基＞烯丙基＞苄基＞烷基；苄基苯环上取代基电子效应对迁移能力也有影响：$p\text{-}NO_2$＞p-卤素＞$p\text{-}CH_3$＞$p\text{-}CH_3O$。

使用的碱主要有—NH_2、—OR、—OH、NaH、KH、RLi、$ArLi$ 等，可以根据 α-氢的酸性大小来选择。若 α-氢的酸性强，可以使用较弱的碱，此时一般反应产物的收率较高。

Stevens 重排反应中，迁移基团是手性基团时，构型保持的程度会受到迁移基团上取代基的性质影响，一般从季铵盐出发要比从锍盐出发的 Stevens 重排反应迁移基团构型保持程度要好一些。

如果季铵盐分子中具有 β-氢，可能会与 Hofmann 重排反应发生竞争性反应；若吸电子基团是芳环，则可能会与 Sommelet-Hauser 重排反应发生竞争性反应。例如：

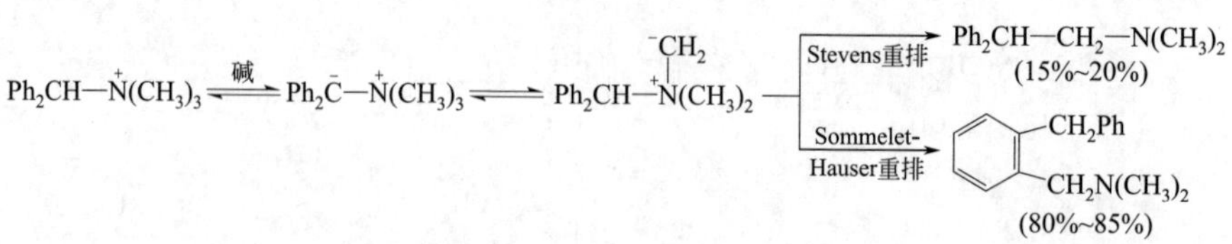

若试剂碱的碱性特别强时，Sommelet-Hauser 反应会成为主要反应。Meisenheimer 重排反应是 Stevens 反应的相似反应。

$$R-\overset{\underset{\displaystyle CH_3}{|}}{\overset{\displaystyle CH_3}{N^+}}-O^- \xrightarrow{\triangle} CH_3-\overset{\underset{\displaystyle CH_3}{|}}{N}-O-R$$

R＝烯丙基、苄基

Stevens 重排反应在有机合成中有重要的用途，是环状化合物扩环的一种好方法，在天然产物的合成中也有重要应用。

$$\left[\overset{\underset{\displaystyle CH_3}{|}}{\underset{\underset{\displaystyle CH_3}{|}}{}}\overset{+}{N}\overset{CH_3}{\underset{CH_2Ph}{}}\right] I^- \xrightarrow[NH_3]{KNH_2} \begin{array}{c} CH_3 \\ CH_3 \end{array}\overset{\displaystyle N-CH_3}{\underset{\displaystyle Ph}{}}$$

(79%)

第三节　Wittig 重排反应

Wittig（维悌希）重排反应分为 [1，2]-Wittig 重排反应和 [2，3]-Wittig 重排反应，它们都属于 σ-迁移反应。[1，2]-Wittig 重排反应是由 Wittig（诺贝尔化学奖获得者）和 Lobmann 于 1942 年首先报道，指醚类化合物在强碱作用下生成醇类化合物。

$$R^2-O-R^1 \xrightarrow{R^2Li} \overset{\displaystyle R^1}{\underset{\displaystyle OH}{}}$$

[2,3]-Wittig 重排反应是指烯丙基醚用强碱处理生成高级烯丙基醇的反应，也称为 Still-Wittig 重排反应。

$$R\diagup\!\!\!\diagdown O-R^1 \xrightarrow{R^2Li} R\diagup\!\!\!\diagup\overset{\displaystyle R}{\underset{\displaystyle OH}{C}}R^1$$

R^1 = alkynyl、alkenyl、Ph、COR、CN

[1,2]-Wittig 重排反应的反应机理如下：

$$R-O-R^1 \underset{-HB}{\overset{B^-}{\rightleftharpoons}} R-O-\overset{-}{R^1} \xrightarrow{均裂} R-O\cdots\overset{\cdot}{R^1} \longrightarrow R-\overset{\cdot R^1}{\underset{O^-}{}} \longrightarrow \overset{R^1}{\underset{R}{C}}-O^- \xrightarrow[-B^-]{HB} \overset{R^1}{\underset{R}{C}}-OH$$

反应是按照自由基型机理进行的。首先是碱夺取醚的 α-氢，生成碳负离子，而后发生 O-C 键的均裂产生烃基自由基和碳负离子氧自由基，碳负离子氧自由基立即转变为更稳定的氧负离子碳自由基，后者与烃基自由基结合，最终生成醇类化合物。该重排是由氧向碳的迁移。

还有一种观点认为，该反应是自由基对机理，均裂生成的自由基被溶剂笼子包围，以解释反应的分子内过程和构型保持的属性。在自由基反应中，所提出的溶剂笼子效应，是在无极性溶剂的条件下产生的，并且通常并非反应的主导趋势。因此，用溶剂笼子效应解释在极性溶剂和极性条件下作为主导趋势的反应并不一定十分恰当。溶剂笼子机理概念主要是在 Wittig 反应中，基团迁移的趋势具有如下顺序：苄基、烯丙基＞乙基＞甲基＞苯基。这种顺序是和自由基的稳定性次序一致的。

$$R_1—\overset{-}{C}H—O—R^2 \longrightarrow \left[R_1—\overset{-}{C}H—\overset{\cdot}{O} \quad \longleftrightarrow \quad R_1—\overset{\cdot}{C}H—O^- \right] \longrightarrow R_1—CH—O^-$$

溶剂笼子

反应中有醛类化合物生成，也支持自由基型反应机理。例如：

$$PhCH_2—O—\underset{Ph}{\overset{Et}{\underset{|}{\overset{|}{C}}}}—Me \underset{\longleftarrow}{\overset{Ph\overset{-}{N}CH_3}{\rightleftharpoons}} Ph\overset{-}{C}H—O—\underset{Ph}{\overset{Et}{\underset{|}{\overset{|}{C}}}}—Me \longrightarrow \left[Ph\overset{\cdot}{C}H—\overset{-}{O} \longleftrightarrow Ph\overset{\cdot}{C}H—O^- \right]$$

溶剂笼子

新药开发中间体萘并 [2,1-b] 吖啶-7,14-二酮的合成如下。

萘并 [2,1-b] 吖啶-7,14-二酮 （Naphtho [1,2-b] acridine-7,14-dione），$C_{21}H_{11}NO_2$，309.32。浅黄色固体。mp 278～280.5℃。

制法　高文涛，张朝花，李阳，姜云.有机化学，2009，29（9）：1423.

于安有搅拌器、回流冷凝器的反应瓶中，加入化合物萘并 [2′,1′,6,7] 氧杂䓬并 [3,4-b] 喹啉-7（14H）-酮（2）0.099 g（0.3 mmol），再加入由3.6 g 氢氧化钾溶于 45 mL 60% 的乙醇溶液，搅拌下加热回流 1.5 h。冷却，抽滤生成的固体，用冰醋酸重结晶，得浅黄色化合物（1），收率 69.9%，mp 278～280.5℃。

上述反应中 [1,2]-Wittig 重排反应后生成的中间体非常不稳定，很容易被空气中的氧氧化为化合物（1）。

亚胺类化合物可以发生 1,2-Wittig 重排反应。2004 年 Naito 等报道了亚胺酸酯发生的 1,2-Wittig 重排反应如下（Naito T，et al. Tetrahedron，2004，60：3893）。

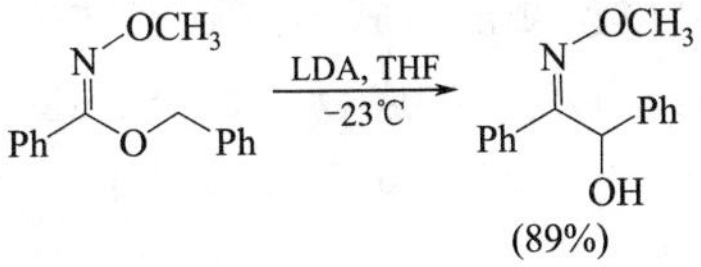

又如如下反应（Miyata O，Naito T. Synlett，1999，12：1915）。

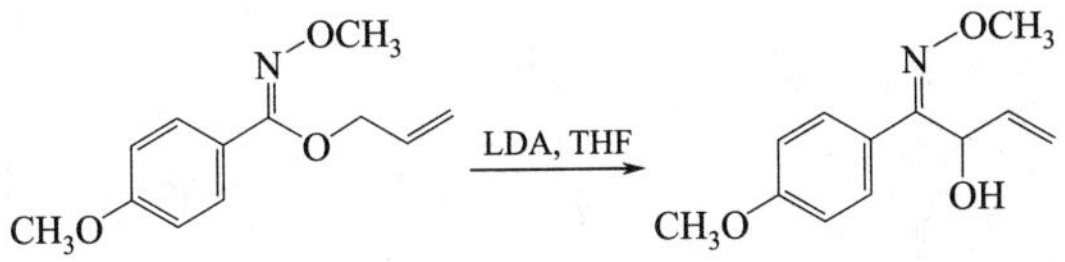

1，2-Wittig 重排反应在重排过程中手性基团的相对构型保持不变。例如[Kitagawa O，Momose S I，Yamada Y，et al. Tetrahedron Lett，2001，42（23）：4865]：

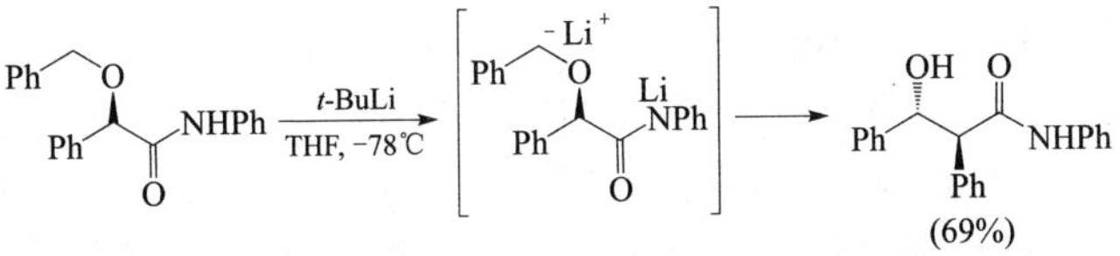

常用的碱为烷基锂、苯基锂、氨基钠，二烷基氨基锂、萘基锂，有时也可以使用氢氧化钠、氢氧化钾等无机碱。

反应常用的溶剂是 THF、己烷、苯等。

反应一般是在低温下进行的。

环氧乙烷衍生物在强碱二烷基氨基锂作用下也可以发生 Wittig 重排反应，这是由环氧乙烷衍生物合成醛或酮的方法之一。

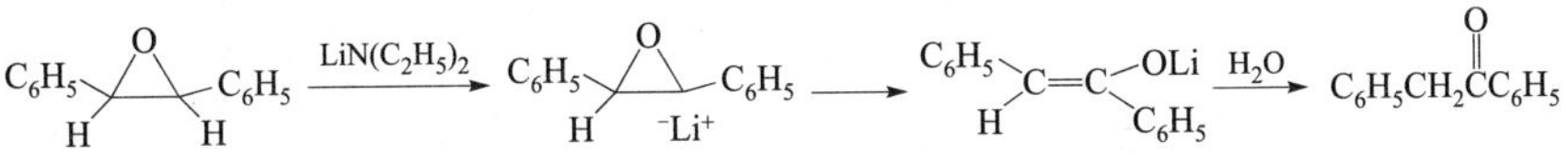

又如

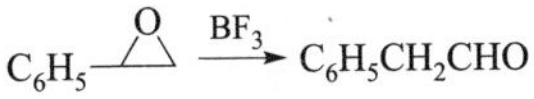

[2，3]-Wittig 重排反应的反应机理如下：

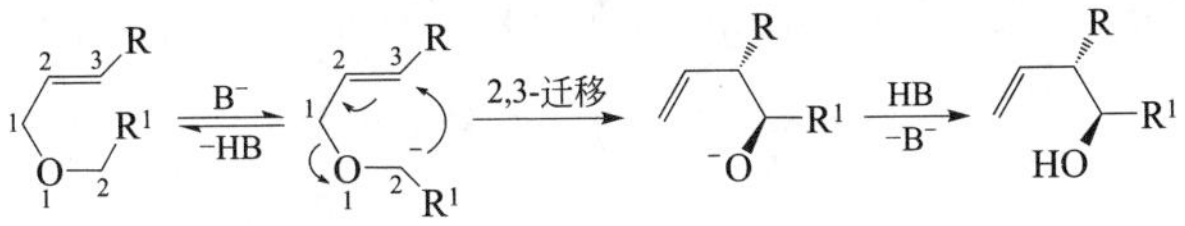

该机理认为，[2，3]-Wittig 重排反应是一种协同反应。首先在强碱作用下夺取烯丙基醚 α-碳上的质子，接着发生 [2，3]-σ 重排，后处理得到高烯丙醇化合物。因为反应是经过五元环过渡态以协同方式进行的，新的 C=C 双键以及两个新的手性中心的形成是立体专一性的。对于非环状化合物，根据分子轨道对称性原理，底物 C_1 的手性以可以预测的方式转移到产物中。而新生成的 C=C 双键，一般以反式为主。但对于 Still 类型的底物（$R^3 = SnR_3$）主要得到的是顺式烯烃。对于新生成的相邻的手性中心而言，具有很高的非对映选择性。当底物是 Z 构型时，可以高选择性地得到赤型产物，对于 E 型底物，却以低选择性得到苏型产物。并且 R^3 取代基的性质对反应的非对映选择性有重要的影响。

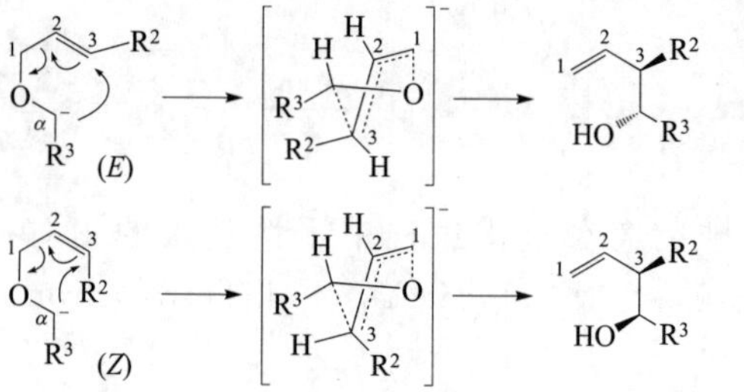

一般来说，[2,3]-Wittig 重排反应适用于各种吸电子取代基的烯丙基醚，如芳基、芳杂基、卤素、炔基、氰基、酰基、烷氧羰基、羰基、氨基甲酰基、或一些杂原子等。在低温下反应可以避免或减少 [1,2]-Wittig 重排反应的发生。虽然 [2,3]-Wittig 重排在底物的选择上具有一定的局限性，但各种不同类型的底物仍时有报道。

非环状底物醚，只要能够产生碳负离子，低温下就能高选择性地发生 [2,3]-Wittig 重排反应。碳负离子最常用的生成方法是使用 n-BuLi 或 LDA，它们可以容易地夺取 α-碳原子上的氢，当然这些底物必须有酸性活泼氢。对于没有活泼氢的底物，可以使用锡-锂交换的金属转移反应或氧、硫缩醛还原锂化的方法。该方法是由 Stilx 和 Mitra 发现的，在 [2,3]-Wittig 重排反应中具有潜在的应用前景。

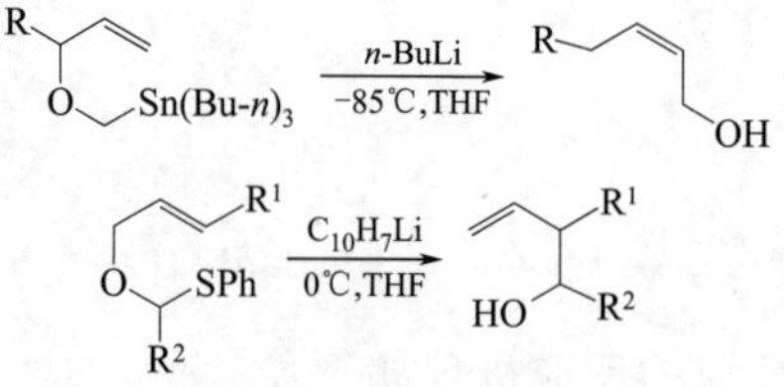

例如如下反应（Nakai T，Mikami K. Org Reaction，1994，46：105）：

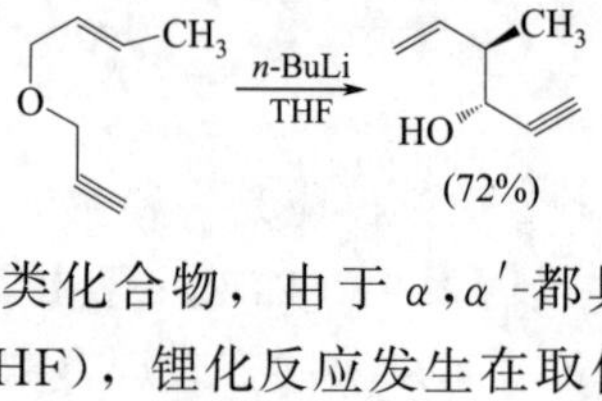

对于不对称二烯丙基醚类化合物，由于 α,α' 都具有活泼氢，一般在标准状况下（n-BuLi，$-85\,℃$，THF），锂化反应发生在取代基较少的烯丙基部位，因而仍具有区域选择性。

例如有机合成中间体 E,E-1,5,7-壬三烯-3-醇的合成。

E,E-1,5,7-壬三烯-3-醇（E,E-1,5,7-nonatrien-3-ol），$C_9H_{14}O$，138.21。油状液体。

制法 李正名，王天生，高振衡.有机化学，1990，10：427.

E,E-2,4-己二烯基烯丙基醚（**3**）：首先于反应瓶中，加入 80％的氢化钠石蜡油固体 5 g（150 mmol），用 39～60℃的石油醚洗涤 3 次以除去石蜡油，真空干燥后，加入 THF 25 mL，安上搅拌器、回流冷凝器，再加入 E,E-2,4-己二烯-1-醇（**2**）4.90 g（50 mmol）。搅拌反应 15 min 后，加入烯丙基溴 8 mL（93 mmol），回流反应 6 h。冷后加入水 150 mL，乙醚提取 3 次。合并乙醚层，盐水洗涤至中性，无水硫酸钠干燥。蒸出溶剂后，过硅胶柱纯化，以石油醚-乙醚（20：1）洗脱，得化合物（**3**）5.80 g，收率 84％，纯度 99.5％（GC）。

E,E-1,5,7-壬三烯-3-醇（**1**）：于安有磁力搅拌、温度计、滴液漏斗的反应瓶中，加入化合物（**3**）2.0 g（15 mmol），10 mL THF 和 5 mL 六甲基磷酰三胺（HMPA），充入氮气，冷至 −78℃，滴加 1.22 mol/L 的正丁基锂-乙醚溶液 16.5 mL（20 mmol），在此温度反应 8 h。慢慢升至 0℃反应 1 h。加入冰水，用稀盐酸酸化，乙醚提取。合并乙醚提取液，盐水洗涤至中性。无水硫酸钠干燥后，蒸出溶剂，得粗品 2 g。过硅胶柱纯化，以石油醚-乙醚洗脱（7：3），得化合物（**1**）1.30 g。GC 分析纯度 99％。没有发现化合物（**4**）的生成。若反应中只用 THF 作溶剂，则得到（**1**）与（**4**）的混合物，二者比例约 7：3。

用炔丙基代替烯丙基，发生 [2,3]-Wittig 反应时，可以生成丙二烯型的醇。

$G=CN$、$CH_3C\equiv C$、$COOH$、SnR_3等

非环状底物得到的大都是仲醇类化合物，对于构建叔醇的反应体系研究的很少。

关于杂-2,3-Wittig 重排反应的研究主要集中在烯丙基硫醚和烯丙基胺。硫

杂 2,3-Wittig 重排反应在萜类化合物的合成有较广泛的应用，而氮杂 2,3-Wittig 重排研究的并不多。

非环状烯丙基醚的 [2,3]-Wittig 重排反应具有明显的立体选择性，例如在如下结构的仲烯丙基醚的 [2,3]-Wittig 反应中，生成的烯以 E 型为主。

R	G	
CH$_3$	CR′=CH$_2$ (R′ = H, CH$_3$)	98%~100% E
CH$_3$	C≡CR; (R′ = H, TMS)	93%~98% E
CH$_3$	Ph	100% E
CH$_3$	COOH	>75% E
CH$_3$	CO$_2$CH$_3$	75% E

在上述结构的烯丙基醚类化合物的重排中，更有利于生成 exo- 型过渡态的生成，烯类化合物以 E 型为主，甚至 100% 的为 E 型烯类化合物。

如下两个反应则主要生成 Z 型产物。可能的原因是体积特别大的—Sn(Bu-t)$_3$ 和 Zr 配合物降低了 E 型过渡态的稳定性

	R^1	R^2	
	n-C$_7$H$_{15}$	H	60% Z
	n-Bu	CH$_3$	100% Z

R = Me, i-Pr, n-Bu   100% Z

叔醇烯丙基醚重排时立体选择性差，因为反应中生成的过渡态的能量差别较小。

2,3-Wittig 重排反应也适用于一些环状底物。这类重排情况比较复杂，已有一些专门的报道，不再赘述。

例如如下反应（Nakai T，Mikami K，Taya S，Kimura Y，Mimura T. Tetrahedron Lett，1981，22：69）：

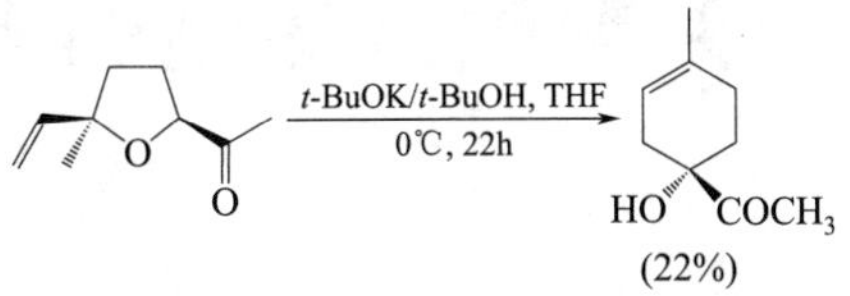

如下反应是 2,3-Wittig 重排缩环反应的例子（Marshall J A，Liao J. J Org Chem，1998，63：17），其为具有抗肿瘤作用的伪蕨素 Kallolide A 的中间体。

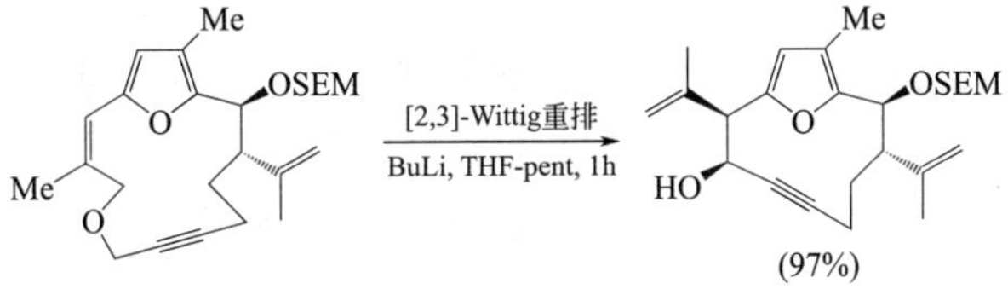

一些手性碱在合成光学活性化合物中也有一些应用，特别是在环状底物的Wittig 重排反应中。例如（Marshall J A，Lebreton J. Tetrahedron Lett，1987，28：3323；J Am Chem Soc，1988，110：2925）：

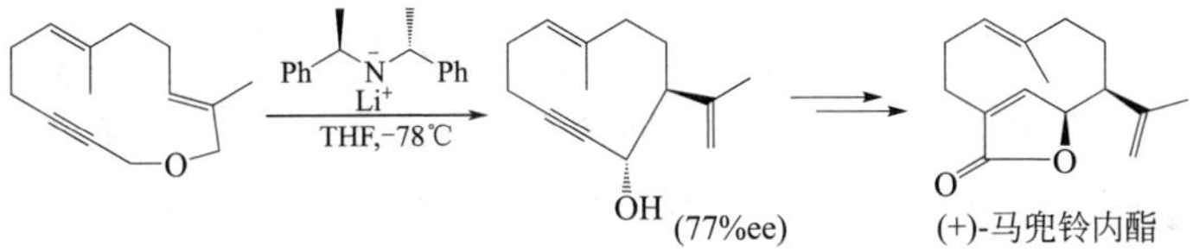

1,2-二苯基-1,1-双（三甲基硅基）乙烷与丁基锂反应，生成 1,2-重排产物和 1,4-重排产物。

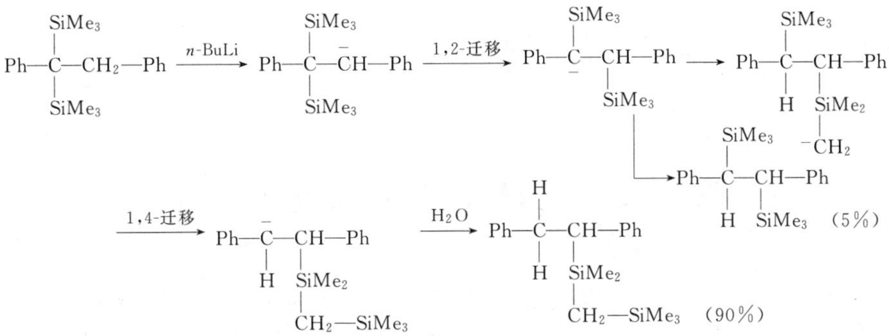

由于 2,3-Wittig 重排反应可以在特定的位置生成 C—C 键、立体专一性地形成两个相邻的手性中心以及进行手性转移，因此在天然产物的合成中有较广泛的应用。

第三章　芳香族芳环上的重排反应

很多芳香族化合物可以发生芳环上的重排反应，这种重排是指重排过程中基团的迁移终点为芳环的重排。其中最常见的形式如下：

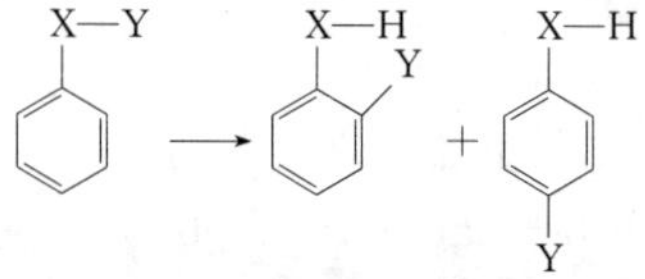

迁移起点 X 通常为 N、O 等，重排反应有的是分子间过程，有的是分子内过程。若为分子间反应，则反应过程类似于芳环上的取代反应；若为分子内反应，则迁移基团 Y 在反应过程中没有完全离去，重排过程与 X 存在一定的联系，因此，最可能的重排位置为 X 的邻位。根据反应产物中 Y 在芳环上的相对位置，有助于判别重排反应是分子内过程还是分子间过程。

按照反应机理，芳环上的重排反应可以分为亲电重排、亲核重排、通过环状过渡态进行的重排反应（如芳环上的 Claisen 重排反应）等。这些重排反应在有机合成、药物合成中具有非常重要的用途。

第一节　芳环上的亲电重排反应

芳环上的亲电重排，迁移基团是带正电性，作为亲电试剂向芳环作亲电进攻。这类反应主要有 Fries（弗瑞斯）重排反应、Orton（奥顿）重排反应、Nitramine 重排反应、Hofmann-Martius（霍夫曼-马狄斯）重排反应和 Reilly-Hickinbottom（赖利-希金）重排反应、Sulphanilic acid 重排反应以及 Diazoamino-aminoazo 重排反应等。这些反应在有机合成、药物合成中应用广泛。例如治疗高血压病药物醋丁洛尔（Acebutolol）中间体的合成。

（73%）　　　　　　（77%）

一、Fries 重排反应

酚酯在 Friedel-Crafts 反应的催化剂存在下反应，酰基迁移至芳环上原来酚羟基的邻位或对位，生成酚酮，该反应是由 Fries K 于 1908 年首先发现的，后来称为 Fries 重排反应。

关于 Fries 重排的反应机理，迄今仍未完全清楚。仅知对于某些反应来说可能是分子间的重排反应，而对于另一些反应来说，则可能是分子内的反应。也有一些反应可能既有分子间反应，又有分子内反应。一般认为是经历了酰基正离子中间体的亲电取代（分子间反应）。

反应过程中，酚酯与三氯化铝首先形成配合物。由于三氯化铝的影响，增加了 C-O 键的极性，促使酰氧键断裂，生成酰基正离子，而后酰基正离子作为亲电试剂进攻芳环羟基的邻、对位，最后生成邻、对位产物。很显然，Fries 重排反应机理与 Friedel-Crafts 酰基化反应类似。

使用混合酯进行 Fries 重排反应，发现有交叉产物生成，发生了酰基交换，这也从一个方面证明反应是分子间进行的。

该反应常用的催化剂大多是 Lewis 酸或 Bronsted 酸，例如 $AlCl_3$、$TiCl_4$、$FeCl_3$、$ZnCl_2$、HF、$SnCl_4$、H_2SO_4、多聚磷酸、对甲苯磺酸、甲磺酸、三氟化硼等，也有使用沸石、金属-三氟甲磺酸盐、杂多酸、离子液体等作催化剂的报道。

最常用的催化剂是无水三氯化铝。酚酯与三氯化铝的摩尔比至少是 1∶1，

有时甚至高达 1∶5 以上。催化剂用量大有利于邻位产物的生成。例如消炎镇痛
药甲氯芬那酸（Meclofenamic acid）中间体 4-羟基-2-甲基苯乙酮（**1**）的合成
（陈芬儿. 有机药物合成法. 北京：中国医药科技出版社，1999：305）。

$$CH_3COO-\underset{CH_3}{\bigcirc} \xrightarrow{\text{无水 AlCl}_3} HO-\underset{CH_3}{\bigcirc}-COCH_3 \quad (\mathbf{1})$$

（85%）

又如支气管哮喘治疗药氨来占诺（Amlexanox）中间体 2-羟基-5-异丙基苯
乙酮的合成。

2-羟基-5-异丙基苯乙酮（2-Hydroxy-5-isopropylacetophenone），$C_{11}H_{14}O_2$，
178.23。无色液体。bp 86～90℃/0.12 kPa。

制法 陈芬儿. 有机药物合成法. 北京：中国医药科技出版社，1999：64.

$$(CH_3)_2CH-\bigcirc-OH \xrightarrow[CH_3CO_2H]{CH_3COCl} (CH_3)_2CH-\bigcirc-OCCH_3 \xrightarrow[CS_2]{AlCl_3} (CH_3)_2CH-\bigcirc\overset{OH}{\underset{COCH_3}{}}$$

（**2**） （**3**） （**1**）

4-异苯基乙酸苯酯（**3**）：于安有搅拌器、温度计、回流冷凝器的反应瓶中，
加入对异丙基苯酚（**2**）40.5 g（0.3 mol），冰醋酸 40 mL，搅拌下慢慢加入乙
酰氯 24 g（0.31 mol），室温搅拌反应 15 min。升温至 80℃，反应 30 min。冷却
后加入水 300 mL，用氯仿提取 3 次。合并氯仿溶液，无水硫酸钠干燥。回收溶
剂，得粗品化合物（**3**）53 g，收率 93%。不必提纯，直接用于下一步反应。

2-羟基-5-异丙基苯乙酮（**1**）：于安有搅拌器、回流冷凝器的干燥的反应瓶
中，加入化合物（**3**）53 g（0.3 mol），二硫化碳 600 mL，研细的无水三氯化铝
50 g（0.375 mol），搅拌回流 2.5 h。回收溶剂后，升温至 140℃，搅拌反应
30 min。冷却后加入冰水适量，乙醚提取。蒸出溶剂后，减压蒸馏，收集 86～
90℃/0.12 kPa 的馏分，得化合物（**1**）41 g，收率 77.4%。

抗溃疡药螺佐呋酮（Spizofurone）中间体 5-乙酰基-2-羟基苯甲酸甲酯（**2**）
的合成如下。

$$\underset{OCOCH_3}{\overset{CO_2CH_3}{\bigcirc}} \xrightarrow[\text{硝基苯}]{\text{无水 AlCl}_3} CH_3CO-\underset{OH}{\overset{CO_2CH_3}{\bigcirc}} \quad (\mathbf{2})$$

（83%）

有些 $AlCl_3$ 催化无法进行或 $AlCl_3$ 用量过大时，可以改用 Se$(OTf)_3$ 作催化剂。

三氟化硼-乙醚配合物可以催化酚酯的 Fries 重排反应生成酚酮类化合物。例
如抗早产药利托君（Ritodrine）中间体对羟基苯丙酮的合成。

对羟基苯丙酮（p-Hydeoxypropiophenone，Paraoxypropiophenone），$C_9H_{10}O_2$，
150.18。白色粉末。mp 148～150℃。与醇、醚混溶，易溶于沸水，微溶于冷水。

制法　① 王立平，李鸿波，梁伍等.中国医药工业杂志，2009，40（12）：885.② 王立平，陈凯，刘浪等.浙江化工，2010，（41）1：18.

　　丙酸苯酯（**3**）：于安有搅拌器、滴液漏斗、回流冷凝器的反应瓶中，加入苯酚（**2**）5.4 g（57.4 mmol），三乙胺 7.0 g（69.3 mmol），二氯甲烷 15 mL，室温搅拌下慢慢滴加丙酰氯 6.4 g（69.2 mmol）溶于 15 mL 二氯甲烷的溶液，约 4 h 加完。加完后继续搅拌反应 10 h。将反应物倒入水中，分出有机层，水层用二氯甲烷提取 2 次。合并有机层，水洗至中性，无水硫酸钠干燥。过滤，减压蒸出溶剂，得无色液体（**3**）8.0 g，收率 92.7%，直接用于下一步反应。

　　对羟基苯丙酮（**1**）：于安有搅拌器、温度计、回流冷凝器的反应瓶中，加入化合物（**3**）7.5 g（50.0 mmol），$BF_3 \cdot H_2O$ 150.5 g（1.8 mol），于 80℃ 搅拌反应 1 h。冷至室温后倒入冰水中，用二氯甲烷提取（100 mL×2），合并有机层，依次用 10% 的碳酸钠水溶液和不和盐水各洗涤 2 次，无水硫酸钠干燥。过滤，减压蒸出溶剂，得白色粉末（**1**）7.0 g，mp 148～150℃，收率 93.3%。

　　用三氟化硼-乙醚配合物可以催化氢醌二酯的重排生成氢醌的酰基化合物（Boyer J L，et al. J Org Chem，2000，65：4712）。

（94%）

　　用三氟化硼-醚溶液催化酚二酯时，可以生成烷基醚。

（89%）

　　甲磺酸促进的 Fries 重排反应，对位异构体的选择性很好。

　　在用三氟甲磺酸处理芳基苯甲酸酯时，Fries 重排是可逆的，并且可以达到平衡。Murashige R 等在三氟甲磺酸中进行 Fries 重排反应，高收率地得到了重排产物 [Murashige R，et al. Tetrahedron，2011，67（3）：641]。

(99%)

Mouhtady 等〔Mouhtady Omar，et al. Tetrahedron Lett，2003，44（34）：6379〕研究了金属（Mg、Ca、Sc、Y、Ln、Bi 等）三氟甲磺酸盐催化的 Fries 重排反应，发现除了 Bi（OTf）$_3$ 效果较好外，其他效果并不理想。而当使用三氟甲磺酸盐和甲基磺酸（MSA）复合催化剂时，效果很好，重排收率达 90% 以上，其中 Y（OTf）$_3$-MSA、Sc（OTf）$_3$-MSA、Cu（OTf）$_2$-MSA 催化活性最高。

过渡金属催化的 Fries 重排也有报道，例如用 4 mol 的 ZrCl$_4$ 作催化剂于二氯甲烷中室温反应，可以高收率的得到邻位重排产物（Harrowven D C，Dainty R F. Tetrahedron Lett，1996，37：7659）。

（95%） （<1%）

酚酯的结构对反应有影响，酰基的 R 基可以是脂肪族烃基，也可以是芳香族烃基。例如抗肿瘤新药开发中间体 6-(4-甲氧基苯甲酰基)-7-羟基色满的合成。

6-(4-甲氧基苯甲酰基)-7-羟基色满 〔6-(4-Methoxybenzoyl)-7-hydroxychromane〕，C$_{17}$H$_{16}$O$_4$，284.31。浅黄色固体。mp 148～150℃。

制法　王世辉，王岩，朱玉莹等.中国药物化学杂志，2010，20（5）：342.

7-(4-甲氧基苯甲酰氧基) 色满（**3**）：于安有搅拌器、回流冷凝器、滴液漏斗的反应瓶中，加入 7-羟基色满（**2**）6.00 g（40 mmol），二氯甲烷 100 mL，搅拌溶解。再加入吡啶 3.48 g（44 mmol），搅拌下滴加对甲氧基苯甲酰氯 7.48 g（44 mmol）溶于适量二氯甲烷的溶液。加完后室温搅拌反应 3 h。TLC 检测反应完全。将反应物倒入 100 mL 水中，分出有机层，水层用二氯甲烷提取。合并有机层，依次用 2% 的盐酸、2% 的氢氧化钠、水、盐水洗涤，干燥。减压蒸出溶剂，乙醇中重结晶，得化合物（**3**）10.54 g，收率 92%，mp 92～94℃。

6-(4-甲氧基苯甲酰基)-7-羟基色满（**1**）：于安有磁力搅拌的反应瓶中，加入化合物（**3**）2.84 g（10 mmol），四氯化锡 13.03 g（50 mmol），安上回流冷凝器，搅拌下加热回流 8 h。冷至室温后，将反应物倒入含 10 mL 浓盐酸的 100 g 碎冰中，充分搅拌。过滤析出的黑色固体，乙醇中重结晶，得化合物（**1**）2.32 g，收率 82%，mp 148～150℃。

又如抗肿瘤药托瑞米芬（Toremifene）中间体（**3**）的合成（陈芬儿.有机药物合成法.北京：中国医药科技出版社，1994：666）。

酯的结构中羧酸基 R 体积越大，越有利于 *o*-异构体的生成，酚基芳环上有间位定位基时一般会阻碍重排反应的发生。虽然仍可进行，但收率不高。另外，芳环上的取代基由于空间位阻，重排时向有利于重排基团向满足其空间要求的位置重排。

上述反应不能得到 2-位异构体，可能是 2-位空间位阻较大的缘故。但如果分子中的 CH_3O— 改为 HO—，则有 2-位异构体的生成。

这可能是羟基与羰基形成了氢键，减低了空间位阻造成的。也可能是氢的体积比甲基小得多的原因。

Fries 重排反应常用的溶剂是二硫化碳、四氯化碳、氯苯、硝基苯等。使用硝基苯时反应温度低，反应速率快，但硝基苯毒性大。

具有多种生物学功能的黄酮类化合物中间体 2-羟基-5-甲基苯乙酮的合成如下，反应中使用了硝基苯作重排的溶剂。

2-羟基-5-甲基苯乙酮（2-Hydroxy-5-methylacetophenone），$C_9H_{10}O_2$，150.18。土黄色或白色固体。mp 49℃。

制法　李敬芬，孙志忠，佟德成.化学世界，2003，6：312.

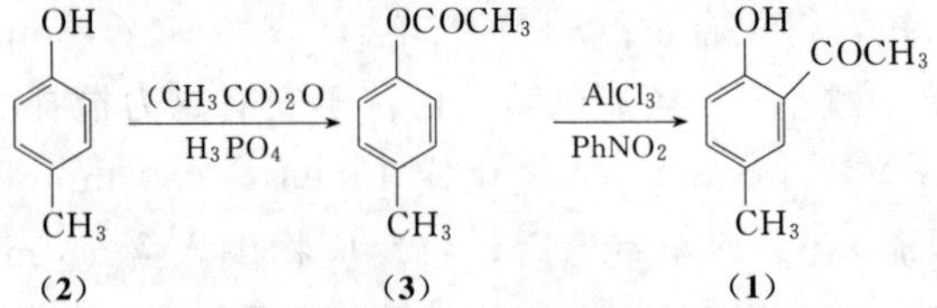

乙酸对甲苯酯（**3**）：于安有搅拌器、回流冷凝器的反应瓶中，加入对甲苯酚（**2**）54 g（0.5 mol），醋酸酐 51 g（0.5 mol），磷酸 1 g，搅拌下回流反应 3 h。安上分馏柱，蒸出乙酸 26～28 g。冷却后加入氯仿，用 5％的氢氧化钠溶液洗涤。水洗后减压分馏，先蒸出氯仿，而后收集 83～84℃/0.8～0.93 kPa 的馏分，得无色液体（**3**）66～69 g，收率 90％～94％。

2-羟基-5-甲基苯乙酮（**1**）：于安有搅拌器、温度计、滴液漏斗的反应瓶中，加入硝基苯 50 mL，无水三氯化铝 44.3 g（0.322 mol），充分搅拌，冷至室温。慢慢滴加化合物（**2**）25 g（0.166 mol）。加完后慢慢升至 70℃，搅拌反应 7 h。慢慢滴加 1∶1 的盐酸 100 mL，而后加入 100 mL 水。搅拌至固体溶解，分出油层，水层用乙醚提取。合并有机层，用 10％的氢氧化钠水溶液提取数次，每次 30 mL。合并水层，用乙醚提取 2 次后，减压蒸出其中少量的乙醚。水层冰浴冷却下用浓盐酸调至酸性，析出固体。抽滤，水洗，干燥，得土黄色化合物（**1**）15 g，收率 60％，mp 49℃（文献值 50℃）。

也可以不使用溶剂，将反应物与无水三氯化铝充分混合后直接加热，也可以实现该类重排反应。例如如下反应（Russell A and Frye J R. Org Synth，1955，Coll Vol 3：281）：

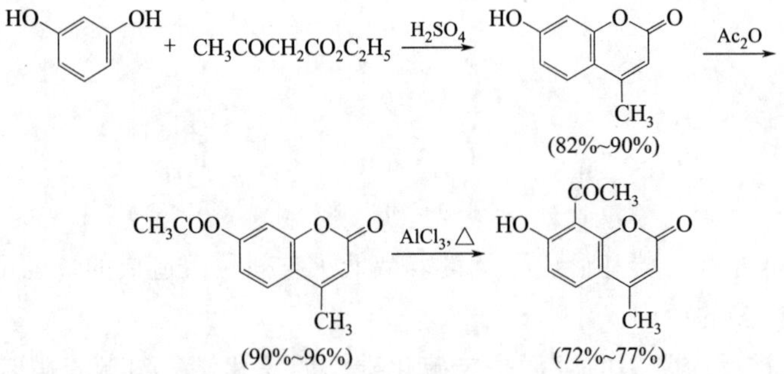

反应温度对 Fries 重排反应有明显的影响。酚酯在无水三氯化铝存在下发生 Fries 重排，低温时乙酰基重排到原来酯基的对位是动力学控制反应，反应速率快，是主要产物。但温度高时，重排到原来酯基的邻位，此时，羟基氧原子和羰基氧原子与三氯化铝的铝原子形成六元环络合物，比较稳定，后者水解，生成邻位重排产物，属于热力学控制反应。

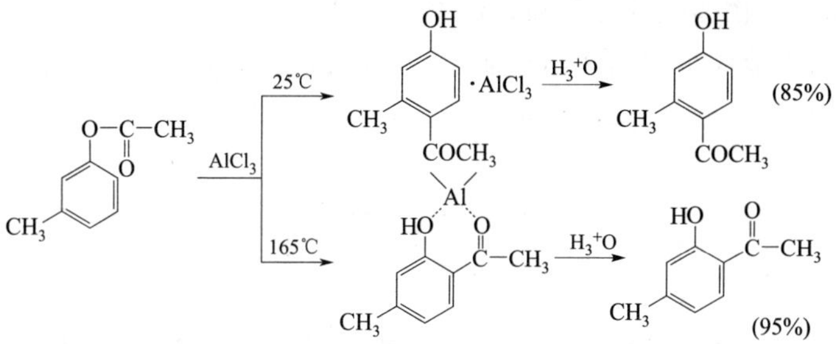

分子中同时含有酯基和酰氨基时，酯基更容易发生重排。例如医药中间体化合物（**4**）的合成〔余卫国，史海波，赵向奎.精细化工中间体，2009，39（2）：44〕：

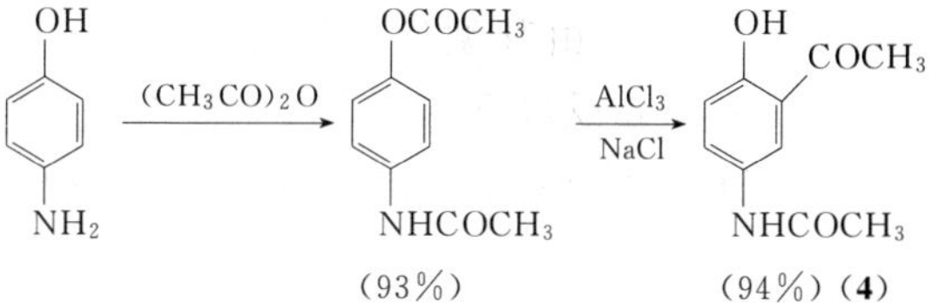

又如治疗高血压病药物醋丁洛尔 Acebutolol 中间体（**5**）的合成〔吕德刚，张奎，张雷.应用化工，2006，35（3）：240〕。

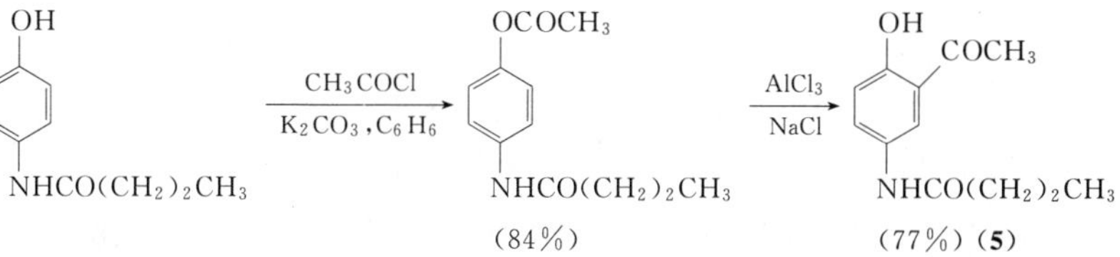

微波技术应用于 Fries 重排反应取得了很好的效果，反应在几分钟内即可完成。例如〔袁淑军，吕春绪，蔡春.精细化工，2004，21（3）：230〕：

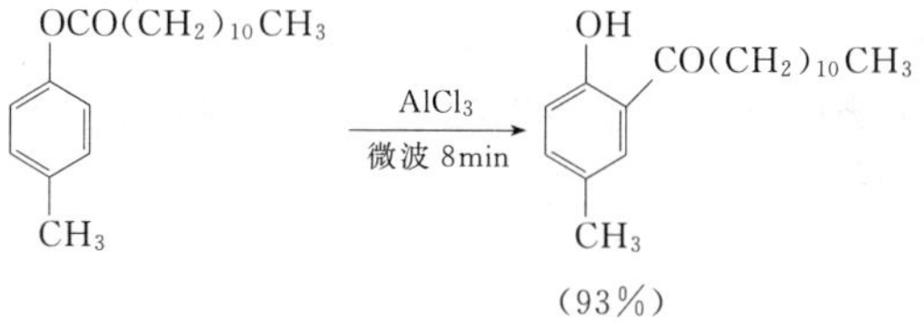

又如 β-萘酚乙酯在 K-10 载体上的微波催化反应，反应仅 10 min，收率 70%。重排后乙酰基不在 1-位，而是在 6-和 8-位（也有重排产物在 1，8 位的报道，但反应条件不同，微波照射 2 min）。

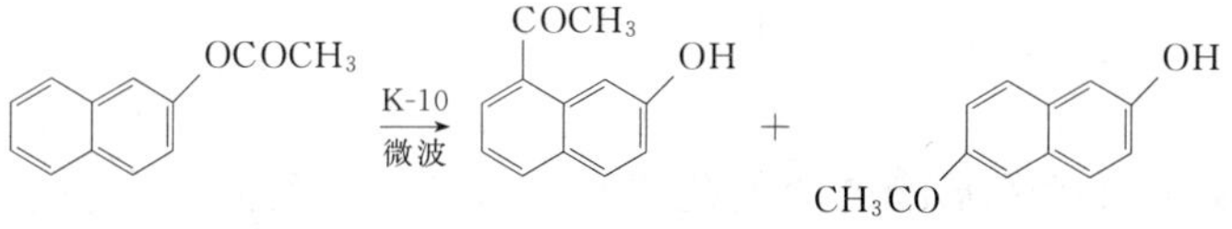

利用 β-环糊精对底物的包结作用可以提高 Fries 重排反应的选择性。例如 β-环糊精先将乙酸苯酯包结，而后在无水三氯化铝催化下进行固相反应（加少量

硝基苯），邻位产物的选择性很高，产率几乎达 100％。

亦有在离子液体中进行 Fries 重排反应的报道，得到邻、对位的重排产物。例如（Harjani J R，et al. Tetrahedron Lett，2001，42：1791）。

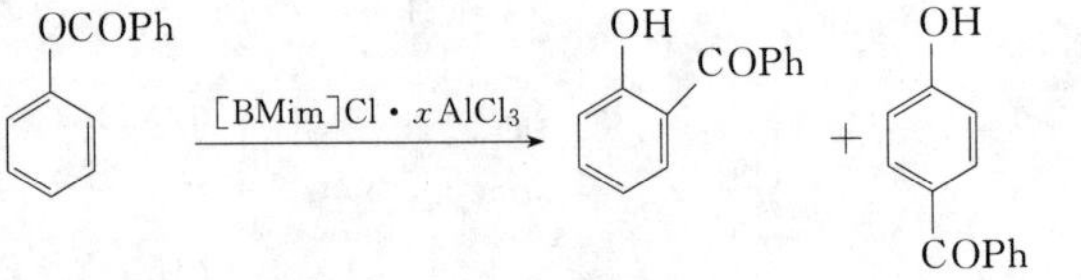

改变该离子液体中 AlCl$_3$ 的用量，得到的邻、对位产物的比例也不相同。随着 AlCl$_3$ 用量的增大，对位异构体的比例增大。

在有些反应中，也可以使用光诱导 Fries 重排反应，即 Photo-Fries 重排反应。光诱导的 Fries 重排反应是自由基型反应机理，邻位和对位产物都可能生成。与 Lewis 酸催化的 Fries 重排反应不同，当环上连有间位定位基时反应仍可进行，但收率较低。关于光催化的 Fries 重排反应，已有证据证明是按照下面的机理进行的。

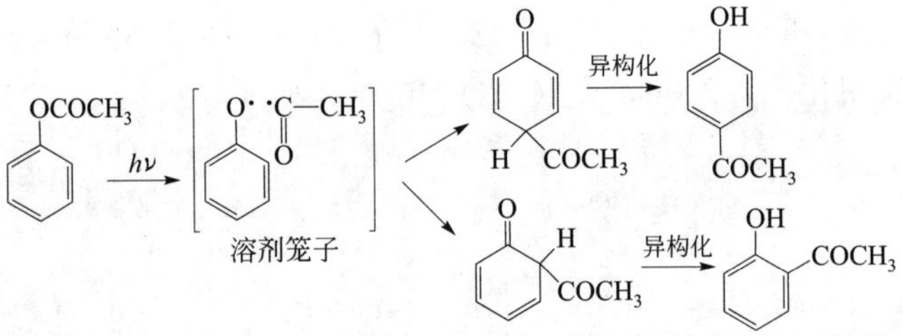

反应中苯氧自由基逃出溶剂笼子夺取周围分子的氢，则生成苯酚。所以，光催化的 Fries 重排反应酚是副产物。苯氧自由基的存在已经通过仪器检测出来。当乙酸苯基酯在气相条件下进行反应时，由于没有溶剂笼子，实际上并未生成邻羟基苯乙酮和对羟基苯乙酮，而是主要得到了酚。

芳环上有强吸电子基团的酚酯类化合物，如硝基苯酚生成的酯，虽然也能发生上述重排反应，但收率很低。若芳环上连有空间位阻很大的基团时，Fries 重排反应也难发生。

Fries 重排反应是在芳环上引入酰基的重要方法。例如肾上腺素的中间体氯乙酰儿茶酚（**6**）的合成：

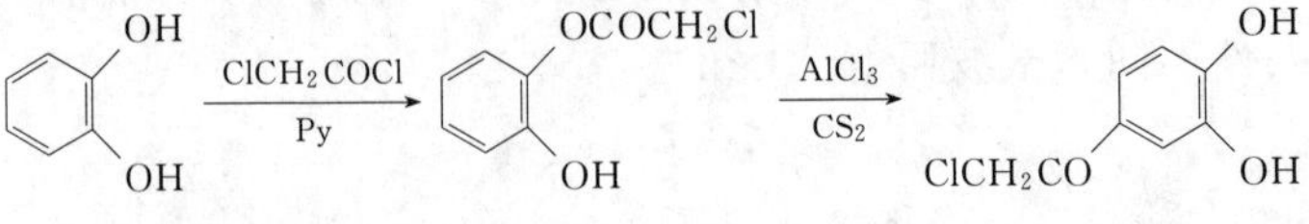

人们发现 α-卤代芳基酯的金属化可以引发 Fries 重排反应。这种碱介入的 Fries 重排可用于天然产物大黄酸（rhene）的合成 [Tisserand S，et al. J Org Chem，2004，69（25）：8982]。

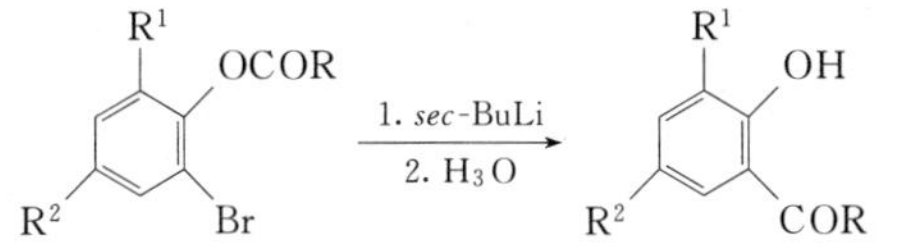

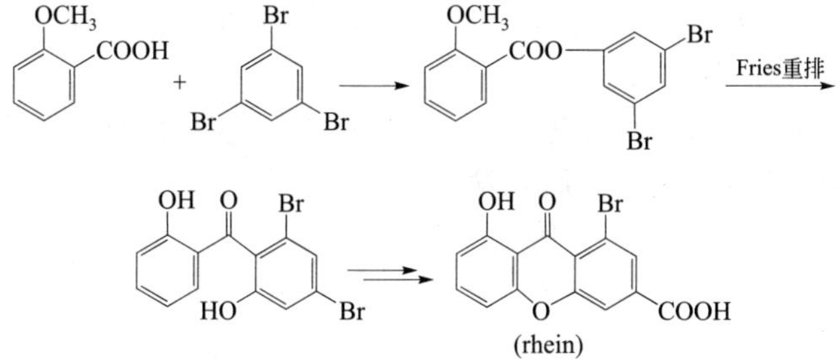

(rhein)

O-芳基氨基甲酸酯也可以进行碱介入的 Fries 重排（Sibi M P，Snieckus V. J Org Chem. 1983，48：1935）。

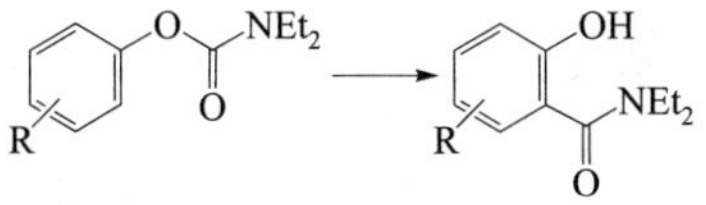

一些磺酸酯也可以发生重排，例如（Dyke A M，Gill D M，Harvey J N，et al. Angew Chem Int Ed，2008，47：5067）：

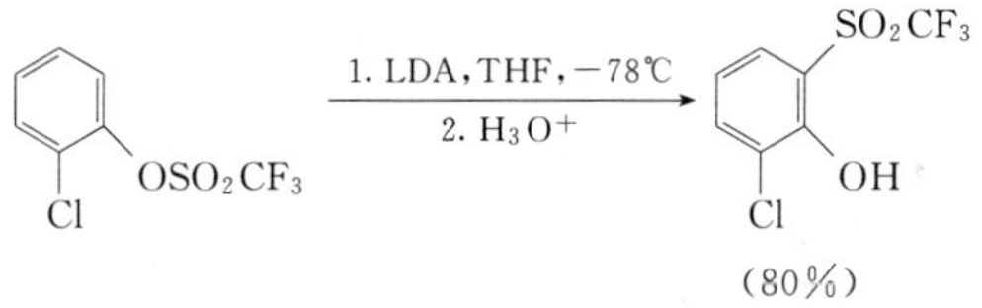

（80%）

Fries 重排已经被扩展到阴离子 *N*-Fries 重排，并用于某些生物碱中间体的合成中。

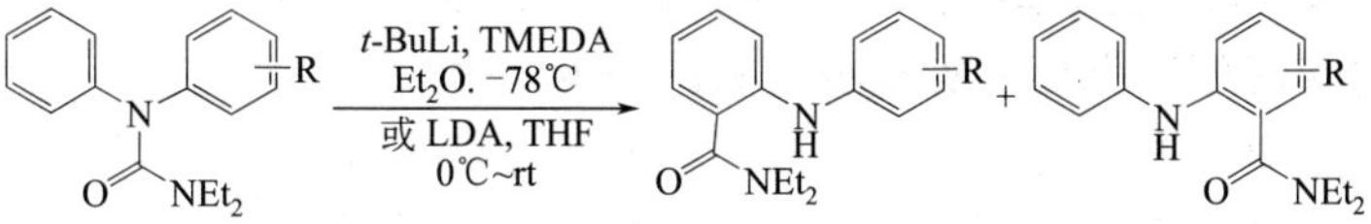

Fries 重排反应应用广泛，是合成芳香酮的重要方法之一。目前研究的方向主要是催化剂。高效、环保、可循环使用、选择性高的催化剂是人们追求的目标。

二、Orton 重排反应(氯胺重排反应)

N-卤代酰基苯胺经 HX 处理，卤素原子重排到芳环上，生成酰基卤代苯胺，该反应称为 Orton 重排反应，又叫氯胺重排反应。该反应是由 Orton 于 1901 年首先发现的。

$$\text{RCO-N-X} \xrightarrow{\text{HX}} \text{RCO-NH} + \text{RCO-NH}$$

关于该反应的反应机理，存在不少争议，但总的来说认为是分子间的反应，争论的焦点是反应的具体过程。

Acree、Johnson 和 Orton 等认为，在反应中盐酸好像是催化剂，盐酸与 *N*-氯代乙酰苯胺结合生成盐，而后发生重排反应。

他们的根据是，当 *N*-氯代乙酰苯胺用 HBr 处理，或 *N*-溴代乙酰苯胺用 HCl 处理时，都得到了对溴乙酰苯胺。这说明在这两种情况下生成了相同的中间体。

Orton 认为，反应的第一步是 *N*-氯代乙酰苯胺首先水解生成次氯酸（HOCl）和乙酰苯胺，第二步是次氯酸与 HCl 反应生成氯分子，第三步是乙酰苯胺苯环上的氢被氯取代（芳环上的亲电取代）生成邻氯乙酰苯胺或对氯乙酰苯胺。

$$\text{HOCl} + \text{HCl} \longrightarrow \text{H}_2\text{O} + \text{Cl}_2$$

同样，*N*-溴代乙酰苯胺在氢溴酸作用下也是发生了相同的反应。

这一机理还可以由如下实验事实来进一步证明：

（1）反应中通入空气将生成的氯气赶出，可以分离出乙酰苯胺；

（2）反应体系中加入更容易发生取代反应的苯酚，可以得到苯酚的氯代产物；

（3）若 *N*-氯代乙酰苯胺中的氯原子采用标记的氯原子，则重排产物中有 50% 的标记原子氯。

若反应属于分子内重排，则应生成 100% 的标记氯代乙酰苯胺。

（4）乙酰苯胺与氯反应所得到的邻、对位产物的比例和 N-氯代乙酰苯胺与盐酸反应所得到的邻、对位产物的比例是一致的。

Ingold 则认为，该反应的反应机理是，N-氯代乙酰苯胺在酸性条件下首先质子化，生成氯胺离子，而后氯负离子夺取氮上的氯，生成乙酰苯胺和氯分子，后者再进行芳环上的亲电取代，生成氯代乙酰苯胺。反应中并没有生成次氯酸，氯分子不是由次氯酸氧化氯化氢生成的。

若反应在氯仿、四氯化碳、氯苯、苯甲醚等非水溶剂中进行，则不符合上述历程，因为此时没有游离氯气生成。而一些有机酸如氯乙酸、二氯乙酸、邻或对硝基苯甲酸、苯甲酸、苯乙酸、肉桂酸、2,4,6-三氯苯酚、苦味酸（2,4,6-三硝基苯酚）等也可以催化该反应。因而有人认为反应是分子内的反应。但也有人持反对意见，认为仍属于分子间的反应。实验依据是 N-溴代乙酰苯胺和 2,4,6-三溴-N-溴乙酰苯胺在醋酸催化下于苯甲醚或苯乙醚溶剂中反应时，发现有苯甲醚和苯乙醚苯环上被溴代的产物生成。

有人提出在非质子溶剂中的反应途径如下：

但上述过程缺乏直接的证据。

当使用这些有机酸时，N-氯代乙酰苯胺在 100℃以下反应进行得很慢，而相应的 N-溴代乙酰苯胺和 N-碘代乙酰苯胺则反应很快。而且在相同条件下 N-碘代物的反应速率比 N-溴代物的反应速率快 500 倍。酸的催化能力随着酸的电离常数的增大而增大。

Bell 指出，N-卤代乙酰苯胺在酸的作用下，首先生成盐，而后进行重排，最可能的分子间的重排是从盐中异裂出 X^+，再进行芳环上的卤代，生成重排产物。

然而，X⁺是很强的亲电试剂，很难生成完全的游离状态的 X⁺，会进行溶剂化，也可能会同适当的溶剂进行反应。若反应在苯甲醚中进行，则会有卤代苯甲醚生成。

总之，基本一致的观点是该重排反应为分子间的重排反应。以下实验事实也可以进一步来证明。

反应中并没有 2,4,6-三氯乙酰苯胺生成，因为 2,4-二氯乙酰苯胺分子中含有两个吸电子的氯原子，相应的苯环活性较低，发生亲电取代较困难一些。

综上所述，目前一般认为，在非质子溶剂中，该重排反应是分子间的重排过程。

若反应是以水为溶剂，用盐酸催化反应时，是 N-氯代乙酰苯胺先水解生成次氯酸，质子化的次氯酸或由次氯酸氧化生成氯气分子，而后进行芳环上的亲电取代。

该反应中最常用的是 N-氯代酰基苯胺和 N-溴代酰基苯胺，N-碘代酰基苯胺一般应用较少。得到的产物主要是对位卤代物，邻位产物较少。

该类反应也可以在光照条件下或过氧化苯甲酰存在下进行，此时属于自由基型反应。例如酰基苯胺在四氯化碳溶液中，用 NBS 作溴化试剂，光照下生成的一系列对溴代酰基苯胺（Ghosh S，Baul S. Synth Commun，2001，31：2783）。

例如退热止痛药中间体对溴乙酰苯胺的合成。

对溴乙酰苯胺（p-Bromoacetanilide），C_8H_8BrNO，214.06。浅黄色结晶或粉末。mp 168℃。溶于苯、乙酸乙酯，微溶于热水，不溶于冷水。

制法 Ghosh S，Baul S. Synth Commun，2001，31：2783.

$$\text{⬡—NHCOCH}_3 \xrightarrow[h\nu]{\text{NBS}} \text{Br—⬡—NHCOCH}_3$$

(**2**)   (**1**)

于反应瓶中加入乙酰苯胺（**2**）10 mmol，新重结晶过的干燥的 NBS 10 mmol，干燥的四氯化碳 50 mL。用 $150\sim200$ W 的钨丝灯泡照射 45 min。反应液颜色逐渐发生变化，由开始的浅黄色逐渐变为金黄色至橙红色。放置后过滤生成的固体，充分水洗，得化合物（**1**），收率 87％。

对溴乙酰苯胺也可以通过如下反应来合成。

$$\text{⬡—NHCOCH}_3 \xrightarrow[\text{AcOH}]{\text{Br}_2} \text{Br—⬡—NHCOCH}_3 + \text{HBr}$$

医药中间体对氯乙酰苯胺（**7**）也可以用该类方法来合成。

$$\text{⬡—N(Cl)COCH}_3 \xrightarrow[\text{CCl}_4]{\text{(PhCOO)}_2} \text{Cl—⬡—NHCOCH}_3$$

（80％）（**7**）

能够发生 Orton 重排反应的化合物主要是 N-氯代酰基芳香胺、N-溴代酰基芳香胺，但 N-碘代酰基芳香胺应用较少。

$$\text{⬡—N(Cl(Br))COR} \longrightarrow \text{(Br)Cl—⬡—NHCOR}$$

芳香胺可以是苯基，也可以是其他稠环芳烃，如萘基等。例如化合物（**8**）的合成。

$$\xrightarrow[h\nu]{\text{NBS,CCl}_4}$$

（80％）（**8**）

N-上的酰基也可以是芳香族酰基。例如：

$$\text{⬡—N(Br)COAr} \longrightarrow \text{Br—⬡—NHCOAr}$$

芳环上带有取代基的 N-酰基芳胺也可以发生 Orton 重排反应。例如化合物（**9**）的合成。

$$\xrightarrow[h\nu]{\text{NBS,CCl}_4}$$

（80％）（**9**）

又如医药中间体 4-溴-2-甲基乙酰苯胺的合成。

4-溴-2-甲基乙酰苯胺（4-Bromo-2-methylacetanilide），$C_9H_{10}BrNO$，228.09。

黄色固体。

制法　Ghosh S，Baul S. Synth Commun，2001，31：2783.

于反应瓶中加入 2-甲基乙酰苯胺（**2**）10 mmol，新重结晶过的干燥的 NBS 10 mmol，干燥的四氯化碳 50 mL。用 150～200 W 的钨丝灯泡照射 30 min。反应液颜色逐渐发生变化，由开始的浅黄色逐渐变为金黄色至橙红色。放置后过滤生成的固体，充分水洗除去附着的丁二酰亚胺，得化合物（**1**），收率 84%。

在上述反应中，没有发现原料芳环上甲基被溴代生成邻溴甲基乙酰苯胺的副产物。

N-卤代芳磺酰基芳香胺也可以发生该重排反应。

$$R = p\text{-}CH_3C_6H_4$$

N-卤代酰基芳胺的重排一般是在盐酸、氢溴酸催化下进行的，而一些有机酸如氯乙酸、二氯乙酸、邻或对硝基苯甲酸、苯甲酸、苯乙酸、肉桂酸、2,4,6-三氯苯酚、苦味酸（2,4,6-三硝基苯酚）等也可以催化该反应。

当使用 HBr 或 HI 时，反应进行的更快，因为在反应中它们分别生成了氯化溴（BrCl）和氯化碘（ICl），它们具有更强的亲电性。

N-酰基芳香胺在有机溶剂如四氯化碳中与 BNS、NCS 一起，采用光照或在过氧化物存在下可以直接生成芳环上被卤素取代的 *N*-酰基芳胺。此时最好不要使用芳环上容易被取代的芳香族类化合物如苯甲醚等作溶剂，因为反应中可能生成对位被卤代的苯甲醚。

发生 Orton 重排反应时，卤素原子一般进入芳环上酰氨基的对位，邻位产物较少，但当对位已有取代基时，可以主要进入邻位。

因为从反应机理上看，Orton 重排反应属于分子间的芳环上的亲电取代反应，所以，芳环上的取代基性质对反应有影响。芳环上的邻、对位定位基有利于重排反应的发生，而间位定位基不利于重排反应的发生。

三、Nitramine 重排反应(硝基芳胺重排反应)

N-硝基芳胺经酸处理，重排生成邻、对位硝基芳胺，其中邻位产物为主。该反应称为 N-硝基芳胺重排反应。

关于该反应的反应机理，有两种解释，一种认为，迁移基团在迁移之前，—NO_2 上的氧原子就对芳环的邻位进行进攻，生成亚硝酸酯化合物，后者异构化生成邻硝基芳香胺。对位异构体的产生是邻位亚硝酸酯异构化的结果。另一种解释是自由基型反应。

该反应属于分子内的亲电取代反应。因为亲电进攻时邻位最有利，所以得到的产物主要是邻硝基化合物。

芳香胺的直接硝化往往得到间位硝基苯胺，但在该重排反应中，几乎没有间硝基芳胺生成，说明重排反应不是先裂解出硝酰正离子（$^+NO_2$），而后硝酰正离子进攻芳环进行的分子间反应。

在 N-硝基芳胺的重排反应中，加入 $K^{15}NO_3$，重排产物中并无 ^{15}N 标记的硝基芳胺生成。进行如下交叉反应，也没有发现交叉产物的生成。说明重排反应不是分子间的重排反应。

同样，在如下反应中，加入易硝化的 N,N-二甲苯胺时，也没有发现 N,N-二甲基苯胺被硝化的产物。

这些实验结果均支持分子内反应的观点。

自由基型机理如下：

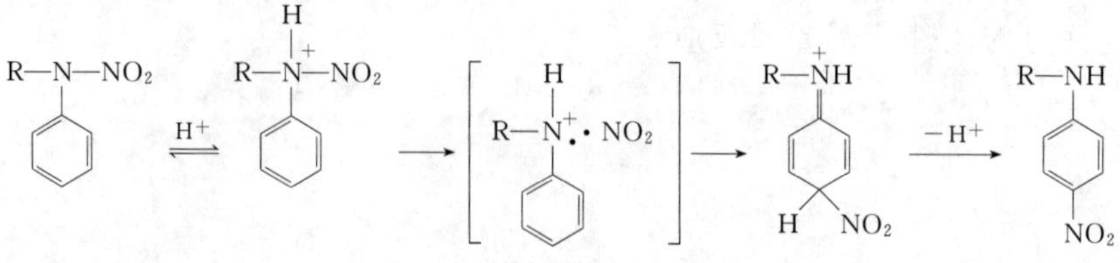

溶剂笼子

N-硝基苯胺首先接受质子，生成铵盐，而后 N-N 键均裂，生成硝基自由基和苯胺正离子自由基，但这两种自由基被溶剂分子包围，形成一个类似于笼子的实体。苯胺基自由基共振后，自由基在苯环的邻、对位，再与硝基自由基结合，生成苯环上取代的硝基苯胺类化合物。若两种自由基逃出笼子，成为相距较远的自由基，则很难再相互结合，所以反应中有苯胺类化合物和亚硝酸副产物生成。

该反应适用范围广，N 原子及芳环上可以带有取代基。例如：

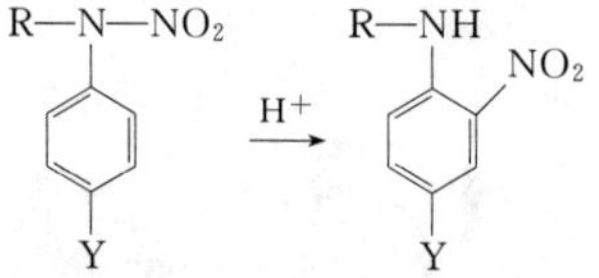

式中　R＝CH₃、H
　　　Y＝NO₂、Cl、Br

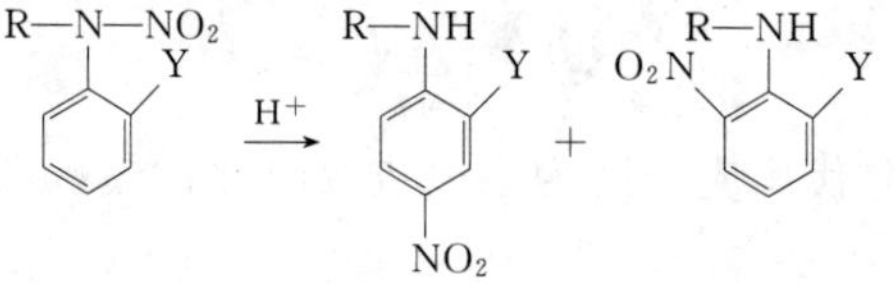

式中　R＝CH₃、H
　　　Y＝NO₂、CH₃

治疗高血压药物地巴唑（Dibazolum）等的中间体邻硝基苯胺的合成如下。邻硝基苯胺也是染料、农药多菌灵、苯并咪唑等的中间体。

邻硝基苯胺（o-Nitroaniline），$C_6H_6N_2O_2$，138.13。橙黄色结晶。mp 69～71℃，bp 284℃。溶于热水、乙醇、氯仿，微溶于冷水。

制法　Hughes E D and Jones G T. J Chem Soc，1950：2678.

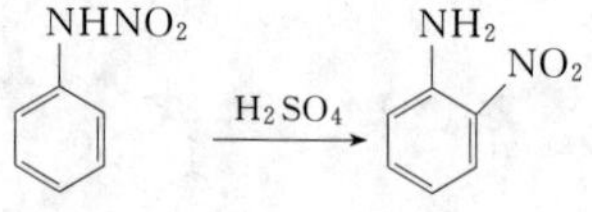

于反应瓶中加入硫酸一水合物 120 mL，冷至冰点，搅拌下分批加入 N-硝基苯胺（**2**）4.0 g，放置过夜。将反应液倒入 2 L 冰水中，用碳酸钠中和，生成棕色固体。用氯仿提取，减压蒸出溶剂后，减压蒸馏 2 次（133 Pa）以除去焦油状物。得化合物（**1**），收率 90%。初熔点 64.5℃，相当于含邻硝基苯胺（**1**）93.3%。

N-甲基-N-硝基苯胺以及在邻、对位上有取代基的 N-硝基苯胺，都比较容易发生重排，苯环上的取代基可以是给电子的邻、对位定位基，也可以是吸电子的间位定位基。

例如医药、香料、染料中间体，火药安定剂对硝基-N-甲基苯胺的合成。

对硝基-N-甲基苯胺（p-Nitro-N-methylaniline），$C_7H_8N_2O_2$，152.15。浅黄色固体。mp 148～149℃。

制法　White W N and Golden J T. J Org Chem，1970，35（8）：2759.

于安有搅拌器、温度计的反应瓶中，加入 500 mL 1.022 mol/L 的高氯酸，61.28 g（0.500 mol）的高氯酸，5 g 浓硫酸，450 mL 水。控制在（40±0.2）℃，搅拌下加入适量 N-硝基-N-甲基苯胺（**2**）溶于 10 mL 二氧六环的溶液，再加入适量水使总体积达 1 L。而后于 40℃搅拌反应 90 min。冷却后用氢氧化钠溶液调至 pH 8.5。乙醚提取 4 次，每次 100 mL。合并乙醚层，蒸出溶剂。剩余物溶于 3 mL 四氯化碳中，过中性氧化铝柱，乙醚-石油醚（1:1）洗脱，石油醚重结晶 2 次，得浅黄色化合物（**1**），mp 148～149℃。

萘系化合物也可以发生该重排反应。例如 1-硝基-2-萘胺（**10**）的合成。

N-硝基芳胺及芳环上连有取代基的 N-硝基芳胺，可以由芳胺的硝化来制备。例如，邻硝基或对硝基苯胺，可以用乙酰硝酸酯来直接硝化制备相应的 N-硝基芳胺。例如化合物（**11**）和（**12**）的合成［江洪，方利，崔燕，陈长水. 农药，2007，46（3）：171］。

Adel M A 等用 40%的硝酸在醋酸和醋酸酐中进行硝化，得到如下氯代和溴代硝胺，并研究了它们的重排反应（Adel M A，Abu-Namous，Ride J H. Canadian J Chem，1986，64：1124）。

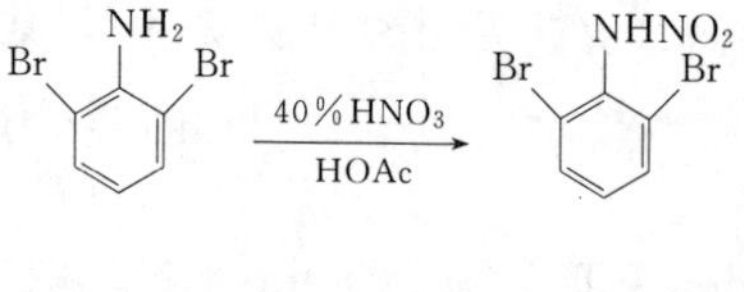

（71％）

该类重排反应是在酸性条件下进行的，常用的酸有浓硫酸、浓硫酸的醋酸溶液、30％的硫酸、含干燥 HCl 的石油醚或乙醚溶液、含高氯酸的溶液等。所用的酸以及溶剂并没有严格的限制。

在该类重排反应中，若芳环上原来连有取代基，在重排过程中，硝基有可能取代原来氨基邻、对位上的取代基。

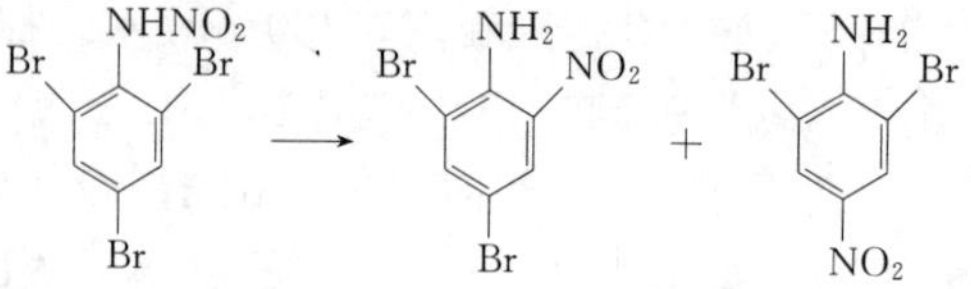

（主产物）

用 3-氯-N-硝基-N-甲基苯胺在 HClO₄-NaClO₄ 催化下于二氧六环-水溶液中于 55℃反应，得到如下各种重排产物的混合物

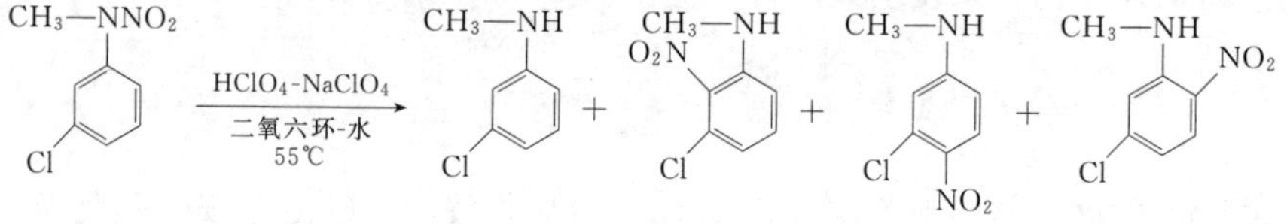

（13.4％）　　（18.1％）　　（34.8％）　　（31.6％）

溶剂的性质对重排反应有影响。例如 N-2,4-三硝基-N-甲基苯胺在 80％～96％的硫酸中重排，只生成 2,4,6-三硝基-N-甲基苯胺，而在 1∶1 的硫酸-醋酸溶液中或者在稀盐酸中重排时则只发生脱硝基反应生成 2,4-二硝基-N-甲基苯胺。降低酸的摩尔浓度可以使重排产物的收率下降，并使邻/对位重排产物的比例降低。

四、Hofmann-Martius 重排反应 和 Reilly-Hickinbottom 重排反应

N-烷基苯胺盐酸盐或氢溴酸盐在加热时转化为邻或对烷基苯胺，该反应称为 Hofmann-Martius 重排反应。Hofmann A W and Martius C A 于 1871 年首先报道了此反应。该类反应又称为 Aniline 重排反应。

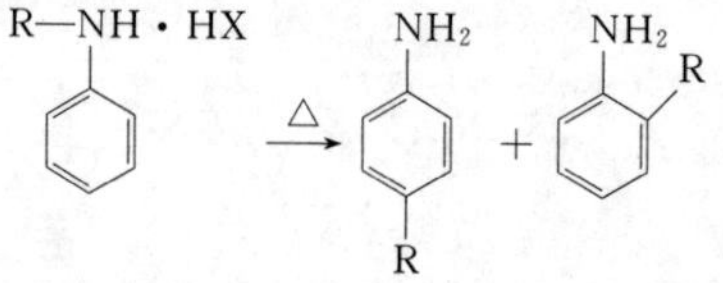

若将游离的 N-烃基取代的芳香胺与 Lewis 酸如 AlCl₃、CoCl₂、CdCl₂、TiCl₄、ZnCl₂ 等一起直接加热至 200～350℃，也可以发生重排反应，生成邻、

对位烃基取代的芳香胺，不过，此时的反应称为 Reilly-Hickinbottom 重排反应。

一般认为，Hofmann-Martius 重排反应分为两步，首先是芳香胺盐酸盐在加热时发生 S_N2 反应，生成芳香胺和氯代烷，而后氯代烷作为烷基化试剂进行芳香胺环上的亲电取代（Friedl-Crafts 烷基化反应），生成烷基芳香胺。

值得注意的是，对于 N-乙基以上的伯烷基，重排中可能有烷基的异构化现象。

反应中有多烷基化以及有烷基的异构化现象的事实，说明该类重排反应属于分子间重排。

在反应混合物中确实能够分离出卤代烃来，而且反应中使用的氢卤酸不同，得到的产物中邻、对位比例也不同。由此说明，反应中卤素离子是参与了反应的。

至于 Reilly-Hickinbottom 重排反应，与上述 Hofmann-Martius 重排反应机理相似，Lewis 酸作催化剂，进行芳环上的 Friedl-Crafts 烷基化反应。

N-烃基取代的苯胺在光照条件下也可以发生 Hofmann-Martius 重排反应。但得到的产物是多种化合物的混合物 [Ogata, et al. J Org Chem. 1970，35（5）：1642]。

显然，光照条件下的重排是自由基型机理。

可以发生 Hofmann-Martius 重排反应的化合物主要为 N-烷基取代的芳香胺的盐酸盐、氢溴酸盐和氢碘酸盐。烷基除了甲基、乙基外，其他烷基也可以发生该反应，例如苯甲基等。但随着烷基结构的复杂化，由于反应中存在多烃基化反应和重排反应，使得 Hofmann-Martius 重排反应产物也趋于复杂化。对叔丁基苯胺（**13**）主要用作酸性染料普兰缘的中间体，也可用于农药、医药中间体，可用如下方法来合成。

若 R 为叔烷基，则可能是先生成叔烷基正离子，而后进行环上的 Friedl-Crafts 烷基化反应。

有些季铵盐也可以发生该重排反应 ［Angelo G. Giumanini，et al. J Org Chem，1975，40（11）：1677］。例如：

若将上述反应中的氢碘酸盐改为盐酸盐，则反应过程和产物也不完全相同。

杂环化合物如吡啶和卤代烷（CH_3X、C_2H_5X、$PhCH_2X$ 等）反应得到的季铵盐在 $CuCl_2$ 存在下于封管中 300℃（熔点以下）加热，发生重排（Landenburg 重排反应），生成烷基吡啶，这是制备烷基吡啶或苄基吡啶的简单方法。

某些含 N-烷基、N-酰基或 N-含氮杂环的吡咯类化合物，在加热时也会发生类似重排，生成 C-烷基、C-酰基和 C-含杂环基的化合物。例如化合物（**14**）的合成。

Hofmann-Martius 重排反应通常是在封管中加热条件下进行的，加热温度一般在 200～300℃。重排产物主要是对位，若对位已有取代基，则重排到邻位。

Hofmann-Martius 重排反应和 Reilly-Hicknbottom 重排反应，两种重排在产物的比例上有所不同，但都有多烷基化产物生成。例如 N-正丁基苯胺盐酸盐的重排产物，除了对正丁基苯胺外，还有多丁基苯胺生成。N-苄基苯胺与氯化钴一起加热，则有少量二苄基苯胺生成。

N-甲基苯胺氢卤酸盐在封管中于 300℃ 反应后，除了生成苯胺、2,4-二甲基苯胺、2,4,5-三甲基苯胺外，不同氢卤酸盐重排后得到的邻、对位产物的比例也不相同。

有些反应也可以在溶液中加热来实现 Hofmann-Martius 重排反应，例如染料、功能材料、农药等的中间体 4,4′-二氨基-二苯基甲烷的合成。

4,4′-二氨基-二苯基甲烷（4,4′-Diamino-diphenylmethane），$C_{13}H_{14}N_2$，198.27。无色结晶。mp 89～91℃。

制法　① 韩广甸，赵树纬，李述文.有机制备化学手册：中卷.北京：1980：275. ② 袁利海.河北职业技术学院学报，2003, 3 (3)：13.

$$PhNH_2 \xrightarrow{CH_2O} PhN{=}CH_2 \xrightarrow{PhNH_2} PhNH{-}CH_2NHPh \xrightarrow{H^+} H_2N{-}\!\!\!\bigcirc\!\!\!{-}CH_2{-}\!\!\!\bigcirc\!\!\!{-}NH_2$$

（**2**）　　　　　　　　　　　　　　　　　　　　　　　　　　　　（**1**）

于反应瓶中加入水 200 mL，浓盐酸 123 g（1 mol），搅拌下慢慢加入苯胺（**2**）112 g（1.2 mol），而后慢慢加入 30% 的甲醛 37.5 mL（0.5 mol），约 10 min 加完。加热微沸 3 h，用由 41 g 氢氧化钠溶于 80 mL 水的溶液中和至 pH8。水蒸气蒸馏，蒸出未反应的苯胺。瓶内剩余物用热水洗涤（200 mL×4），趁热倒出，得粗品 90～100 g。

将粗品加入 1 L 热水中，加入 110 mL 30％的盐酸，搅拌溶解。剧烈搅拌下小心加入研细的固体碳酸钠。当出现不变的浑浊时，慢慢加入 5 g 碳酸钠。最初棕黄色油状物，而后是浅黄色油状物。加入 10 g 活性炭，煮沸后趁热过滤。滤液中加入 40 g 碳酸钠至 pH6，分出有机层，热水洗涤 3 次。趁热倒出，固化后研细，干燥，得化合物（**1**）75 g，收率 76％。

使用邻氯苯胺和多聚甲醛，产物的总收率可达 92％〔具本植.辽宁化工，1997，26（2）：95〕。

又如（Hori M，Kataoka T，Shimizu H，et al. J Chem Soc Perkin Trans I，1988：2271）：

N-烷基芳香胺芳环上的取代基对重排反应有影响。正如在 Hofmann-Martius 重排反应的反应机理研究中提到的，反应的第二步是生成的卤代烷对芳环进行亲电取代，因此，芳环上有给电子基团的芳香胺，应当更有利于该重排反应的发生；相反，芳环上连有吸电子基团的芳香胺，不利于该重排反应的发生。

五、Sulphanilic acid 重排反应(氨基苯磺酸重排反应)

芳香胺（如苯胺）与硫酸反应首先生成芳香胺的酸式硫酸盐，后者在 180℃左右加热，则发生重排反应，主要生成对氨基苯磺酸。若对位已经被其他基团占领，则磺酸基进入氨基的邻位，生成邻氨基苯磺酸。这是制备芳香族氨基磺酸的方法之一，称为烘焙磺化法（Baking process of sulfonation）。

反应机理如下：

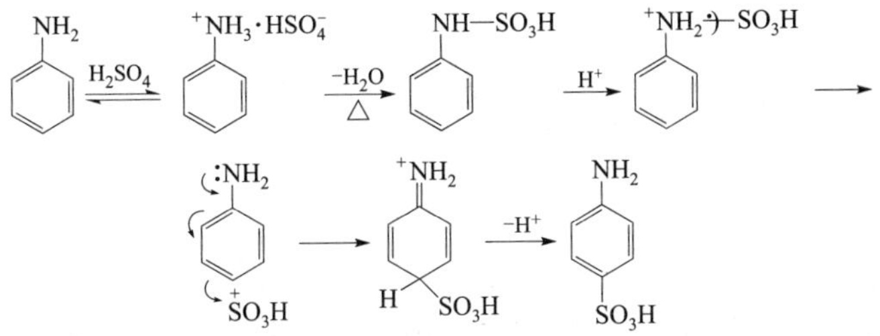

反应中首先生成芳香胺的酸式硫酸盐，酸式硫酸盐加热脱水生成 N-磺酸基苯胺，再接受一个质子后，发生 N-S 键的异裂，生成苯胺和磺酸基正离子，而后进行芳环上的磺化反应，最后生成氨基磺酸。该反应是分子间反应。

还有另外一种解释，认为该重排反应属于分子内重排。过程如下：

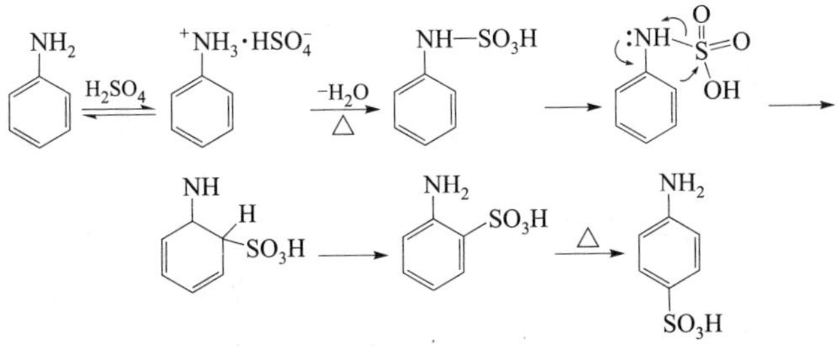

反应中生成的氨基磺酸分子中的硫原子带有正电性，在加热的情况下可以作为亲电试剂进攻苯胺氨基的邻位，生成邻氨基苯磺酸，后者在高温下转位，生成热力学稳定的对氨基苯磺酸。

可以发生该重排反应的主要是苯系和萘系芳香胺。例如染料中间体（**15**）的合成。（**15**）可用于合成吡唑啉酮型合成染料，如酸性黄 GR 等。

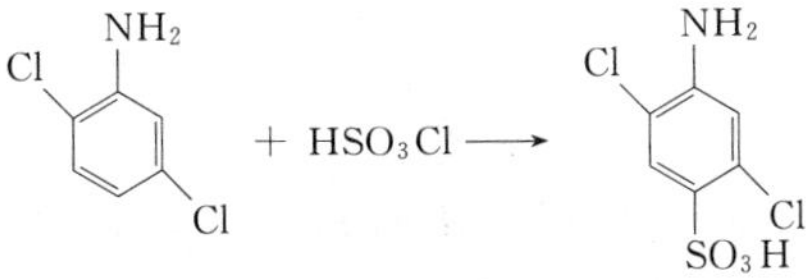

苯系芳香胺发生该重排时，磺酸基一般进入氨基的对位，温度较低时可以分离出邻位产物。若对位已有取代基，则重排至邻位。

α-萘胺发生该重排时，磺酸基重排至氨基同环的对位。1-氨基-4-萘磺酸为有机合成、新药开发中间体，其钠盐可作为亚硝酸盐和碘中毒的解药，合成方法如下。

1-氨基-4-萘磺酸（Naphthionic acid，1-Naphthylamine-4-sulphonic acid），$C_{10}H_9NO_3S$，223.25。类白色或浅灰色有光泽的针状结晶。mp >300℃。溶于碱溶液有蓝色荧光。可溶于水，微溶于乙醇、乙醚，不溶于乙酸。

制法　韩广甸，范如霖，李述文. 有机制备化学手册（上）. 北京：化学工业出版社，1985：196.

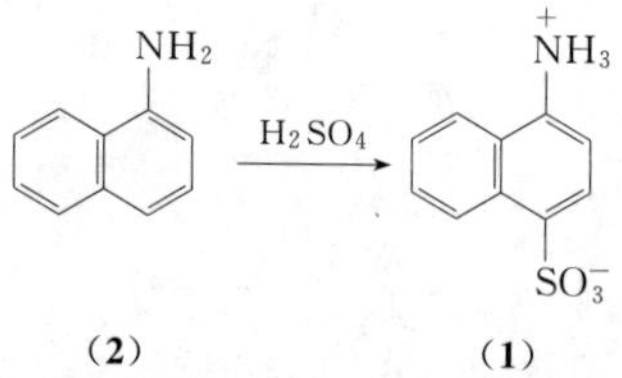

于烘焙用反应器中加入 1-萘胺（**2**）10 g，二苯砜 1.5 g，慢慢滴加 100％的硫酸 6.8 g，反应放热，生成（**2**）的硫酸盐白色沉淀。加热后生成均一溶液，而后减压，蒸出反应中生成的水，反应剧烈进行，生成的氨基萘磺酸沉淀出来。继续反应 7 h。冷后用溶有 5 g 氢氧化钠的热水溶液处理。不溶部分加入氢氧化钠研磨至碎。将溶液与固体物转入烧瓶中，水蒸气蒸馏除去未反应的（**2**）。过滤除去不溶物，滤液冷后加入活性炭搅拌 3 h。过滤后滤液用盐酸酸化，析出带有粉红色的白色固体，抽滤，水洗，于 130℃干燥，得化合物（**1**）13 g，收率 90％。

氨基芳磺酸类化合物分子中同时含有碱性基团和酸性基团，通常是以内盐的形式存在的。

烘焙法制备氨基磺酸的最大优点是仅使用理论量的硫酸。不像普通的磺化反应那样，使用过量的浓硫酸或发烟硫酸，反应后生成大量的废酸。

烘焙法的另一特点是生成的产物收率高，几乎是定量的。反应温度影响邻、对位的比例。例如：

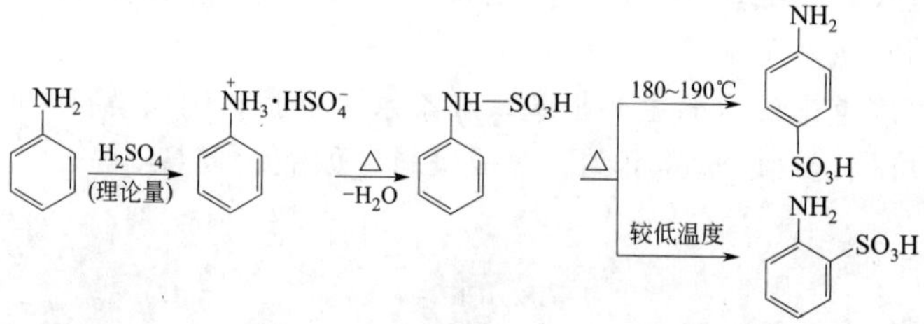

氯磺酸与芳香胺反应，首先生成氯磺酸盐，加热脱去氯化氢后生成 N-磺酸基芳胺，经重排生成氨基芳磺酸。

医药、农药敌锈钠中间体对氨基苯磺酸的合成如下。对氨基苯磺酸也用作有机合成催化剂。

对氨基苯磺酸（Sulphanilic acid，*p*-Aminobenzenesulfonic acid），$C_6H_7NO_3S$，173.84。白色或灰白色结晶。水合物在 100℃失水，无水物 280℃分解。微溶于冷水，不溶于乙醇、乙醚和苯，可溶于稀碱。

制法　Furniss B S，Hannaford A J，Rogers V，et al. Vogel's Textbook of Practical Chemistry. London and New York：Fourth Edition，Longman，1978：679.

$$\text{(2)} \quad \boxed{}-NH_2 + H_2SO_4 \longrightarrow HO_3S-\boxed{}-NH_2 \quad \text{(1)}$$

　　于安有搅拌器、温度计、滴液漏斗的反应瓶中，加入浓硫酸 250 g，搅拌下滴加新蒸馏的苯胺（**2**）77.5 g（0.835 mol），油浴加热至 185℃反应 5 h。冷却后将反应物倒入 500 g 碎冰中，析出无色沉淀。抽滤，水洗。用水重结晶后，得对氨基苯磺酸（**1**）77.5 g，收率 47%。

　　也有用微波法由苯胺和硫酸合成对氨基苯磺酸的报道（陈年发，赵胜芳，吴自清.化学世界，2004，08：428）。

　　重要的染料中间体 4-氨基-3-硝基苯磺酸可以用如下方法来合成（谭淑珍，黄燕.化学工程师，2002，5：7）。

$$\xrightarrow[140\sim150℃]{H_2SO_4,I_2} \quad (90\%)$$

　　烘焙法的传统操作方式有四种：炉式烘焙磺化法、滚筒球磨反应器烘焙磺化法、无溶剂搅拌锅烘焙磺化法和溶剂烘焙磺化法。

　　溶剂烘焙磺化法，可以根据最佳脱水温度来选择溶剂。通常是加入高沸点的溶剂，如氯苯（bp 135.5℃）、二氯苯（邻二氯苯，bp 179.5℃，对二氯苯，bp 174℃）、三氯苯（1,2,3-三氯苯，bp 219℃，1,2,4-三氯苯，bp 213℃）、四氢萘等，利用共沸原理除去生成的水。环丁砜是良好的极性溶剂，可用于制备多种氨基芳磺酸，但价格高，与水互溶，回收困难。

　　近年来，微波技术用于烘焙法制备氨基芳磺酸的报道不断涌现。例如苯胺与硫酸于 200～250℃微波照射 40 min，对氨基苯磺酸的收率为 78%～80%。

　　芳环上的取代基性质对重排反应有影响，一般含有邻、对位定位基的苯或萘衍生物更容易发生该重排反应。

　　发生该重排反应时，可以使用浓硫酸，也可以使用氯磺酸。使用氯磺酸的特点是反应温度较低，可以得到邻氨基苯磺酸。

$$+HSO_3Cl \xrightarrow[<50℃]{Cl_2CHCHCl_2} \xrightarrow{80℃} \xrightarrow{145℃} (70\%)$$

　　又如化合物（**16**）的合成。

$$+ HSO_3Cl \xrightarrow{ClCH_2CH_2Cl} \quad \text{(16)}$$

　　使用氯磺酸的另一特点是，当使用过量一倍以上的氯磺酸时，可以生成相应的磺酰氯。

六、Diazoamino-aminoazo 重排反应(偶氮氨基-氨基偶氮化合物的重排反应)

偶氮氨基化合物与酸（HCl、HCOOH、CH_3COOH 等）一起加热，则发生重排反应生成氨基偶氮化合物。此时反应速率比较慢。若偶氮氨基化合物与苯胺或苯胺盐酸盐一起加热，则反应比较迅速，生成氨基偶氮化合物。此类反应称为偶氮氨基-氨基偶氮化合物的重排反应，有时简称为偶氮氨基化合物的重排反应。

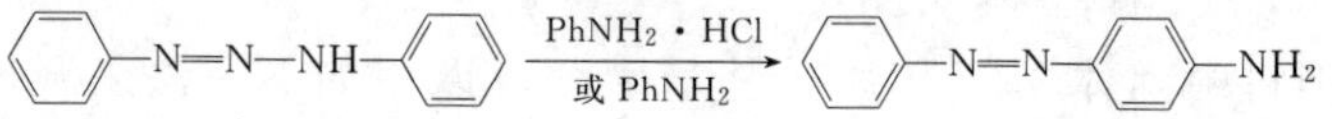

反应机理如下：

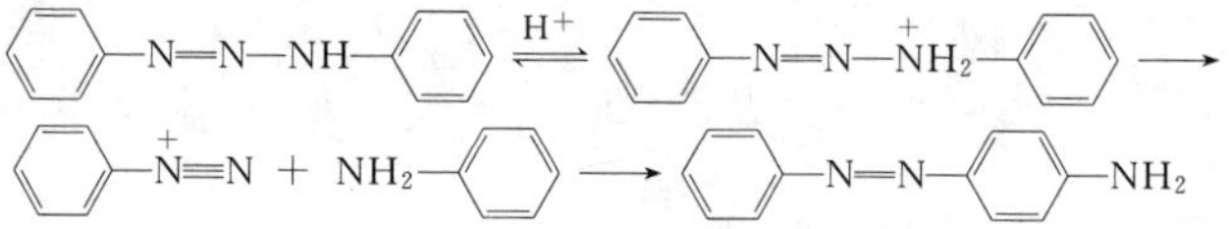

首先是偶氮氨基苯接受一个质子生成铵盐，在加热条件下铵盐分子中的 N-N 键异裂生成苯胺和重氮盐正离子，最后重氮盐正离子作为亲电试剂与苯胺分子中氨基的对位（或邻位）反应，生成氨基偶氮苯。该重排反应属于分子间的重排反应。

分子间重排反应的实验依据如下。

（1）反应中有苯酚生成，最可能的原因是重氮盐水解，生成苯酚。

（2）反应中加入 N,N-二甲基苯胺，会发生交叉反应。

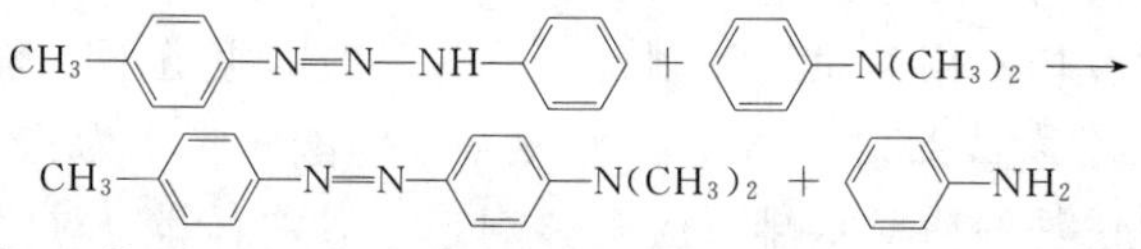

（3）反应中加入苯酚，也会发生交叉反应。

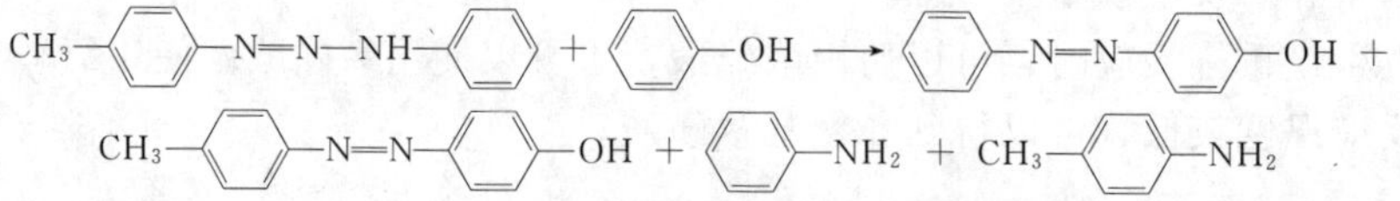

在上述反应中，生成两种不同的偶氮苯类化合物和苯胺、对甲苯胺，出现这种情况的原因是偶氮氨基化合物存在互变异构体：

$$Ar-N=N-NH-Ar' \rightleftharpoons Ar-NH-N=N-Ar'$$

解离时可能生成两种不同的重氮盐 ArN_2^+ 和 $Ar'N_2^+$，所以，上述反应中生成两种偶氮化合物。

偶氮氨基化合物可以由重氮盐与芳香胺反应来制备。

$$ArN_2^+ + Ar'NH_2 \longrightarrow Ar-N=N-NH-Ar' + H^+$$

该重排反应一般发生在对位，生成对位偶氮化合物，例如染料和医药中间体 2-甲基-4-邻甲苯基偶氮苯胺的合成。

2-甲基-4-邻甲苯基偶氮苯胺〔2-Methyl-4-(*o*-tolylazo) aniline〕，$C_{14}H_{15}N_3$，225.29。橙色固体。

制法　Nino A D，Donna L D，Maiuolo L，et al. Syhthesis，2008，3：459.

2,2′-二甲基偶氮氨基苯（**3**）：于反应瓶中加入邻甲苯胺（**2**）10 mmol，水 5 mL，浓盐酸 1.33 mL，冰浴冷却至 0～5℃，而后慢慢加入由亚硝酸钠 0.346 g（5 mmol）溶于 3 mL 水的溶液，保持水浴温度在 0～5℃，不断搅拌下反应 15 min。于 5 min 加入由醋酸钠 1.4 g（17 mmol）溶于 3 mL 水的溶液。过滤生成的黄色沉淀，冷水洗涤，干燥，得化合物（**3**），收率 72%。

2-甲基-4-邻甲苯基偶氮苯胺（**1**）：于反应瓶中加入化合物（**3**）0.96 mmol，邻甲基苯胺 0.6 mL，邻甲基苯胺盐酸盐 0.1 g，于 40～45℃反应 1 h。放置 30 min 后，慢慢加入由冰醋酸和水等体积配成的醋酸溶液，直至出现橙色沉淀。放置 15 min，过滤，少量冷水洗涤，干燥，得橙色固体（**1**），收率 71%。

若对位已有取代基，则可以发生在邻位，生成邻位偶氮化合物。例如化合物（**17**）的合成。

芳环上的取代基通常指卤素原子、芳基、烃基等。连有强吸电子基团的化合物难以发生该重排反应。

由于偶氮氨基化合物存在如下平衡，所以在发生重排时，会首先解离成两种重氮盐，重排产物也可能有两种。

$$Ar{-}N{=}N{-}NH{-}Ar' \rightleftharpoons Ar{-}NH{-}N{=}N{-}Ar'$$

$$ArN_2^+ + NH_2Ar' \qquad ArNH_2 + Ar'N_2^+$$

偶氮氨基苯在过量酚类化合物存在下，可以主要得到与酚偶联的化合物，例如化合物（**18**）的合成。

（91%）

其实，很多芳香胺类化合物的重氮盐与某些芳香胺的偶联反应，也可能就是先生成偶氮氨基化合物，而后接着发生重排反应。

该重排是在酸性条件下进行的，反应介质的 pH 值对重排反应有影响。

$$Ar-N=N-NH-Ar \cdot HCl \underset{pH>7}{\overset{pH<7}{\rightleftharpoons}} ArN_2^+ Cl^- + ArNH_2 \underset{pH>7}{\overset{pH<7}{\rightleftharpoons}}$$

$$Ar-N=N-Ar-NH_2 + HCl$$

若反应介质的碱性较强，则离解生成的重氮盐稳定性降低，容易分解为酚类化合物，影响偶联反应的进行。

偶氮氨基化合物一般是由芳基胺的重氮化反应来制备的，重氮化反应一般是在低温条件下进行的，反应剧烈放热，应注意冷却。反应温度一般在 0～20℃。

在发生偶联反应时，芳香胺与亚硝酸钠的摩尔比应不小于 2 : 1，

重排反应常用酸作催化剂，如盐酸、氢溴酸、磷酸，一般不用浓硫酸，以减少副反应的发生。也可以使用 Friedel-Crafts 反应的催化剂，如氯化铝、溴化铝、氯化锑、氯化铁、三氟化硼-乙醚、三氟甲苯等。其中盐酸应用最广。使用氯化铝等盐时，不必使用无水三氯化物。

重排反应的反应温度一般在 40～60℃。

七、Fischer-Hepp 重排反应(亚硝胺重排反应)

N-亚硝基仲芳胺在酸性条件下重排生成对亚硝基芳胺，该反应称为 Fischer-Hepp 重排反应，又叫亚硝胺（Nitrosamine）重排反应。

该反应最早是德国化学家 Fischer O 和 Hepp E 于 1886 年报道的。

反应机理如下：

在 HCl 催化下，N-亚硝基化合物首先接受一个质子生成铵正离子，同时氯负离子进攻亚硝基的氮原子，解离成仲胺和亚硝酰氯 Cl—N=O，Cl—N=O 是一种亲电试剂，进行芳环上的亲电取代，最后生成亚硝基化合物。

该重排反应属于分子间的反应，这一观点可以通过实验加以证明。反应体系中如果加入容易进行亚硝基化的化合物，则会生成交叉的亚硝基化合物。例如，当 N-亚硝基-N-甲基苯胺和 N,N-二甲基苯胺的混合物在 HCl-乙醇溶液中进行反应时，反应中生成的 Cl—N=O 会和 N,N-二甲基苯胺反应生成对亚硝基 N,N-二甲基苯胺。

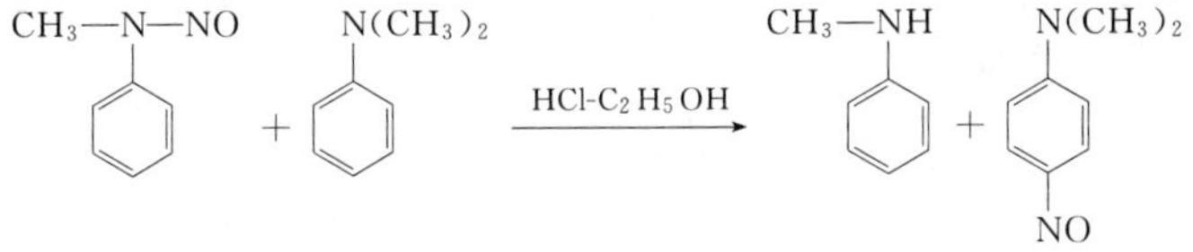

N-亚硝基-N-甲基苯胺和活泼的 1-对甲氧基苯丙烯混合物在 HCl 作用下反应，只得到烯的双键上的加成产物。

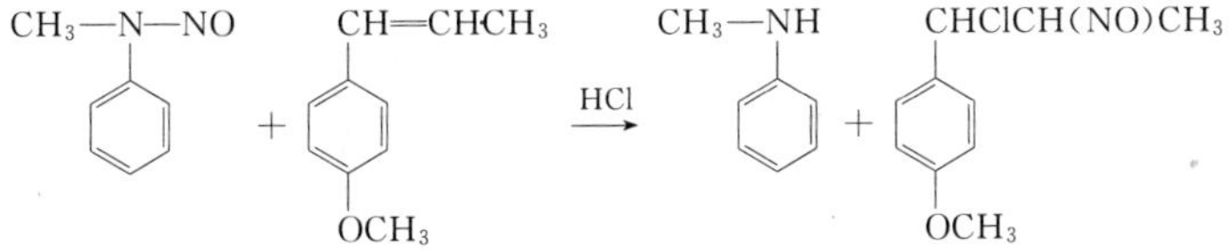

反应用 HCl 时重排产物收率高。而用硫酸、硝酸时收率很低，用 HBr 时主要得到亚硝基的脱去反应和仲胺的溴化副产物。说明氯负离子在反应中起了重要的作用。

反应中加入亚硝酸钠会提高重排产物的收率。

以上实验结果均支持该反应的反应机理属于分子间的反应。

但该机理尚不能解释为什么只生成对位产物。当在反应体系中加入大量尿素的情况下反应仍可以发生，又表明反应可能是分子内的，因为，如果反应体系中存在 NO^+、$NOCl$ 或类似的反应实体，则会被尿素捕获，从而阻止反应的发生。所以，该反应的机理仍存在很大的争议。

若以如下通式表示该反应：

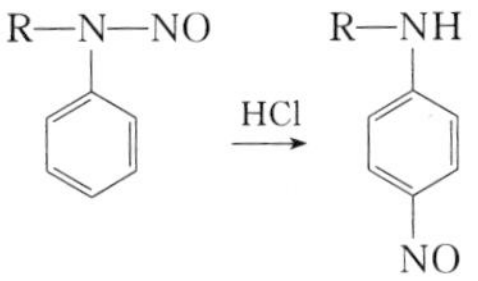

则 R 基团可以是 CH_3、C_2H_5、Ph、p-ClPh、i-Bu、i-Pr、n-C_6H_{13} 等，但 N-叔丁基-N-亚硝基苯胺却不能发生重排，反应中只能消去亚硝基，这可能是由于叔丁基位阻大的原因。

萘系化合物也可以发生该重排反应。例如：

$$R=CH_3-、C_2H_5-、Ph-等$$

重排反应的原料 N-亚硝基芳香仲胺，可以由芳香仲胺在酸性条件下与亚硝酸钠反应来制备。例如：

其他芳香化合物也可能发生该重排反应。例如：

该反应的产物为硝基化合物，可能是由于亚硝基容易被氧化而生成的。

该类反应常在无水乙醚、无水乙醇、苯等溶剂中进行。在无水条件下进行反应时往往比在含水体系中收率高。无水乙醇的氯化氢溶液最常用。

重排产物的收率当使用氯化氢时较高，使用硫酸时相对较低。

若在反应中加入亚硝酸钠，重排产物的收率有提高。

反应若在苯系中进行，得到的完全是对位产物，若对位已有取代基，不能重排到邻位，得到的是消去亚硝基的产物。

Fischer-Hepp 重排具有一定的合成意义。由于对亚硝基仲胺不能直接用仲芳胺的亚硝化反应来合成（容易发生氨基上的亚硝基化），通过重排可以得到对亚硝基仲芳胺。

有机合成中间体对亚硝基-N-甲基苯胺的合成如下。

对亚硝基-N-甲基苯胺（p-Nitroso-N-methylaniline），$C_7H_8N_2O$，136.15。蓝绿色的固体。mp 118℃。

制法　Furniss B S, Hannaford A J, Rogers V, et al. Vogel's Textbook of

Practical Chemistry. London and New York：Fourth Edition, Longman, 1978：678.

$$C_6H_5NHCH_3 + NaNO_2 \xrightarrow{HCl} \underset{(3)}{C_6H_5\overset{\overset{\displaystyle NO}{|}}{N}CH_3} \longrightarrow \underset{(1)}{p\text{-}ONC_6H_4NHCH_3}$$

$$\underset{(2)}{}$$

N-亚硝基-N-甲基苯胺（**3**）：于安有搅拌器、温度计、滴液漏斗的反应瓶中，加入浓盐酸 73 mL，碎冰 200 g，慢慢加入 N-甲基苯胺（**2**）53.5 g（0.5 mol）。冰盐浴冷却下，慢慢滴加由亚硝酸钠 36 g（0.52 mol）溶于 125 mL 水配成的溶液。控制滴加速度，以反应液温度不超过 10℃ 为宜。加完后继续搅拌反应 1 h。分出油层，水洗，无水硫酸镁干燥，减压蒸馏，收集 120℃/1.73 kPa 的馏分，得 N-亚硝基-N-甲基苯胺（**3**）65 g，收率 96%。

对亚硝基-N-甲基苯胺（**1**）：于锥形瓶中加入 N-亚硝基-N-甲基苯胺（**3**）5 g，10 mL 无水乙醚。再加入 20 g 用干燥氯化氢气体饱和的无水乙醇溶液。放置过夜。抽滤析出的针状结晶。用乙醇和乙醚的混合液洗涤，得对亚硝基-N-甲基苯胺（**1**）的盐酸盐。将其溶于水中，用碳酸钠溶液和稀氨水调至碱性，过滤析出的蓝绿色的固体，用苯重结晶，得对亚硝基-N-甲基苯胺（**1**）4.5 g，mp 118℃，收率 90%。

第二节　芳环上的亲核重排反应

芳环上的亲核重排反应主要有 Bamberger 重排反应、Sommelet-Hauser 重排反应和 Smiles 重排反应等。这类重排反应在重排过程中，迁移基团是作为亲核试剂进攻芳环原来取代基的邻、对位而生成重排产物。这类重排同样在有机合成、药物合成中有重要用途。例如退热镇痛药非那西汀（Phenacetin, Aceto-phenetidine）的合成。

一、Bamberger 重排反应(苯基羟胺的重排)

苯基羟胺在稀硫酸中加热，发生重排生成对氨基酚。该反应称为苯基羟胺重排反应。因为该反应最早是由 Bamberger E 于 1894 年发现的，又叫 Bamberger 重排反应。

一般认为其反应机理如下：

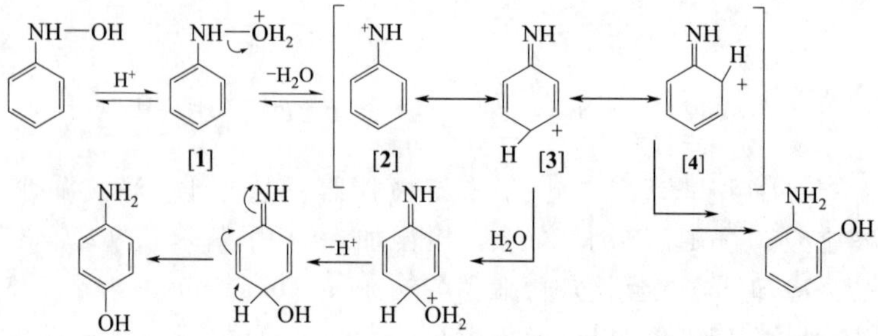

按照现代的观点，羟胺的重排属于分子间的亲核重排反应。首先是苯基羟胺的氧原子接受一个质子生成 [1]，[1] 失去一分子水生成氮正离子 [2]，[2] 的共振式结构主要是 [3] 和 [4]。[3] 结合水分子后失去质子，最后恢复苯环的完整结构生成对羟基苯胺。而 [4] 最后则生成邻羟基苯胺。该重排反应对苯环的进攻不是亲电反应，而是亲核反应，属于分子间的亲核重排反应。

该机理的证据之一是，当使用 2,6-二甲基苯基羟胺时，氮鎓离子中间体 [2] 已经捕获，而且其在水溶液中的寿命也已经测定出来。

该机理的证据之二是，当反应过程中存在其他竞争性亲核试剂时，能生成其他的产物。反应若在 H_2SO_4-乙醇（甲醇）中进行，则生成对乙氧基（甲氧基）苯胺。

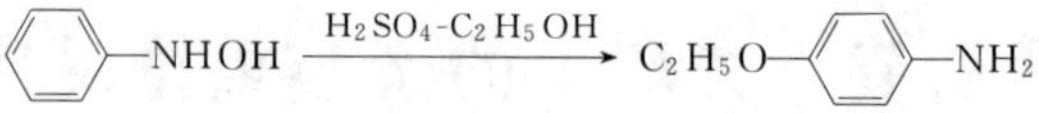

该反应最早是指硝基苯还原为苯基羟胺，后者在酸性条件下可以发生 Bamberger 重排反应，生成对氨基酚或其衍生物的反应。后来发现其他的芳香羟胺，若芳环的邻、对位上未被取代，也会发生类似的重排反应。例如：

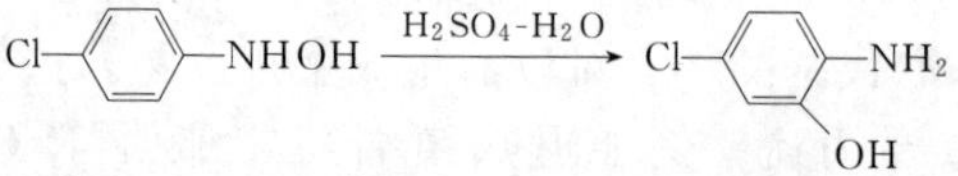

若羟基苯胺在盐酸-乙醇溶液中进行，除了主产物对乙氧基苯胺外，还有对氯和邻氯苯胺生成。

这是合成氨基酚的一种方便的方法。特别是由于苯基羟胺可以由硝基化合物直接还原得到，生成的羟胺可以不经分离在硫酸作用下直接重排得到氨基酚类化合物。

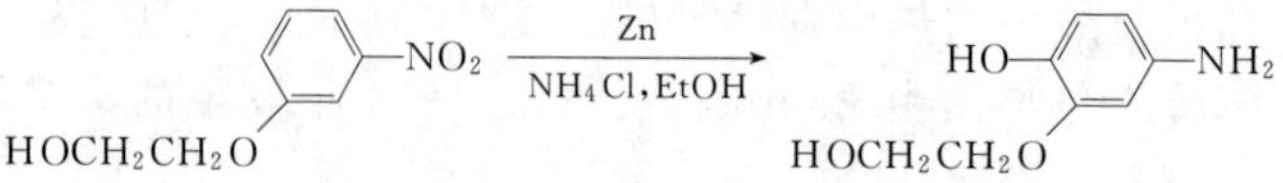

解热止痛药扑热息痛、治疗高脂蛋白血症药物安妥明（Clofibrate）、维生素 B 等的中间体对氨基苯酚的合成如下。

对氨基苯酚（4-Aminophenol），C_6H_7NO，109.13。白色片状结晶。有强

还原性。遇光和空气变为灰褐色。mp 186℃（分解）。稍溶于水、乙醇，几乎不溶于苯和氯仿。溶于碱液变褐色。

制法　Furniss B S，Hannaford A J，Rogers V，Smith P W G，Tatchell A R. Vogel's Textbook of Practical Organic Chemirtry，Fourth edition. Longman，London and York，1978：723.

N-羟基苯胺（**3**）：于安有搅拌器、温度计的 2 L 反应瓶中，加入氯化铵 25 g，水 800 mL，新蒸馏的硝基苯 50 g（0.41 mol），剧烈搅拌下于 15 min 分批加入纯度 90% 的锌粉 59 g（0.83 mol）。控制加入速度，使反应液温度迅速升至 65℃，并保持在此温度直至将锌粉加完。加完后继续搅拌反应 15 min 以使还原反应完全。减压过滤除去氧化锌，滤饼用 100 mL 热水洗涤。滤液用氯化钠饱和，于冰浴中冷却至少 1 h。过滤析出的结晶，水洗，干燥，得浅黄色粗品（**3**）38 g，其中含有少量的盐。将其溶于乙醚，除去无机盐，得纯品 29 g，收率 66%。若得纯品，可以用苯-石油醚或苯重结晶，mp 81℃。

对氨基苯酚（**1**）：于烧杯中加入 60 g 碎冰，20 mL 浓硫酸，冰浴冷却，慢慢加入化合物（**3**）4.4 g。加完后用 400 mL 水稀释。加热至沸，直至反应结束，可以取少量样品，用重铬酸盐实验，只有醌而无亚硝基苯或硝基苯的气味（约需 10～15 min）。冷却，用碳酸氢钠中和，氯化钠饱和，乙醚提取。乙醚层用无水硫酸镁干燥。蒸出乙醚，得化合物（**1**）4.3 g，收率 98%，mp 186℃。

硝基化合物也可以通过在酸性条件下用电解法还原来制备氨基酚。

当羟基苯胺的对位连有烃基取代基时，重排过程中可能会引起烃基的重排。例如：

低级烷基取代的硝基化合物在钯-炭催化剂存在下用氢气还原，溶剂采用醇-硫酸，则可以一步得到重排的芳基醚类化合物。反应中也是首先将硝基还原为 N-羟基苯胺，而后在酸的作用下失去羟基生成碳正离子，最后醇作为亲核试剂与碳正离子结合，生成相应的烷氧基苯胺类化合物。这是拓展了的 Bamberger 重排反应。例如 5-甲氧基吲哚中间体 2-乙基-4-甲氧基苯胺的合成。5-甲氧基吲哚为抗肠易激综合征药替加色罗（Tegaserod）等的中间体。

2-乙基-4-甲氧基苯胺（2-Ethyl-4-methoxybenzenamine），$C_9H_{13}NO$，151.21。红褐色固体。

制法　郭翔海，刘彦明，司爱华，沈家祥. 石油化工，2008，37（8）：827.

于安有搅拌器、温度计、回流冷凝器、通气导管的反应瓶中，加入邻硝基乙苯（**2**）19，0 g，3%的钯-炭催化剂 0.25 g，搅拌下加入经预先处理过的发烟硫酸 17 mL 与 150 mL 甲醇配成的溶液。密闭抽气，以氮气置换空气，再用氢气置换氮气。搅拌下慢慢加热至 50℃，保持氢气压力在 1.2～4.8 kPa，待氢气压力不再变化时表示反应已结束。冷却，滤出催化剂，加入 250 mL 水，用氨水调至 pH8. 乙酸乙酯提取 3 次，每次用 100 mL 乙酸乙酯。合并乙酸乙酯层，无水硫酸镁干燥后，旋转蒸出溶剂，剩余物为橙红色油状液体，重 17.0 g，经 HPLC 检测，其中含化合物（**1**）61.8 g。取其 2 g 过柱纯化，用乙酸乙酯-石油醚洗脱，得红褐色化合物（**1**），收率 54.6%（以邻硝基乙苯计）。

又如吩噻嗪类医药、农用化学品等的中间体 2-甲基-4-甲氧基苯胺的合成。

2-甲基-4-甲氧基苯胺（2-Methyl-4-methoxybenzenamine），$C_8H_{11}NO$，137.18。mp 11～13℃，bp 100～102℃/533 Pa。

制法　邱潇，姜佳俊，王幸仪，沈永嘉. 有机化学，2005，25（5）：561.

于压力反应釜中加入邻硝基甲苯（**2**）6.9 g（0.05 mol），甲醇 76.0 g（2.37 mol），乙酸 3.4 g，3%的 Pt/C 催化剂 0.02 g，98%的硫酸 13.2 g（0.13 mol），用氮气置空气，再用氢气置换氮气。于 50℃、氢气压力 0.02 MPa 下反应 5 h。滤出催化剂，蒸出甲醇，剩余物中加入蒸馏水，用浓氨水调至 pH 7，静置分层，水层用甲苯提取 3 次。合并有机层，用 5%的氢氧化钠水溶液提取 3 次，无水硫酸镁干燥。减压蒸出甲苯，剩余物减压蒸馏，收集 65℃/533 Pa 的馏分为邻甲基苯胺（1.1 g），收集 100～102℃/533 Pa 的馏分为化合物（**1**）4.8 g，收率70%，冰箱中放置后固化，mp 11～13℃。

除此之外，*N*-烷氧基-*N*-芳基酰胺类化合物也可以发生 Bamberger 重排反应。

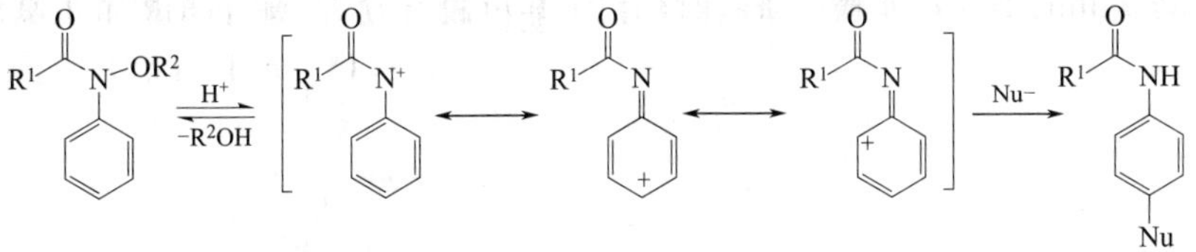

当上述反应在 HCl 存在下反应时，可以生成对位或邻位被氯原子取代的酰基芳胺。例如利眠宁（Chlordiazepoxide）、非那西丁（Phenacetin）等医药中间体对氯苯胺的合成。

对氯苯胺（p-Chloroaniline），C_6H_6ClN，127.57。无色片状结晶。mp 73～74℃（己烷）。

制法　Chem Pharm Bull，1980，28（10）：2987.

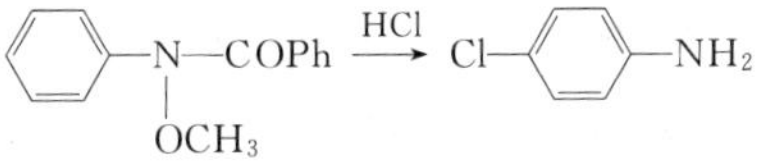

于安有磁力搅拌、温度计的反应瓶中，加入 N-甲氧基-N-苯基苯甲酰胺（**2**）50 mg，20% 的盐酸 2 mL，于 55℃ 搅拌反应 6 h。过滤除去生成的苯甲酸（17 mg），滤液用 20% 的氢氧化钠溶液调至碱性，用苯提取。合并苯层，水洗，无水硫酸钠干燥。减压蒸出溶剂，得无色片状固体（**1**）7 mg，mp 73～74℃（己烷）。

又如化合物 5-溴羟吲哚（**19**）的合成。

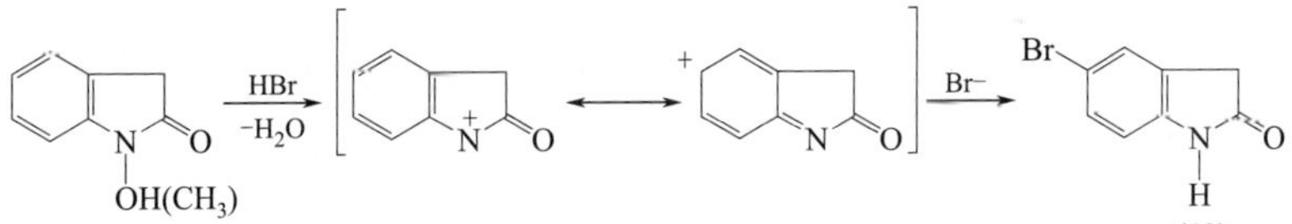

芳环上也可以引入甲硫基。例如：

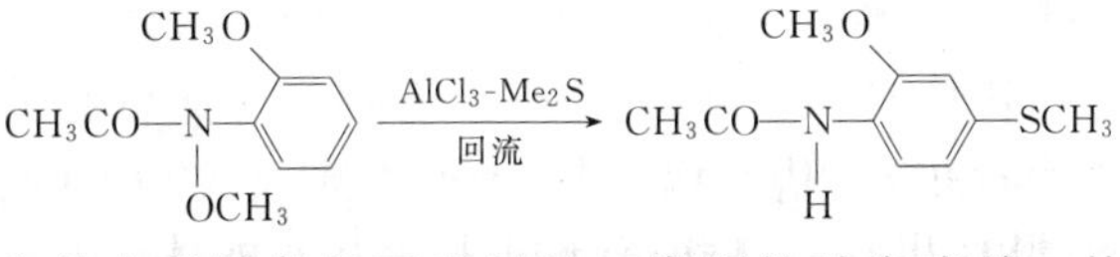

该类重排反应是在酸性条件下进行的，常用的酸为硫酸、盐酸、磷酸等，有时也用高氯酸作重排反应的催化剂。例如化合物（**20**）的合成（Fishbein J C and McClelland R A. J Am Chem Soc，1987，109：2824）：

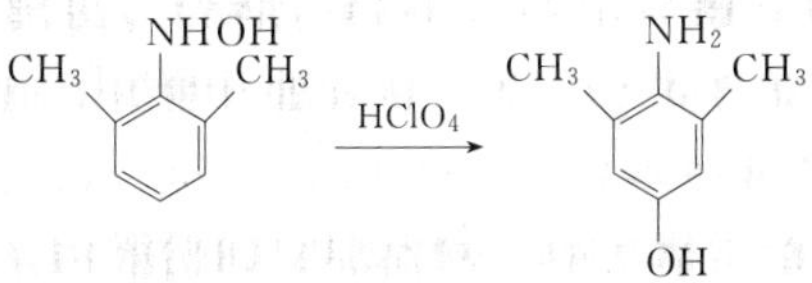

若反应介质中存在苯酚或苯胺时，则可能生成相应的二苯胺和联苯的衍生物。

硝基苯在某些过渡金属存在下于氟化氢中还原，可以生成氟代苯胺，其中对氟苯胺为主要产物。该反应也可归于 Bamberger 重排反应（Tordeux M，Wakselman C. J Fluorine Chem，1995，74：251）。其过程如下：

用通式表示如下：

M = Sn, Pb,Bi(或Si, Ge, Co, In);
R = H, CH$_3$, Cl, F, CF$_3$(在邻位或间位)

Bamberger 重排反应是由羟基芳胺合成氨基酚类化合物的方法之一。N-烷氧基-N-芳基酰胺的重排则不仅可以进行保留或脱去酰基的重排反应，而且氮上的烷氧基可以向芳环的邻、对位迁移，还可以有选择地在芳环的某一位置引入各种亲核基团。在有机合成方面，特别是在一些天然化合物的合成方面具有重要的意义。生物碱瓣月胺中间体（**21**）的合成如下（Kawase M，Miyake Y，Sakamoda T，et al. Tetrahedron，1989，45：1653）：

(87%)　(**21**)

二、Sommelet-Hauser 重排反应

苄基季铵盐在氨基钠等强碱作用下发生重排，生成邻位取代的苄基叔胺，该反应称为 Sommelet-Hauser 重排反应。例如：

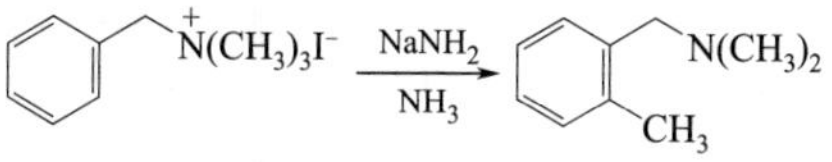

该重排反应首先是由 Sommelet 在 1937 年发现的。此反应与 Stevens 重排反应极为相似。

该重排反应目前提出了两种反应机理。

第一种反应机理如下：

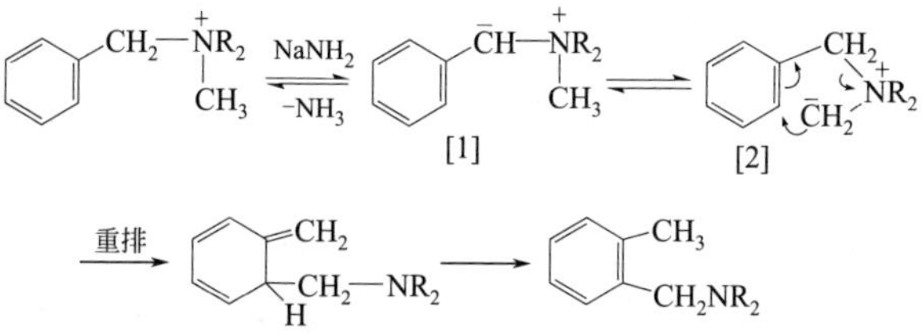

首先是碱夺取酸性比较强的苄基上的 α-氢，生成叶立德 [1]，[1] 与 [2] 之间建立动态平衡，显然 [1] 更稳定，平衡倾向于左侧。但由于 [2] 可以发生重排，生成稳定的化合物，故平衡逐渐向右移动，最终生成重排产物。该机理是由氮至碳的芳环上的亲核取代反应，属于分子内的重排反应。

该机理得到同位素标记实验的支持。若季铵盐分子中苄基的亚甲基碳原子用 [14]C 标记，则重排后 [14]C 出现在与苯环相连的甲基碳原子上。

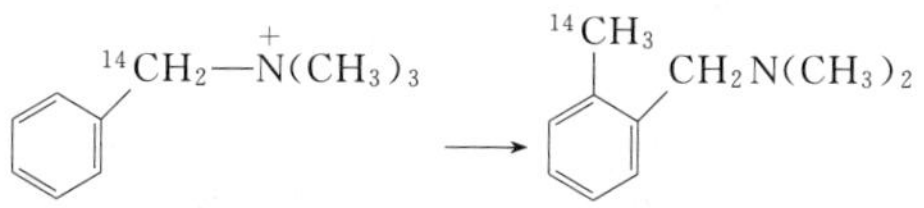

第二种机理认为，反应中氮原子上的甲基以某种形式与氮原子脱离，而后向苯环进攻，最后得到重排产物。这种机理可以解释重排产物中含有少量的对位产物。

但下面的反应还是更支持第一种反应机理：

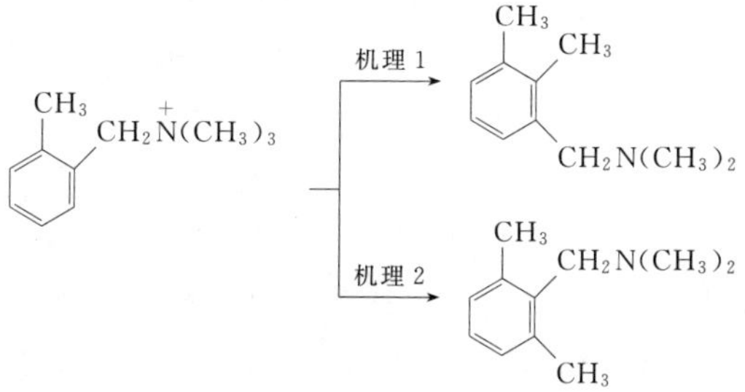

在上述反应中，若按两种不同的机理进行，应当得到不同的重排产物，但实

际上只得到按第一种机理进行的重排产物。

在如下反应中，重排中间体（产物）已经分离出来：

新药开发中间体 2-甲基苄基二甲基胺的合成如下。

2-甲基苄基二甲基胺（2-Methylbenzyldimethylamine，N,N-Dimethyl 2-methylbenzylamine），$C_{10}H_{15}N$，149.24。无色液体。bp 197～198℃，72～73℃/1.2 kPa。n_D^{20} 1.5049～1.5052。

制法　Bresen W R and Hauser C R. Org Synth，1963，Coll Vol 4：585.

苄基三甲基碘化铵（**3**）：于安有搅拌器、回流冷凝器（安氯化钙干燥管）、滴液漏斗的反应瓶中，加入无水乙醇 200 mL，N,N-二甲基苄基胺（**2**）135 g（1.0 mol），剧烈搅拌下滴加碘甲烷 190 g（1.34 mol），开始时可以滴加快一些，随后控制滴加速度，保持反应液回流。加完后（约 30 min）继续回流反应 30 min 以上。转移至 2 L 三角瓶中，冷至室温，析出大量沉淀，搅拌下加入 1 L 乙醚。过滤析出的沉淀，乙醚洗涤 2 次，空气中干燥，得化合物（**3**）269～274 g，收率 94%～99%，mp 178～179℃（分解）。产品纯度足以满足大部分的需要。

2-甲基苄基二甲基胺（**1**）：（注意，由于使用液氨，整个反应应在通风橱中进行）于安有搅拌器、空气冷凝器的 2 L 反应瓶中，加入液氨 800 mL，分批加入小片的金属钠，直至蓝色不退。此时加入 0.5 g 粉状的硝酸铁，而后慢慢分批加入金属钠（每次约 0.5 g）27.8 g（1，2 mol），控制加入速度，以不妨碍搅拌为宜。加完后（约 15 min）继续搅拌反应直至蓝色消失，生成微绿黑色的氨基钠悬浮物（15～20 min）。停止搅拌，转动反应瓶以冲洗下壁上的钠。

于 500 mL 的三角瓶中，加入 277 g（1 mol）化合物（**3**），用一粗橡皮管与上述含氨基钠的三口反应瓶连接，搅拌下开始加入化合物（**3**），注意要均匀地加入，不要使冷凝器中迅速损失液氨。约 10～15 min 加完。开始时呈现微率紫色，加完后继续搅拌反应 10～15 min。如有必要的话应补加液氨以维持原来的体积。继续搅拌反应 2 h，小心加入 27 g（0.5 mol）氯化铵以分解过量的氨基钠。

慢慢滴加 100 mL 水，使固体物溶解，升至室温。加入 70 mL 乙醚，分出有机层，水层用乙醚提取 2 次，每次 70 mL。合并乙醚层，饱和盐水地 2 次，无水碳酸钾干燥。过滤，蒸出溶剂后减压分馏，收集 72～73℃/1.2 kPa 的馏分，得化合物（**1**）134～141.5 g，收率 90%～95%。

除了苄基三甲基季铵盐外，其他苄基季铵盐也可以发生该重排反应，如苄基二甲基烯丙基、苄基二甲基环丙甲基以及其他取代基的苄基季铵盐。

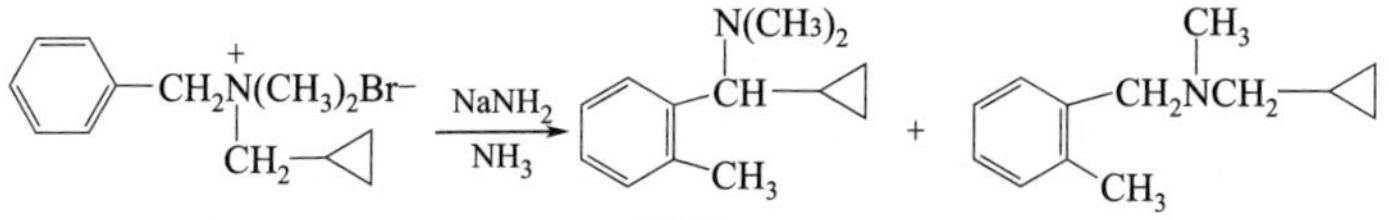

(73%)　(18%)

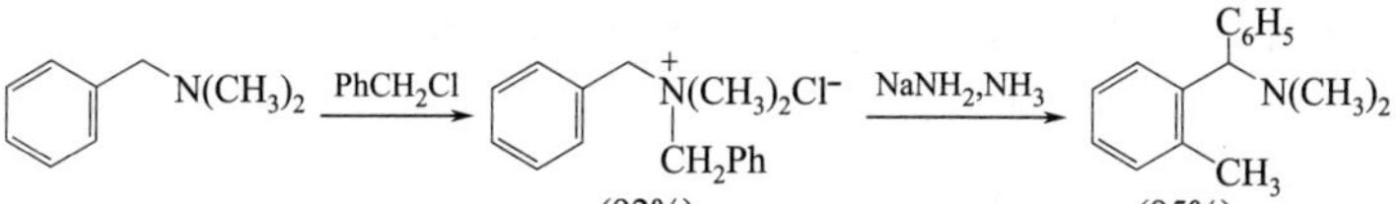

(92%)　(95%)

该重排反应一般收率很高，季铵盐以苄基三甲基卤化铵居多，而且芳环上可以连有各种不同的取代基。若将氮上的甲基改为其他基团，虽然反应也可以发生，但由于氮上的取代基不同，会发生竞争性反应，生成多种不同的重排产物。

芳香杂环季铵盐化合物照样可以发生该重排反应。例如化合物（**22**）和（**23**）的合成：

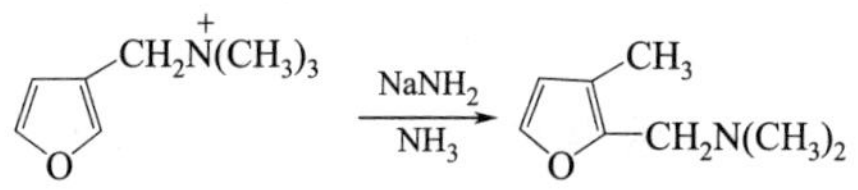

(78%) (**22**)

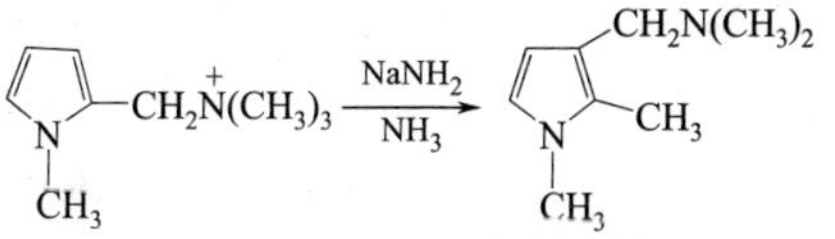

(79%) (**23**)

环状的季铵盐重排后可以得到扩环的化合物，例如 Jones G C and Hauser C R. J Org Chem，1962，27（10）：3572：

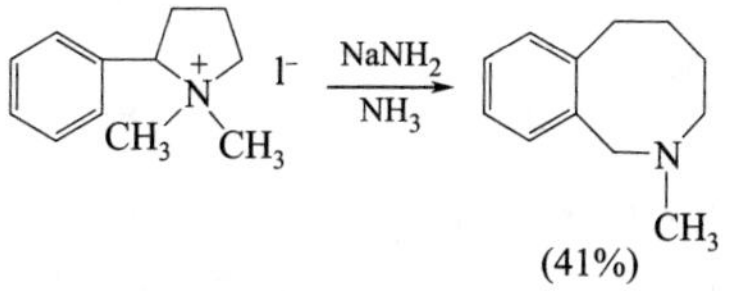

(41%)

锍盐也可以发生类似的反应。例如：

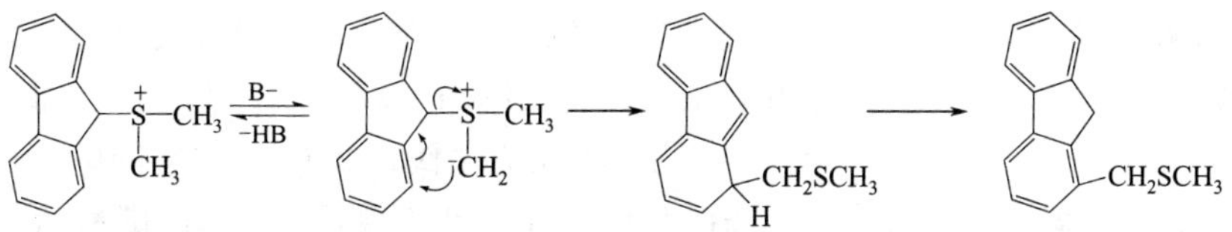

含有硅基的季铵盐在 CsF 存在下也可以发生该重排反应。例如（Shirai N，Sato Y. J Org Chem，1988，53：194）：

又如（Shirai N，Watanabe Y. Sato Y. J Org Chem，1990，55：2767）。

有机锡类季铵盐也可以发生该类反应。例如（Maeda Y，Sato Y. J Org Chem，1996，61，5188）。

如下反应首先季铵化，而后再 CsF 存在下脱硅基重排，得到总收率 75％的产物 *N*-甲基-*N*-(2-甲基苄基)-4-甲氧苄基胺，其为一种重要叔胺衍生物。

N-甲基-N-(2-甲基苄基)-4-甲氧苄基胺 ［*N*-Methyl-*N*-(2-methylbenzyl)-4-methoxybenzylamine］，$C_{17}H_{21}NO$，255.36 油状液体。bp 120℃/24 Pa。

制法 Tanaka T，Shirai N，Sato Y. Chem Pharm Bull，1992，40（2）：518.

于安有搅拌器、回流冷凝器的反应瓶中，加入化合物（**2**）3 mmol，碘甲烷 27 mmol，乙腈 10 mL，于 63℃搅拌反应 24 h。减压蒸出溶剂和过量的碘甲烷，加入 30 mL 干燥的 DMF。减压蒸出 20 mL DMF 以尽量除尽乙腈。加入 CsF 2.2 g（14 mmol），室温搅拌反应 20 h，将反应物倒入 200 mL 1％的碳酸氢钠溶液中，乙醚提取 4 次，每次 100 mL 乙醚。合并乙醚层，用 1％的碳酸氢钠溶液洗涤 2 次，无水硫酸钠干燥。蒸出乙醚，剩余的油状物溶于 50 mL 乙醚中，用 10％的盐酸提取 3 次，每次 40 mL。合并水层，用 20％的氢氧化钠溶液调至碱性。乙醚提取 4 次，每次 100 mL。合并乙醚层，无水硫酸镁干燥。减压蒸出乙醚，剩余物过氧化铝柱纯化，以己烷-乙醚洗脱，最后得油状液体（**1**），收率 75%。bp 120℃/24 Pa。

使用 CsF 脱三甲基硅基具有很高的区域选择性。

Sommelet-Hauser 重排反应常用的碱是强碱，如氨基钠、氨基锂、氨基钾、丁基锂、苯基锂（钠）、LDA 等，这些强碱容易夺取苄基亚甲基上的氢生成叶立德。

反应中常用的溶剂是液氨，反应中加入少量的硝酸铁，对反应有促进作用。例如 1,2,3-三甲苯（**24**）的合成。

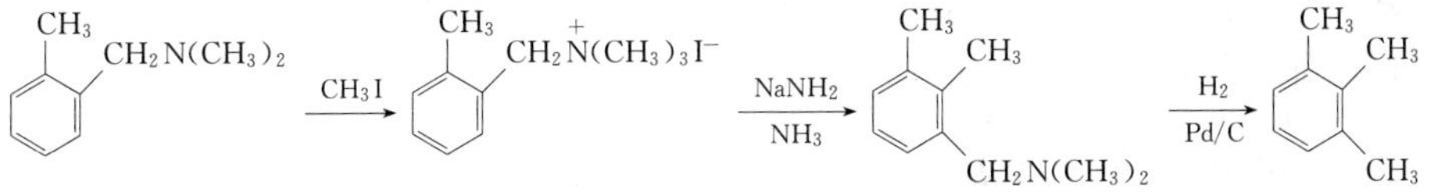
CH3
CH2N(CH3)2
CH3I
CH3
CH2N(CH3)3I−
NaNH2
NH3
CH3
CH3
CH2N(CH3)2
H2
Pd/C
CH3
CH3
CH3

（**24**）

反应中生成的叔胺，若继续与碘甲烷反应生成季铵盐，并与氨基钠反应，可以连续进行该重排反应，得到多甲基苯。

Stevens 重排与 Sommelet-Hauser 重排反应十分相似，都是苄基季铵盐在碱性条件下进行的重排反应，在反应机理上都是生成叶立德。

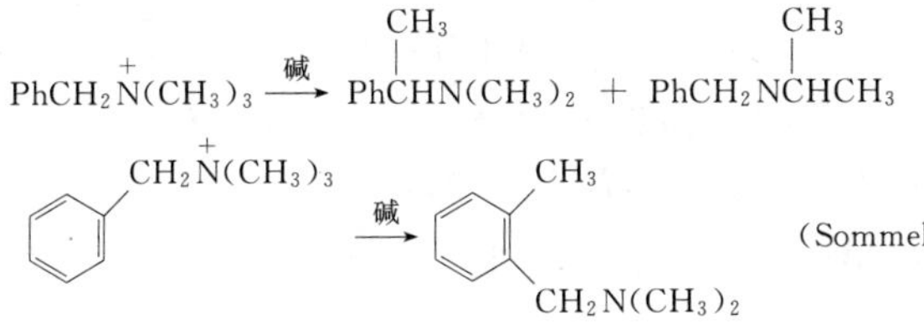
PhCH2N(CH3)3
碱
PhCHN(CH3)2
CH3
PhCH2NCHCH3
CH3
CH2N(CH3)3
碱
CH3
CH2N(CH3)2

（Stevens 重排）

（Sommelet-Hauser 重排）

因此，反应中常常会有这两种反应的竞争，Stevens 重排产物是 Sommelet-Hauser 重排产物的副产物。实验发现，反应温度是控制两种重排反应的主要因素，温度高对 Stevens 重排反应有利，而温度低对 Sommelet-Hauser 重排反应更有利。例如：

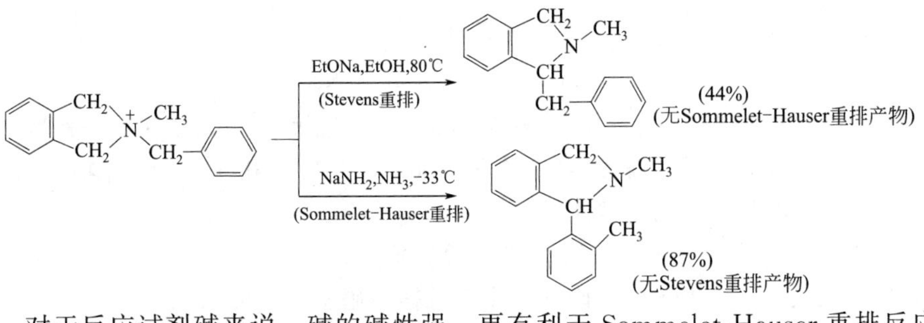
CH2
CH3
N
CH2
CH2
EtONa,EtOH,80℃
(Stevens重排)
CH2
N
CH3
CH
CH2
(44%)
(无Sommelet-Hauser重排产物)
NaNH2,NH3,-33℃
(Sommelet-Hauser重排)
CH2
N
CH3
CH
CH3
(87%)
(无Stevens重排产物)

对于反应试剂碱来说，碱的碱性强，更有利于 Sommelet-Hauser 重排反应，碱性偏弱时则更有利于 Stevens 重排反应。

但也有例外，说明反应中一定还有其他因素的影响。

　　反应底物苄基季铵盐分子中 β-碳原子上不能含有活泼氢，因为此时在碱的作用下容易发生 Hofmann 消除反应，从而使产物复杂化。

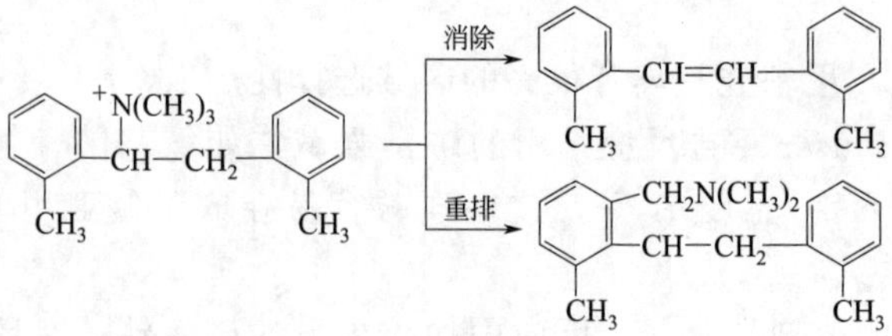

　　Sommelet-Hauser 重排反应是在苯环邻位上引入甲基的方法之一。由于产物是苄基叔胺，进一步烷基化后再次重排，如此继续，可以沿着苯环不断甲基化，直到遇到邻位被占据的情况。

三、Smiles 重排反应

　　Smiles 重排反应实际上是具有如下通式的一组反应：

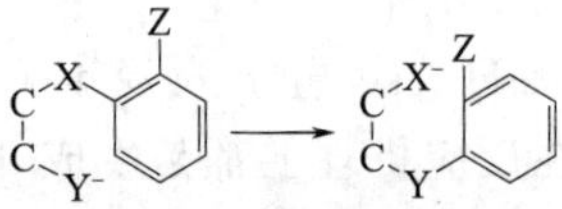

　　式中，X 一般为 S、SO、SO_2、O、COO 等；Y 一般为 OH、NH_2、NHR、SO_2NHR、SO_2NH_2、SH 或 CH_3 等的共轭碱；Z 一般是 NO_2、SO_2R 等。

　　该类反应是由 Smiles S 于 1935 年首先报道的。

　　Smiles 重排反应为简单的分子内的亲核取代反应。以如下反应表示其反应机理如下：

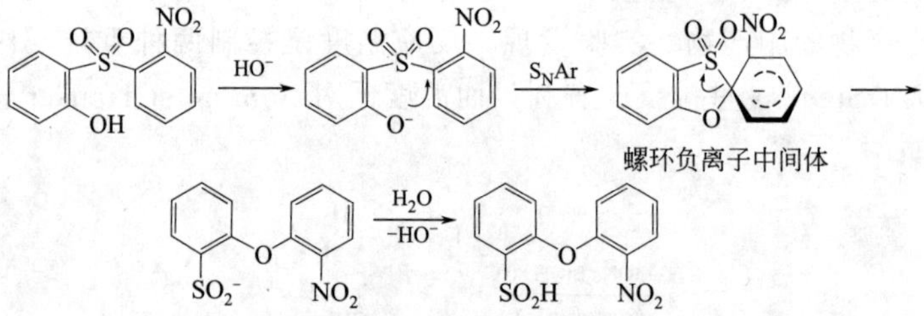

螺环负离子中间体

　　首先是碱夺取酚羟基的氢生成酚氧负离子，而后酚氧负离子作为亲核试剂进行芳环上的亲核取代，生成螺环负离子中间体（Meisenhermer 络合物），最后 C-S 键断裂，恢复芳环的稳定体系，得到重排产物。

　　显然，在上述反应中，亲核试剂是酚氧负离子（ArO^-），而离去基团是芳基亚磺酸负离子（$ArSO_2^-$）。硝基的作用是提高硝基邻位的反应活性。

　　在 Smiles 重排反应通式中，X、Y、Z 可以分别代表上式中的各种基团。这些化合物都可以发生 Smiles 重排反应。X、Y 之间的两个碳原子，可以是芳香族化合物芳环上的两个碳原子，也可以是脂肪族化合物的碳原子，可以是饱和的，也可以是不饱和的，碳原子上也可以连有取代基。例如（Nakamura N. J Am Chem Soc，1983，105：7172）：

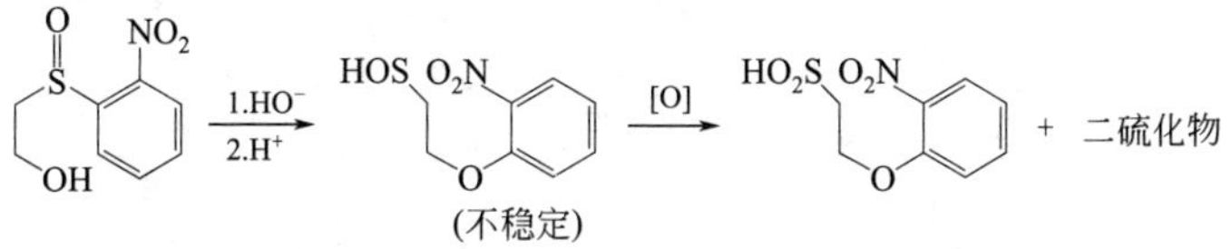

又如如下反应：

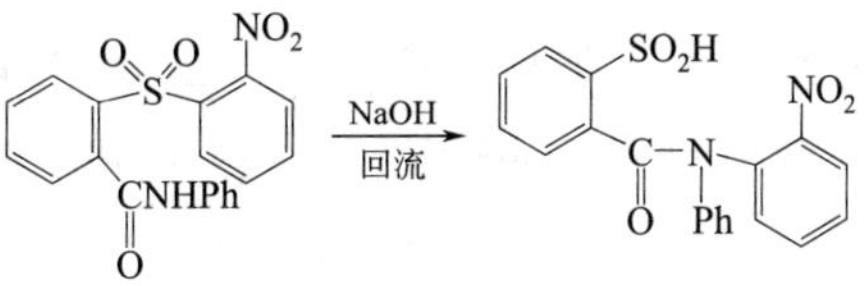

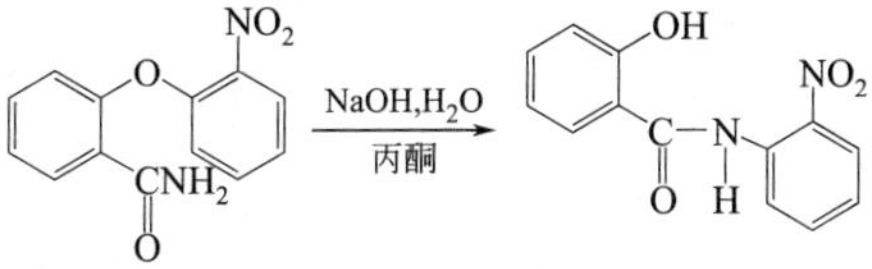

治疗精神病药物氯丙嗪（Chlorpromazine）以及奋乃静（Perphenazine）的合成中间体 2-氯吩噻嗪的合成如下。

2-氯吩噻嗪（2-Chlorophenothiazine），$C_{12}H_8ClNS$，233.72。无色结晶。mp 196～197℃。

制法　Galbreath R J，Ingham R K. J Org Chem，1958，23（11）：1804.

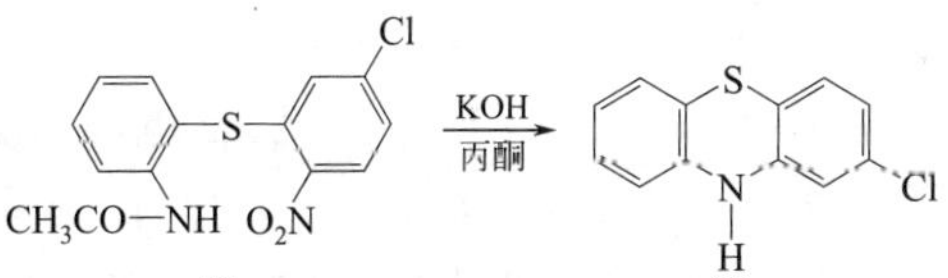

于安有搅拌器、回流冷凝器、通气导管的反应瓶中，加入 888 mL 丙酮，由 6.8 g（0.103 mol）85％的氢氧化钾溶于 51 mL 95％的乙醇配成的溶液，通入氮气 15 min。而后加入粗品 2-乙酰氨基苯基 5-氯-2-硝基苯基硫醚（**2**）（mp 143～150℃）16.1 g（0.05 mol），加热回流 3 h。约蒸出 600 mL 丙酮，剩余物中加入石油醚 500 mL，700 mL 水，滤去少量的不溶物，分出有机层，水层用石油醚 200 mL 提取。合并有机层，水洗。无水硫酸镁干燥后，浓缩至 60 mL。冷却，过滤生成的固体，冷的石油醚洗涤。得棕色固体 5.5 g，mp 180～193℃。于二甲苯中重结晶，活性炭脱色，冷却，得浅黄色化合物（**1**）4.3 g，mp 194.5～196℃，收率 37％。再于二甲苯中重结晶一次，得几乎无色的化合物（**1**）3.6 g，mp 196～197℃。

Z 的作用是提高 Z 基团邻位的反应活性。环上发生亲核取代的位置基本上都是被活化的，通常是被邻位或对位硝基所活化。但如果没有 Z 基团时也能发生该重排反应，只是要使用更强的碱（例如丁基锂、苯基锂等）。例如化合物（**25**）的合成：

在上述反应中，亲核试剂是碳负离子，使用了强碱，该反应又叫 Truce-Smiles 重排反应。

O-芳基醚也可以发生 Smiles 重排反应。例如强效非甾体抗炎解热镇痛药双氯芬酸钠（Diclofenac Sodium）的关键中间体 2,6-二氯二苯胺的合成。

2,6-二氯二苯胺（2,6-Dichlorodiphenylamine，N-2,6-Dichlorophenylaniline），$C_{12}H_9Cl_2N$，238.12。浅黄色固体。mp 51～53℃。

制法　秦丙昌，陈静，朱文举等.化学研究与应用，2009，7：1079.

2,6-二氯苯氧乙酸甲酯（**3**）：于安有搅拌器、回流冷凝器、温度计的反应瓶中，加入 2,6-二氯苯酚（**2**）16.3 g（0.1 mol），加热溶解后慢慢加入 28％的甲醇钠-甲醇溶液 21.0 mL（0.1 mol），使生成酚钠盐。加入氯乙酸甲酯 0.13 mol，改为蒸馏装置，蒸出约 2/3 体积的甲醇，搅拌回流反应（约 120℃）3.5 h。减压蒸出甲醇和过量的氯乙酸甲酯。冷至 60℃ 以下，加入 60 mL 水，充分搅拌。用碳酸钠溶液调至弱碱性，抽滤，水洗，干燥，得白色化合物（**3**），收率 99％，mp 55～56℃。

2,6-二氯二苯胺（**1**）：于安有搅拌器、温度计、回流冷凝器的反应瓶中，加入化合物（**3**）23.5 g（0.1 mol），苯胺 0.13 mol，甲醇钠-甲醇溶液 0.075 mol，于 60℃ 搅拌反应。用 TLC 检测反应的进行情况，直至中间体（**4**）完全消失（硅胶 GF-254，乙酸乙酯-石油醚为 1：5）。常压蒸出大部分甲醇，加入一定量的 10％的氢氧化钠溶液，搅拌回流反应直至 TLC 检测中间体（**5**）完全消失，约需 6～7 h。趁热将反应液倒入分液漏斗中，分出下层有机层，于 70℃用 10％的盐酸调至 pH1～2。分出有机层，冷后固化，得浅黄色固体（**1**），收率 91％，mp 51～53℃。

值得指出的是，α-或β-萘与1,3,5-三甲基苯（莱）生成的砜，在t-BuOK-DMSO中或在BuLi-乙醚中反应时，重排反应与正常的Smiles重排反应不同，不是发生在与砜基相连的碳原子上，而是发生在其相邻的碳原子上，这可能与空间位阻有关。例如化合物（**26**）的合成［Truce W E，Robbins C R and Kreider E M. J Am Chem Soc，1966，88（17）：4027］。

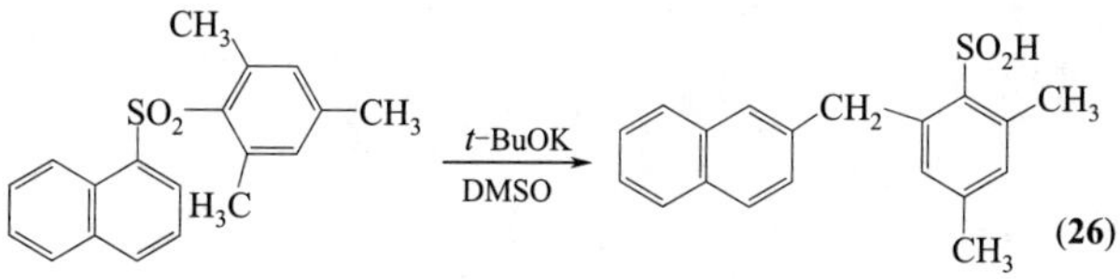

Mizuno M 实现了如下反应（Mizuno M，Yamano M. Org Lett，2005，7：3629），得到的产物6-氨基-1,2,3,4-S 四氢-1-萘酮（**27**）是重要的有机合成、药物合成的中间体，特别是在抗高血压、抗血小板聚集等药物的合成研究中。

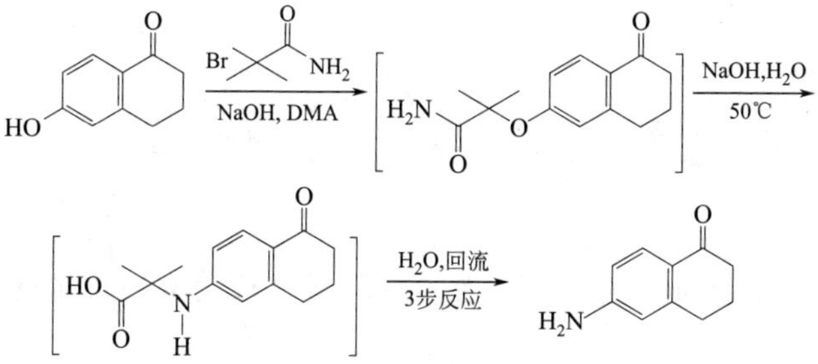

一些杂环类化合物也可以发生该重排反应，例如［Maki Y，Hiramitsu T and Suzuki M. Tetrahedron，1980，36（14）：2097］：

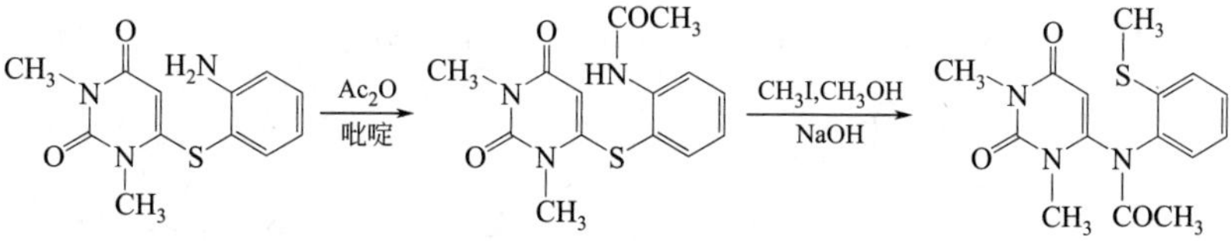

一些多氟代芳烃也可以发生类似的反应。例如（Gerasimova T N，et al. J Fulorine Chem，1994，66：69）：

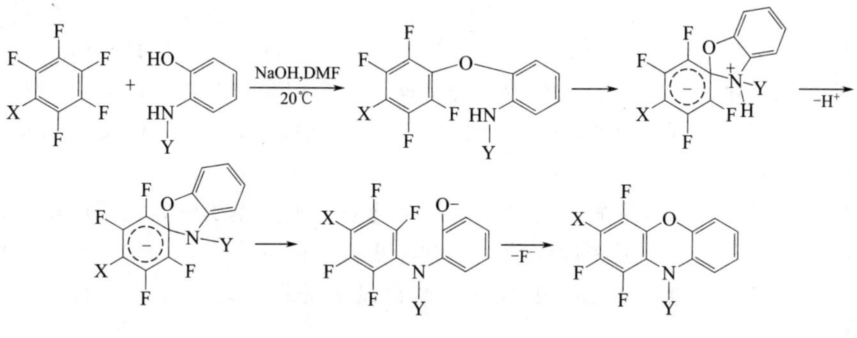

酚类化合物转变为硫酚，是一种变化了的 Smiles 重排反应，又叫 Newman-Kwart 反应。

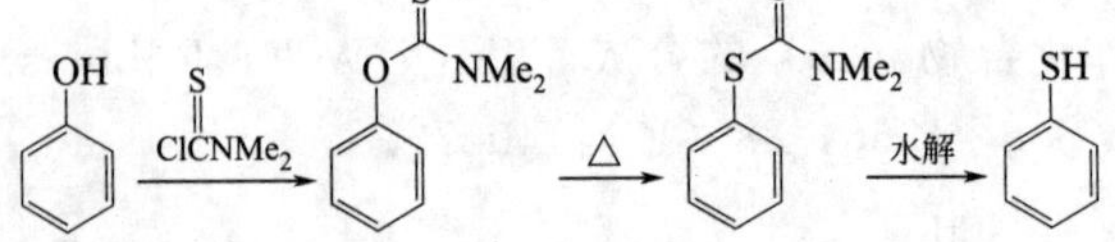

可能的反应过程如下。

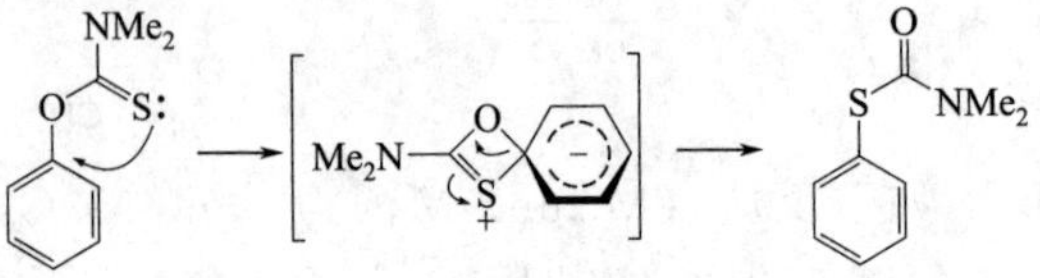

例如（Albrow V，Biswas K，Cranse A，et al. Tetrahedron：Asymmetry，2003，14：2813）：

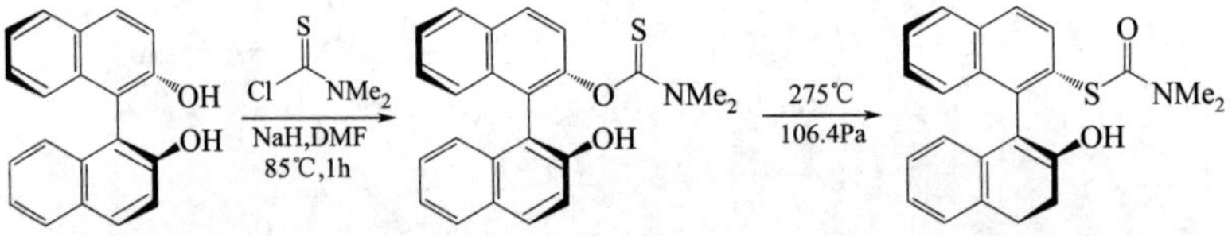

如果在 Smiles 重排反应中，Y 为碳原子，此时发生的重排反应也叫 Truce-Smiles 重排反应。

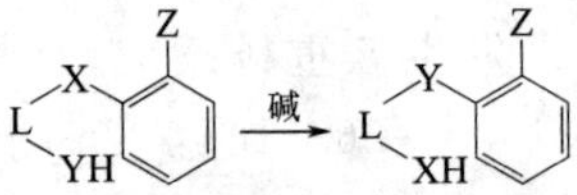

例如（Ericson W R，McKennon M J. Tetrahedron Lett，2000，41：4541）：

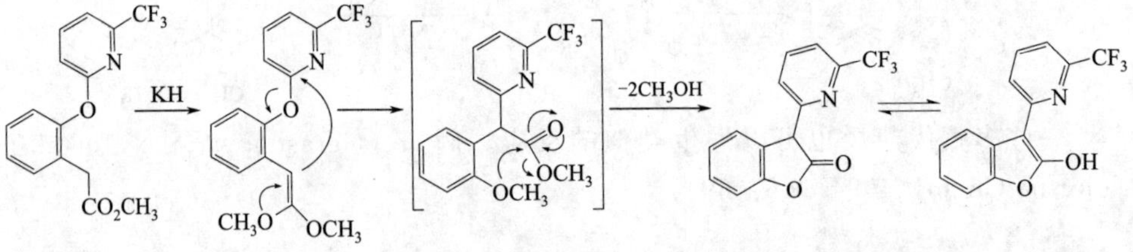

该类反应是在碱性条件下进行的重排反应，常用的碱有碳酸钠、碳酸钾、氢氧化钠、氢氧化钾、醇钠、氨基钠、烷基锂、苯基锂等。具体选用哪一种碱，视具体情况而定。若 Y 上的氢的酸性较强，可以使用较弱的碱，相反，则应选用较强的碱。

作为亲核取代反应底物的芳环，若环上连有吸电子基团时，由于吸电子基团的影响，该芳环上电子云密度降低，有利于重排反应的发生，相对而言，吸电子基团的邻、对位正电性更强，更有利于亲核试剂的进攻。若环上连有给电子基团，则亲核取代会困难一些。例如（Cossu S. et al. Tetrahedron，1997，57：6073）：

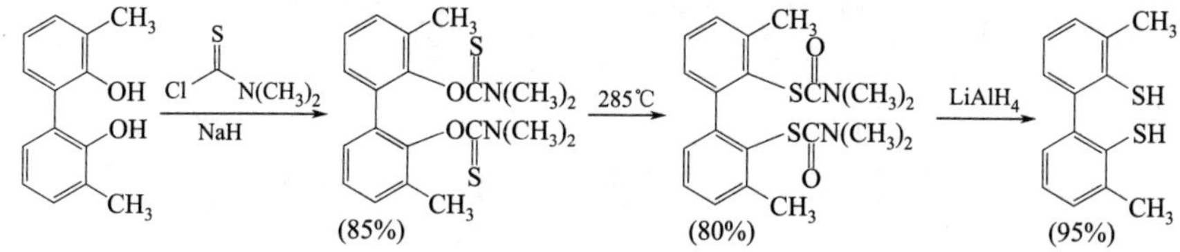

进行亲核进攻的芳基负离子，若 6-位有取代基，则更有利于重排反应，反应速率明显提高。例如：

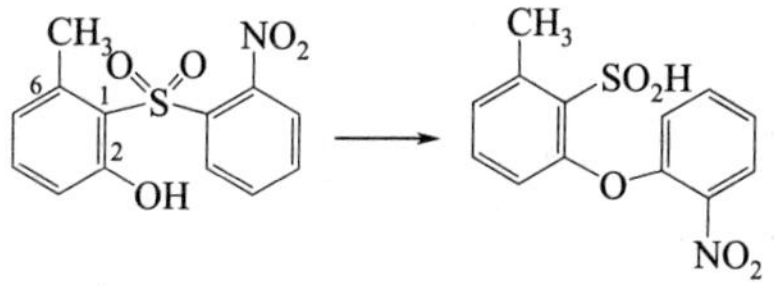

反应速率提高的原因主要是立体效应。上述化合物中 6-位被甲基、氯或溴取代，其反应速率是 4-位被同一基团取代时反应速率的 10^5 倍。原因是这个分子由于 6-位取代基位阻因素所采取的最佳构象正好是重排反应所需要的构象，因此反应的活化能降低，反应速率提高。

α-芳磺酰基酮在 DBU 作用下也可以发生该重排反应。例如 2-羟基-2-(4-硝基苯基)-3,4-二氢萘-1（2H）-酮的合成。

2-羟基-2-(4-硝基苯基)-3,4-二氢萘-1（2H）-酮 ［2-Hydroxy-2-(4-nitrophenyl)-3,4-dihydronaphthalen-1（2H）-one］，$C_{16}H_{13}NO_4$，283.28。浅黄色固体。mp 123～124℃。

制法　Hoffman R V，Jankowski B C，Carr C S. J Org Chem，1986，51（2）：131。

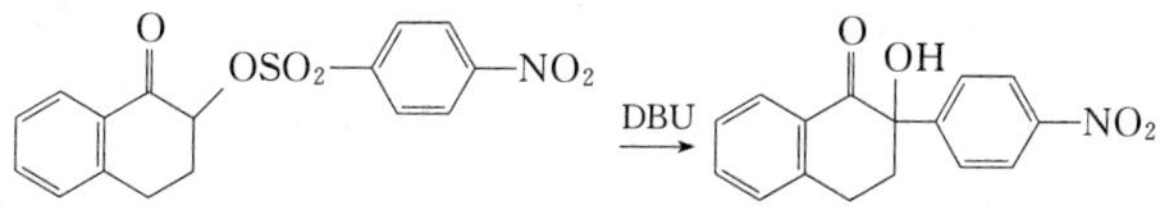

于安有搅拌器、温度计的反应瓶中，加入 DBU 300 mg（2 mmol），苯 15 mL，冰浴冷却，加入化合物（**2**）347 mg（1 mmol）。撤去冰浴，室温搅拌反应，TLC（CHCl₃-己烷 3：1）检测约 30 min 反应完全。向棕黑色反应物中加入 15 mL 2.5 mol/L 的盐酸，变为浅黄色。分出有机层，水层用乙醚提取 2 次。合并有机层，用饱和盐水洗涤，无水硫酸镁干燥。蒸出溶剂，得浅黄色油状液体（**1**）220 mg，收率 78%。用四氯化碳重结晶，得浅黄色固体（**1**），mp 123～124℃。

该反应的大致过程如下：

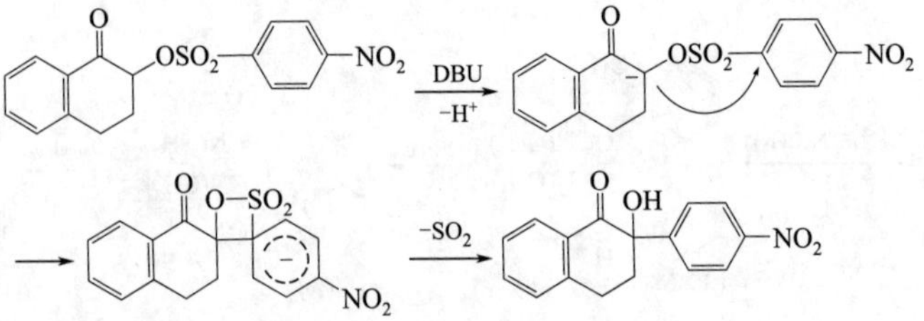

微波技术应用于该重排也有报道，例如化合物（**28**）的合成（Bi C F，Aspnes G E，Guzman-Perez A，Walker D P. Tetrahedron Lett，2008，49：1832）：

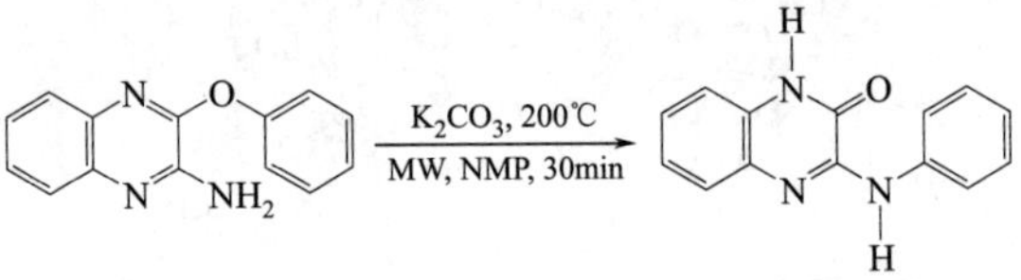

(90%) (**28**)

第三节　芳香族化合物通过环状过渡态进行的重排反应

这类反应主要有 Claisen 重排、Cope 重排、Fischer 吲哚合成法、联苯胺重排等，它们的共同特点是，在反应过程中生成环状过渡态，最后生成重排产物。这些反应在有机合成、药物合成中具有一定的用途。例如平喘药奈多罗米钠（Nedocromol Sodium）中间体的合成。

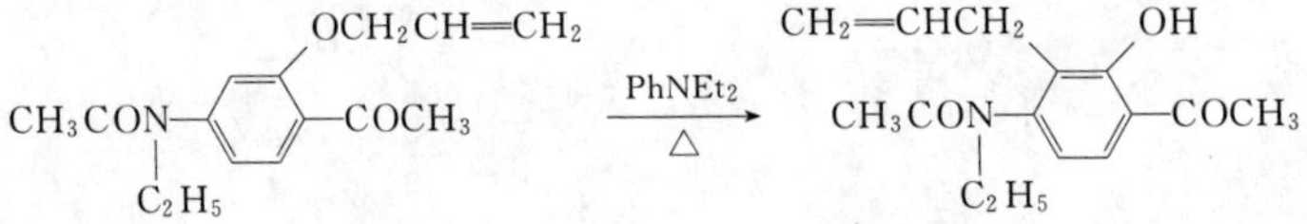

一、Claisen 重排反应

1912 年 Claisen L 在加热乙烯基烯丙基醚时，得到了不饱和醛或酮。此后又发现芳香族烯丙基醚也可以发生类似的反应。因此人们将烯醇类或酚类的烯丙基醚，加热时发生重排生成 γ,δ-不饱和醛（酮）或邻、对位烯丙基酚的反应统称为 Claisen 重排反应。Claisen 重排反应大致可分为两类：一类是芳香族化合物的 Claisen 重排，另一类是脂肪族化合物的 Claisen 重排。本节主要讨论芳香族的 Claisen 重排反应。

脂肪族化合物的 Claisen 重排反应

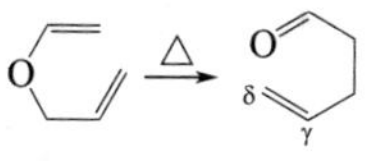

芳香族化合物的 Claisen 重排反应

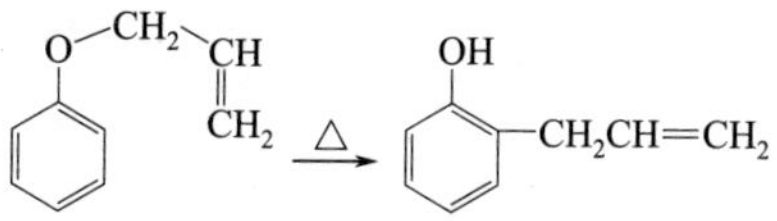

关于芳香族化合物 Claisen 反应的反应机理，有两种解释方法，其一是环状过渡态理论，其二是分子轨道对称性守恒原理。在此主要介绍环状过渡态理论解释。

对于芳香族烯丙基醚来说，环状过渡态理论认为可能的机理如下。

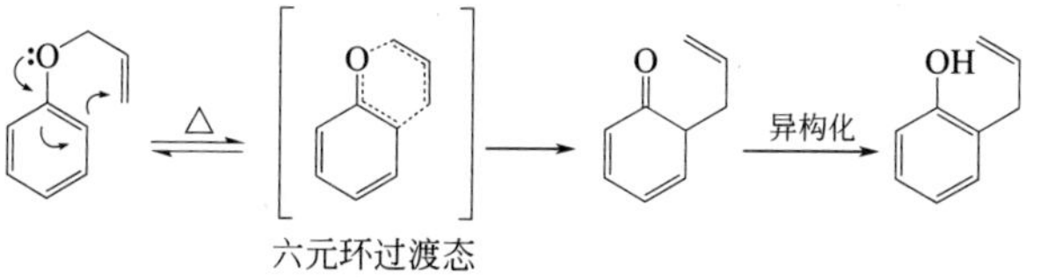

六元环过渡态

这一理论认为，该反应为分子内的重排过程，经过一个包含六个原子的环状中间过渡态，按照协同机理进行的。对于苯基烯丙基醚来说，重排得到邻位异构体。

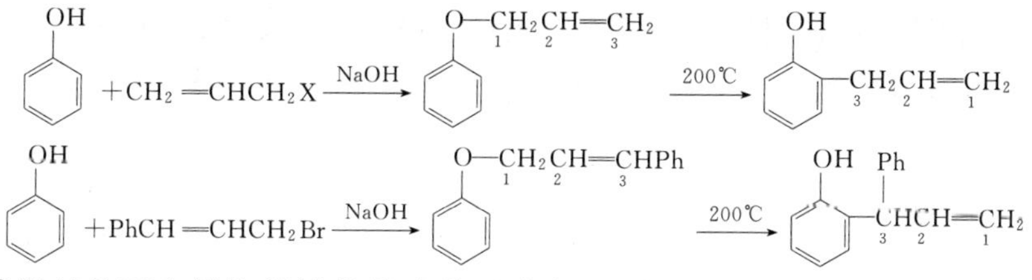

若羟基的两个邻位都被其他取代基占领，则经历两次重排得到对位异构体（第二次为 Cope 重排），它保持了原来烯丙基的结构，这时原来苯基烯丙基醚中与氧原子相连的碳原子连接到苯环上。

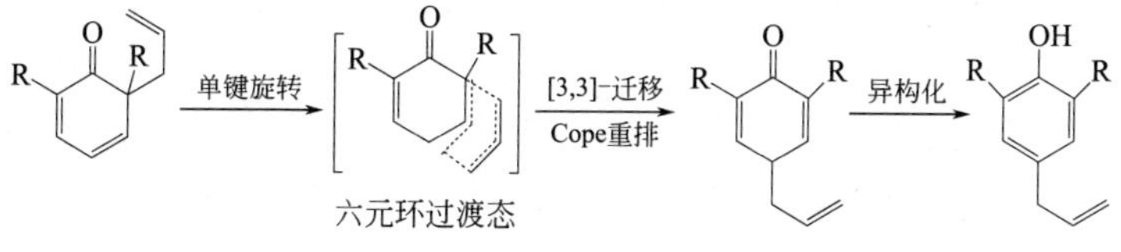

六元环过渡态

例如：

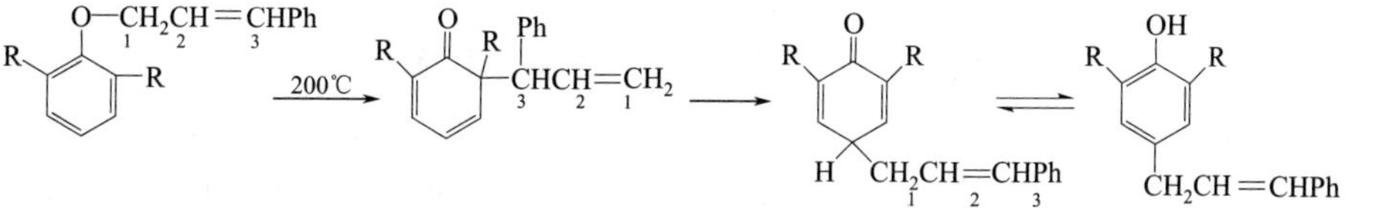

上述机理，得到如下各种实验事实的支持。

（1）**交叉法** 将肉桂基苯基醚与烯丙基 β-萘基醚一起混合加热，结果只有各自的重排产物，而没有发现二者的交叉反应产物。

（2）**同位素标记法** 苯基烯丙基醚分子中烯丙基末端碳原子用 [14]C 标记，经重排得到邻位异构体，[14]C 标记的碳原子直接与苯环相连。

若两个邻位都被占领，则生成对位重排产物，[14]C 标记的碳原子仍然在烯丙基的末端。

这是经历了两次重排，同位素标记的碳又回到了原来的末端位置。

（3）**中间体截获法** 按照上述机理，邻位重排时生成双烯酮中间体，双烯酮应当可以作为双烯体与顺丁烯二酸酐发生 Diels-Aldel 反应，事实上这种 Diels-Aldel 加成反应产物已经分离出来，mp 143℃。

此外，利用 NMR 和 ESR 谱等实验方法，均可以证明 Claisen 重排反应的机理。

芳基烯丙基醚的芳环上可以带有各种取代基，包括邻、对位定位基和间位定位基等。烯丙基醚部分可以是烯丙基，也可以是取代的烯丙基。

例如平喘药奈多罗米钠（Nedocromol Sodium）中间体 *N*-(4-乙酰基-2-烯丙基-3-羟基苯基)-*N*-乙基乙酰胺的合成。

N-(4-乙酰基-2-烯丙基-3-羟基苯基)-N-乙基乙酰胺 ［*N*-(4-Acetyl-2-allyl-3-hydroxyphenyl)-*N*-ethylacetamide]，$C_{15}H_{19}NO_3$，261.32。油状液体。

制法 陈芬儿. 有机药物合成法：第一卷. 北京：中国医药科技出版社，1999：440.

4-(N-乙酰基-N-乙基）氨基-2-烯丙氧基苯乙酮（**3**）：于反应瓶中加入化合物（**2**）92.6 g（0.42 mol），3-溴丙烯 50 mL，无水碳酸钾 90.4 g，干燥的 DMF 500 mL，室温搅拌反应 17 h。将反应物倒入适量水中，乙醚提取数次。合并有机层，水洗，无水硫酸镁干燥。过滤，浓缩，得粗品油状物（**3**）102.5 g，收率 94%，直接用于下一步反应。

N-(4-乙酰基-2-烯丙基-3-羟基苯基)-N-乙基乙酰胺（**1**）：于反应瓶中加入化合物（**3**）100 g（0.386 mol），N,N-二乙基苯胺 300 mL，搅拌回流 3 h。冷却，将反应物倒入适量稀盐酸中，乙醚提取数次。合并乙醚层，依次用稀盐酸、水洗涤后，用 10% 的氢氧化钠提取数次。合并水层，用盐酸调至酸性，析出固体。将固体溶于适量乙醚中，回收溶剂，得棕黄色油状液体（**1**）78.7 g。

Claisen 重排反应除了芳基烯丙基醚外，也可以用炔丙基醚或苯基丙二烯甲醚等，环合后生成苯并吡喃、苯并呋喃类化合物。

芳香杂环烯丙基醚也可以发生该重排反应，例如化合物（**29**）的合成（Suhre M H，Reif M，Kirsch S F. Org Lett，2005，7：3873）。

药物中间体 6-烯丙基-5-羟基脲苷的合成如下。

6-烯丙基-5-羟基脲苷（6-Allyl-5-hydroxyuridine），$C_{12}H_{16}N_2O_7$，300.27。白色固体。mp 121～125℃。

制法　Otter B A，Taube A and Fox J J. J Org Chem，1971，36 (9)：1251.

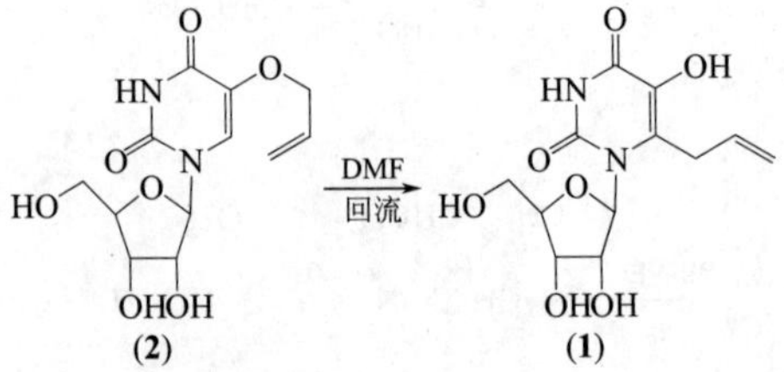

(2)　　　　　(1)

于安有搅拌器、回流冷凝器的反应瓶中，加入 5-烯丙氧基脲苷（**2**）1.85 g，20 mL DMF，搅拌下加热回流反应 10 min。减压蒸出溶剂，而后加入二甲苯继续减压蒸馏以尽量除去 DMF。得到的浆状物用 85％的乙醇重结晶，得化合物（**1**）1.5 g，收率 79％，mp 121～125℃。

苯基烯丙基醚可以发生该重排反应，同样，萘系烯丙基醚也可以发生该重排反应。

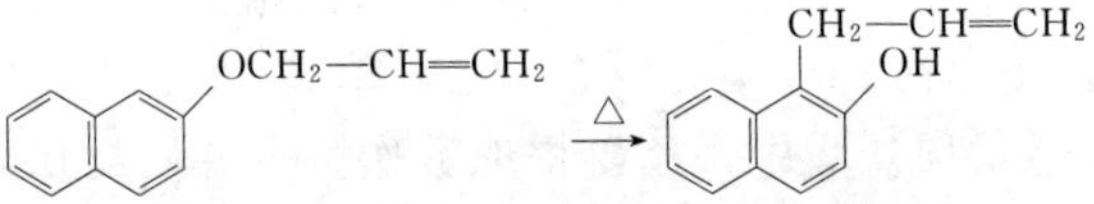

重排反应也可以发生在 N、S 等杂原子上。发生在 N 上的重排反应叫 Eschenmoser-Claisen 重排反应。例如：

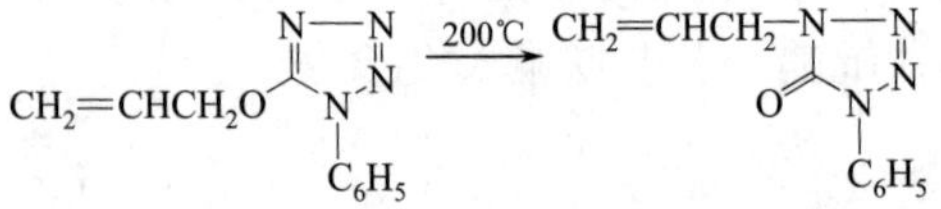

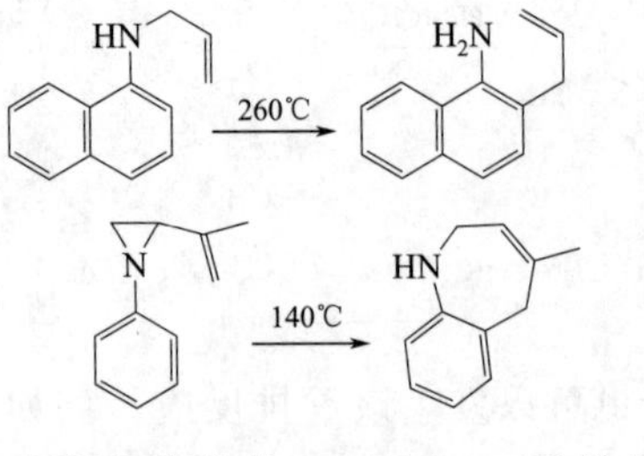

一般芳香胺 N-Claisen 重排比脂肪族 N-Claisen 重排具有更高的活化能，故反应温度比较高。但萘环的 1，2-位之间具有较多的烯键特征以及氮杂环丙烷具有一定的张力，从而使反应有较低的活化能，反应容易进行。

杀菌剂烯丙苯噻唑（probenazole）原料药的合成如下。

2-烯丙基-1,1-二氧代苯并异噻唑酮（2-Allyl-1,1-oxybenzoisothiazolinone），$C_9H_9NO_3S$，211.24。无色或浅黄色固体。mp 81～82℃。

制法　尹炳柱，王俊学，姜海燕，姜贵吉. 化学通报，1988，5：31.

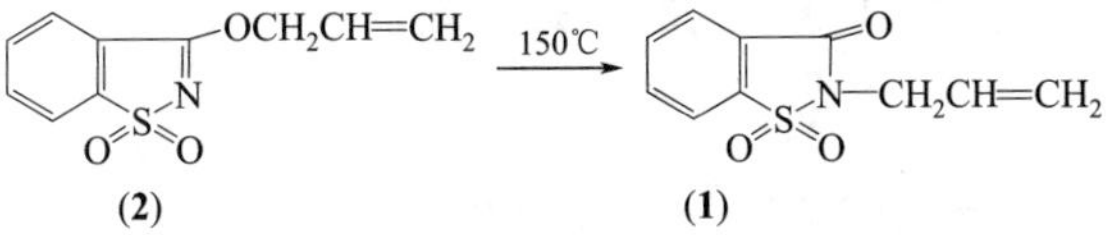

于试管中加入 3-烯丙氧基-1,1-二氧代苯并异噻唑（**2**）1 g，于 200℃ 加热反应 6 h。期间用 GF_{254} 硅胶板跟踪反应的进程，反应 6 h 时转化率达 100%。冷至室温，用环己烷重结晶，得产品（**1**）。mp 81～82℃。

N-烯丙基芳香胺季铵盐发生 Claisen 重排，可以将烯丙基引入芳香胺衍生物的邻位，重排产物是合成吲哚满和吲哚类化合物的中间体。例如化合物（**30**）的合成（Katayama H. Chem Pharm Bull，1978，26：2027）：

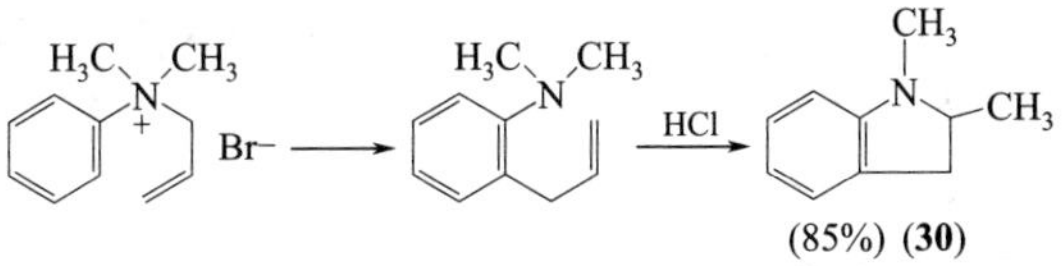

如下杂环胺也可以发生 N-Claisen 重排反应，但烯丙基重排至另一苯环上。

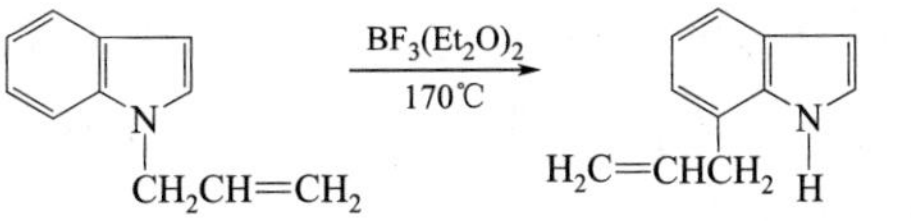

芳基烯丙基硫醚也可以发生 Claisen 重排反应。例如硫色满-3-羧酸的合成。

硫色满-3-羧酸（Thiochroman-3-carboxylic acid），$C_{10}H_{10}SO_2$，194.25。mp 125～126℃。

制法 Benett J B. Synth，1977：589.

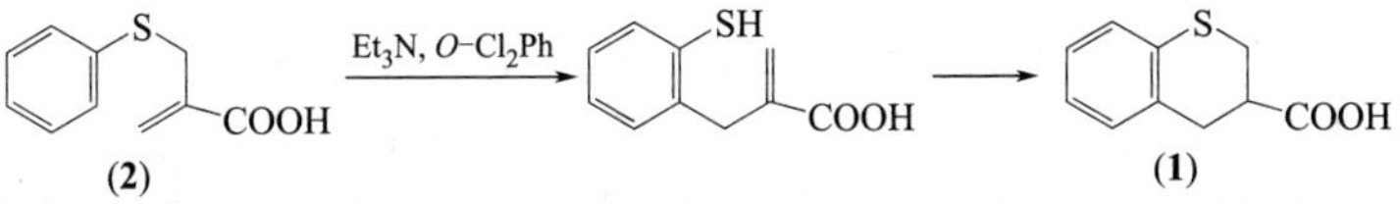

于反应瓶中加入 α-苯硫甲基丙烯酸（**2**）和三乙胺 [0.25 mol/mol 的化合物（**2**）] 溶于邻二氯苯 [10 mL/g 化合物（**2**）] 的溶液，二氧化碳保护下加热反应 6 h。减压蒸出溶剂，剩余物溶于乙醚中。乙醚溶液用饱和碳酸氢钠溶液提取，直至呈碱性。水层用盐酸酸化，过滤生成的沉淀，水洗，干燥。乙酸乙酯-石油醚重结晶，得化合物（**1**），收率 86%，mp 125～126℃。

又如（Rhoads，Raulins. Org React，1975，22：1）：

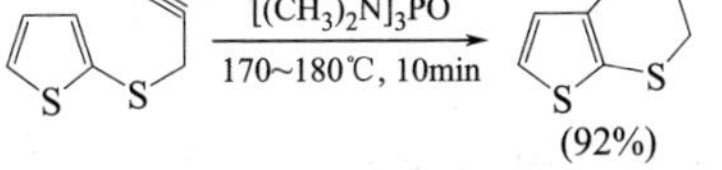

关于 Claisen 重排反应的立体化学，取代的烯丙基芳基醚，无论原来的烯丙基双键是 Z-构型还是 E-构型，重排后新双键的构型都是 E-型，这是因为重排反

应所经历的六元环过渡态具有稳定的椅式构象的缘故。

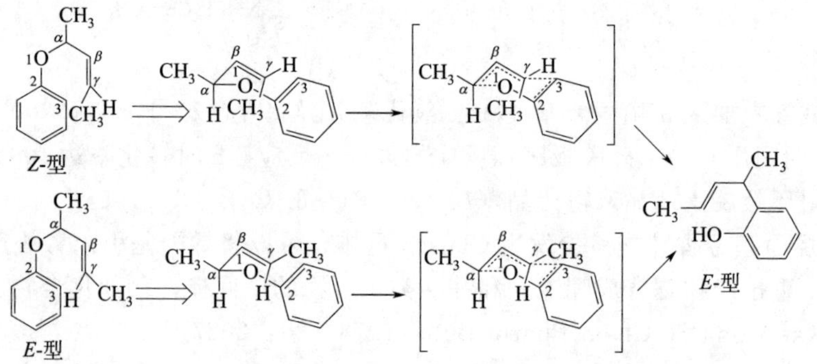

芳环的结构对反应速率有影响。苯环上的给电子基团对反应有利，使反应速率变大，吸电子基团对反应不利，使反应变慢，但作用都不十分明显。例如，对位取代的苯基烯丙基醚于 180℃在二甘醇乙基醚中重排，取代基为甲氧基比取代基为硝基的反应，反应速率大不了多少。芳环上可以连有各种取代基，如烷基、烷氧基、卤素原子、硝基、乙酰氨基等。

若芳环的邻位有醛基或羧基时，重排常伴有脱羰基或羧基的反应，甚至伴有少量间位重排产物生成。例如 [Pedro Molina，Mateo Alajarin，et al. J Org Chem，1990，55（25）：6140]：

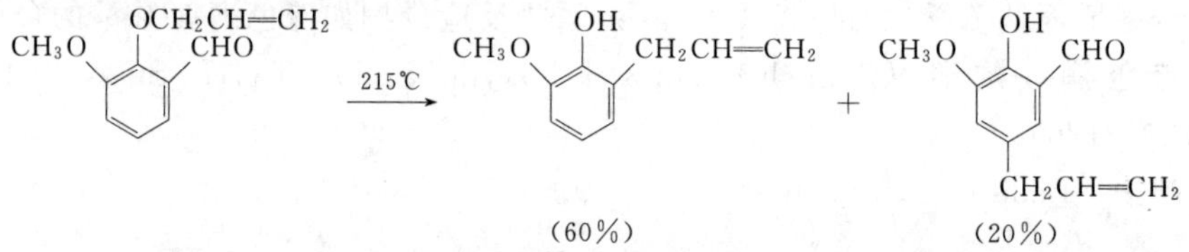

Claisen 重排反应可以在气相、液相、溶液中进行，或在无溶剂、无催化剂时单独加热来进行。单独加热常在 100～250℃无氧条件下进行。当不用溶剂直接加热时，沸点恒定时表示重排基本结束，因为产物的沸点比烯丙基醚要高，反应中沸点逐渐升高直至恒定。

在溶液中进行反应时，常用的溶剂有甲苯、二苯醚、联苯、四氢萘、DMF、N,N-二甲基苯胺、二甘醇乙醚以及三氟醋酸等。溶剂对反应速率影响很大，在 17 种不同溶剂中进行反应，反应速率能相差 300 倍，其中极性溶剂为好，以三氟醋酸效果最好，甚至在室温即可进行重排反应。这主要是由于芳香族化合物的溶剂化效应的存在。在极性溶剂中比在非极性溶剂中反应快。例如间二甲酚的烯丙基醚，在强极性溶剂中有利于重排到邻位，在弱极性溶剂中有利于重排到对位。

Claisen 重排反应通常在高温下进行。为了降低反应温度、缩短反应时间、提高反应收率和选择性，许多化学工作者在探索研究 Claisen 反应的催化剂。已经报道的催化剂有质子酸（硫酸、磷酸、三氟乙酸等）、Lewis 酸（AlCl₃、

SnCl$_4$、BCl$_3$、Bi(OTf)$_3$、杂多酸、金属配合物、分子筛、离子液体等。李政等
[西北师范大学学报，2010，56（5），59-63]报道，用硅胶负载苯磺酸催化烯丙
基芳基醚的 Claisen 重排反应，微波作用下数分钟内即可反应完全，且催化剂可
以反复使用。

有些反应加入汞盐、银盐 PdCl$_2$（CH$_3$CN）$_2$ 或其他 Lewis 酸或碱，则可以
明显加快反应速率。有氯化铵存在时，往往可以促进反应的进行。Sonnenberg
[Sonnenberg . J Org Chem，1970，35（9）：3166]曾报道，苯基烯丙基醚在己
烷中用二乙基氯化铝作催化剂，重排反应可以在室温下进行，而且收率几乎是定
量的。

若芳基烯丙基醚的邻、对位都被占领，在一定的条件下也可以重排到间位
（Borgulya J，et al. Helv Chim Acta，1973，56：14）。

微波照射发生 Claisen 重排反应的报道不断增加。

光照条件下的 Claisen 重排反应以及一些酶催化的 Claisen 重排反应也有
报道。

使用离子液体在高温下可以实现 Claisen 重排反应。例如化合物（31）的合
成（Han X，Armstrong D W. Org Lett，2005，7：4205），（31）本身可以作为
农用杀菌剂。

Claisen 重排反应的主要副反应是脱去烯丙基生成酚。例如如下反应，除了
生成正常的重排产物外，还有相应的酚和二烯生成。

在如下反应中，有苯并四氢呋喃衍生物的生成，可能是重排产物又进行分子
内关环而生成的。

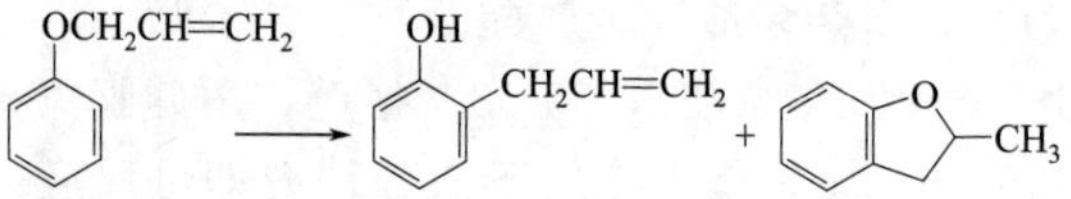

2-烯丙基苯酚在酸催化剂存在下，例如吡啶盐酸盐、次溴酸-乙酸或甲酸，会主要生成 2-甲基二氢苯并呋喃。

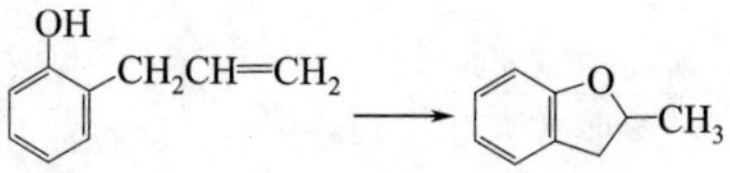

在强碱存在下，烯丙基酚会异构化为丙烯基酚。例如：

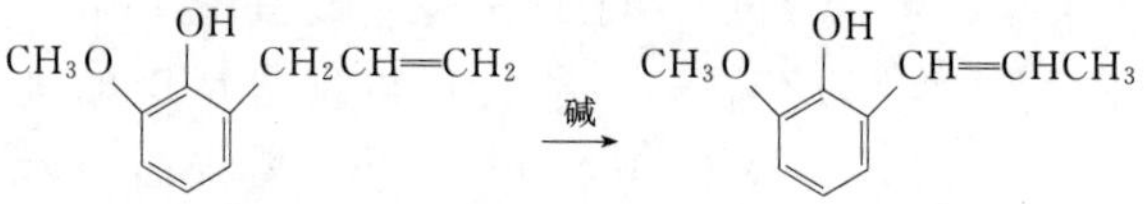

又如（段行信. 实用精细有机合成手册. 北京：化学工业出版社，2000：431）：

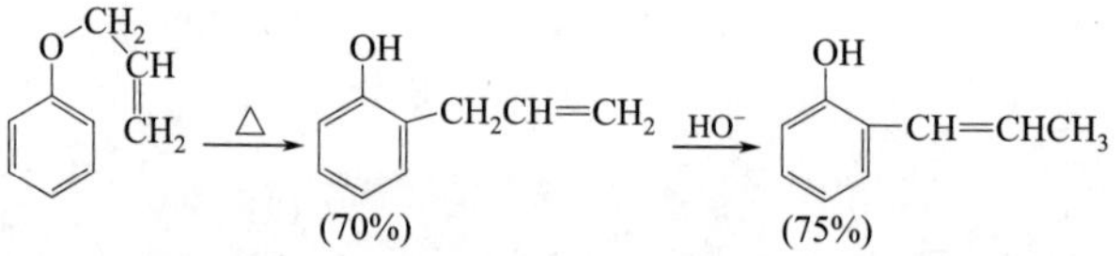

Claisen 重排反应已有近 100 年的历史，目前已经发展成为一类非常重要的重排反应，并衍生出多种重排反应。这些重排反应主要有如下数种. Carroll 重排反应、Eschenmoser 重排反应、Jonhson 重排反应、Ireland-Claisen 重排反应、Reformatsky-Claisen 重排反应、硫-Claisen 重排反应（Thio-Claisen 重排反应）、氮-Claisen 重排反应（Aza-Claisen 重排反应）、螯合 Claisen 重排反应（Chelate-Claisen 重排反应）、Diosphenol-Claisen 重排反应、Metallo-Claisen 重排反应、逆 Claisen 重排反应（Retro-Claisen 重排反应）等。

目前，化学工作者对 Claisen 重排反应的研究仍然十分活跃，主要表现在如下三个方面。一是 Claisen 重排反应条件的优化；二是催化高立体选择性的 Claisen 重排反应；三是 Claisen 重排反应的光化学研究。在这三个方面的研究目前已经取得了令人可喜的成就。

Claisen 重排反应在有机合成中具有十分重要的用途。主要表现在如下几个方面：①重排产生的 α,β-不饱和羰基化合物是具有多种用途的中间体；②重排后可以得到多种类型的羰基衍生物，如醛、酮、酸、酯、内酯、硫酯、酰胺等；③Claisen 重排在形成重排双键时有高立体选择性；④烯丙基酚基醚的重排可以得到烯丙基醇的前体，也是合成烯丙基酚类化合物的重要方法，一般收率都很高。而且也是在杂环上引入烯丙基、在苯环上引入氢化吡喃环的重要方法。

二、Fischer 吲哚合成法

醛、酮与芳肼反应生成醛、酮的芳腙，芳腙在 Lewis 酸或质子酸存在下加热，生成吲哚类化合物，该反应称为 Fischer 吲哚合成法。

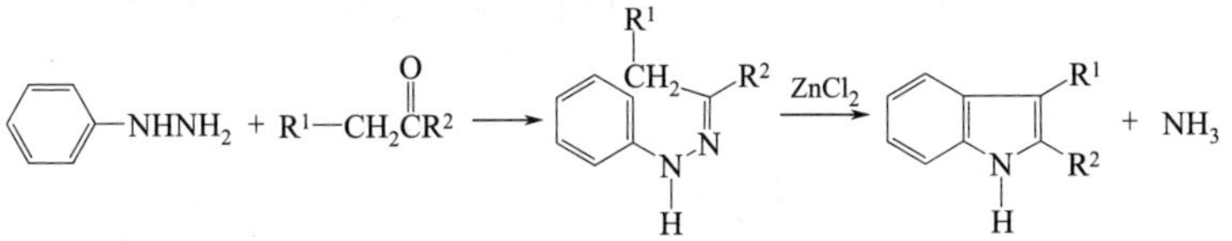

Fischer E 和 Jourdan F 于 1883 年首先报道了该反应。他们将丙酮酸的 N-甲基苯腙环化得到了 1-甲基-2-吲哚甲酸，收率仅有 5%。目前，该方法已得到迅速发展，已经成为合成吲哚环系化合物的重要的广泛使用的方法。

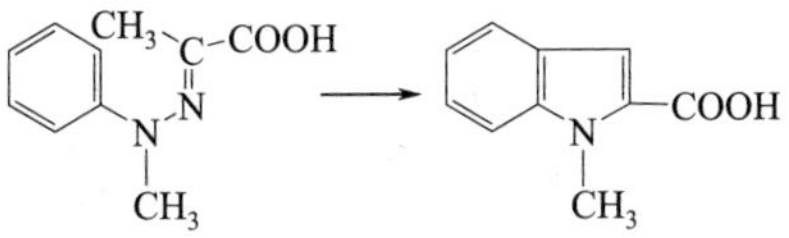

反应机理如下：

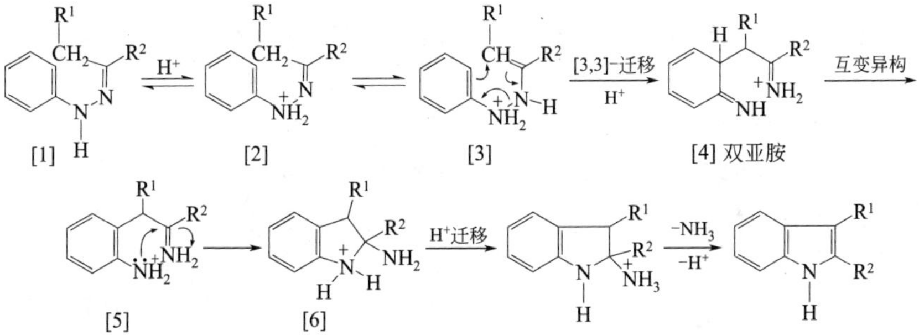

苯腙 [1] 首先质子化为 [2]，[2] 互变异构化生成烯肼 [3]，[3] 发生 [3，3] σ-迁移，N-N 键断裂，同时生成新的 C-C 键并生成中间体双亚胺 [6]，[6] 立即异构化为具有苯环结构的中间体 [5]，[5] 的氨基对亚胺双键进行亲核加成生成中间体 [6]，[6] 失去氨生成吲哚类化合物。反应的关键一步是 [3，3] σ-迁移。

该机理已经被多种实验证实。中间体 [6] 已经分离出来；[5] 的存在已经被 ^{14}C 和 ^{15}N 核磁共振谱证实；只有从 [4] 才能生成的副产物已经被分离；用 ^{15}N 同位素标记进行实验，证明以 NH_3 形式消去的氮原子不是与苯环直接相连的氮原子。

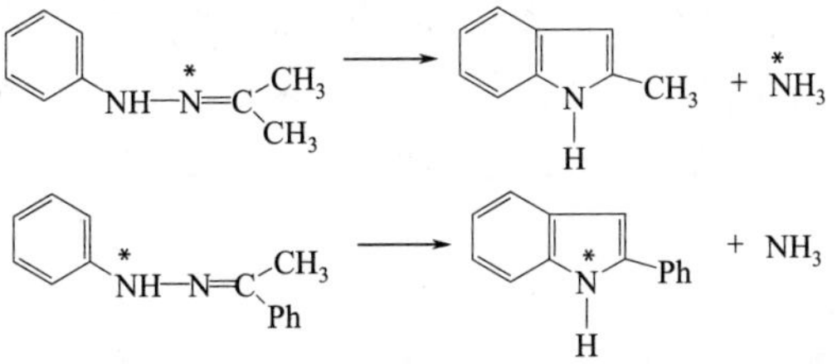

然而，并非所有的苯腙都能发生 Fischer 反应生成吲哚类化合物。具有如下结构的醛、酮（至少具有两个 α-H）与苯肼反应生成的腙可以发生该重排反应：

$$(H)R^1-CH_2-\overset{\overset{\displaystyle O}{\|}}{C}-R \qquad RCH_2-\overset{\overset{\displaystyle O}{\|}}{C}-H$$
$$（酮）\qquad\qquad\qquad （醛）$$

醛分子中的 R 不能为氢，即乙醛与苯肼生成的腙在氯化锌催化剂存在下用于合成未取代的吲哚尚未成功。但将催化剂负载于玻璃珠上，而后在加热条件下通入乙醛蒸汽，则可以得到吲哚。吲哚（**32**）是重要的医药中间体，可以由丙酮酸与苯肼反应得到吲哚-2-甲酸，后者加热脱羧来合成。

色氨酸为营养增补剂，是人体的必需氨基酸之一，用于孕妇营养补剂和乳幼儿特殊奶粉，用作烟酸缺乏症（糙皮病）治疗药等。DL-色氨酸可以由醛与苯肼反应来合成：

D,L-色氨酸 ［D,L-Tryptophan，2-Amino-3-（3-indolyl）propionic acid］，$C_{11}H_{12}N_2O_2$，204.23。白色或类丙酸结晶粉末。无臭、味甜。微溶于乙醇，极微溶于水。溶于稀酸或稀碱。

制法 Furniss B S，Hannaford A J，Rogers V，et al. Vogel's Textbook of Practical Chemistry. Longman London and New York. Fourth edition，1978：556.

4-乙酰氨基-4,4-二乙氧羰基丁醛苯腙（**4**）：（注意一定要在通风橱中进行）于安有搅拌器、温度计、滴液漏斗的反应瓶中，加入乙酰氨基丙二酸二乙酯（**2**）43.5 g（0.2 mol），苯 70 mL，水浴冷却，搅拌下加入浓的乙醇钠的乙醇溶液 0.5 mL。慢慢滴加丙烯醛 12 g（0.215 mol）与 14 mL 苯配成的溶液。控制滴加速度，不要使内温高于 35℃。加完后继续搅拌反应 2 h，过滤，得化合物（**3**）的溶液。加入 5 mL 冰醋酸，而后加入新蒸馏的苯肼 24 g（0.22 mol），温热至 50℃，生成橙色溶液，室温放置 2 天。滤出生成的沉淀，用苯洗涤两次，干燥，得化合物（**5**）50 g，mp 141℃，收率 69%。若收率较低，可将母液再放置 2 天，可得到部分产品。

（3-吲哚甲基）-乙酰氨基丙二酸二乙酯（**5**）：于安有搅拌器、回流冷凝器的反应瓶中，加入水 300 mL，浓硫酸 14 mL，化合物（**4**）47 g（0.13 mol）。搅拌下加热回流 4.5 h，悬浮的固体物变成液体，而后固化。冷却，过滤。加水研细后过滤。用水-乙醇（1∶1）重结晶，得化合物（**5**）32 g，mp 143℃，固化后再测定，mp 159℃，收率 71％。

D,L-色氨酸（**1**）：于安有搅拌器、回流冷凝器的反应瓶中，加入水 180 mL，氢氧化钠 18 g（0.45 mol），化合物（**5**）31 g（0.09 mol），搅拌下回流反应 4 h。活性炭脱色，过滤。滤液冰盐浴冷却，慢慢加入浓盐酸 55 mL 酸化，酸化时温度不要高于 20℃。于 0℃冷却 4 h，滤出生成的固体。将固体物加入 130 mL 水，回流反应 3 h，脱羧并有一些乙酰基色氨酸生成。再加入由 16 g 氢氧化钠溶于 30 mL 水配成的溶液，继续回流反应 20 h。加入活性炭 1 g 脱色，过滤，滤液冷却。加入 24 g 冰醋酸酸化，将其于 0℃冷却 5 h。抽滤生成的色氨酸。将其溶于含有 5 g 氢氧化钠的 300 mL 水中，加热至 70℃，用 100 mL 70℃的乙醇稀释，滤去生成的少量沉淀。用 7.5 mL 冰醋酸酸化，慢慢冷却。析晶完全后抽滤，依次用冷水、乙醇、乙醚洗涤两次，干燥，得无色片状 DL-色氨酸（**1**）15 g，mp 283～284℃（分解），收率 82％。

偏头痛病治疗药佐米曲坦（Zolmitriptan）原料药的合成如下。

佐米曲坦（Zolmitriptan），$C_{16}H_{21}N_3O_2$，287.36。类白色固体。mp 139～140.5℃。

制法　符乃光，陈平. 化学试剂，2008，30（11）：865.

于安有搅拌器、温度计、滴液漏斗的反应瓶中，加入 200 mL 蒸馏水，150 mL 浓盐酸，（S）-4-(4-氨基苄基）噁唑烷-2-酮（**2**）96 g（0.5 mol），冰盐浴冷至 0℃，搅拌下慢慢滴加由亚硝酸钠 34.5 g（0.5 mol）溶于 115 mL 水的溶液，控制滴加速度，保持反应液温度在 5℃以下。加完后继续低温搅拌反应 30 min，得重氮盐溶液，暂时低温保存备用。

于安有搅拌器、温度计、滴液漏斗的反应瓶中，加入浓盐酸 850 mL，二水合氯化亚锡 282.5 g（1.25 mol），搅拌溶解，生成透明溶液。冷至 0℃，慢慢滴加上述重氮盐溶液，控制反应液温度不超过 5℃。加完后慢慢升至室温，继续搅拌反应 2 h，生成化合物（**3**）的盐酸盐溶液。用 25％的碳酸钾水溶液中和至 pH3～4，氮气保护下慢慢滴加 4,4-二乙氧基-*N*,*N*-二甲基丁胺 94.7 g（0.5 mol）。

加完后慢慢升至 85～90℃，搅拌反应 5 h。冷至室温，用 10％的氢氧化钠溶液调至 pH8～9，乙酸乙酯提取（200 mL×3）。合并乙酸乙酯层，水洗 2 次，无水硫酸钠干燥。减压蒸出溶剂，得浅黄色油状物。加入 150 mL 石油醚，于 0℃放置 5～6 h。抽滤生成的固体，用乙酸乙酯-异丙醇（9：1）重结晶，得类白色固体（**1**）65 g，收率 45.3％，mp 139～140.5℃。

又如偏头痛病治疗药舒马普坦（Sumatriptan）原料药（**33**）的合成［陈勇，蒋金芝，王艳.广州化学，2008，33（1）：35］。

当使用酮作为反应物时，有两种情况，一是对称的酮，此时生成的产物单一；二是使用不对称的酮，此时生成的腙环合时生成两种可能的吲哚衍生物。

例如医药中间体 2,5-二甲基吲哚（**34**）的合成［徐小军，尤庆亮，余朋高等.化学与生物工程，2013，30（4）：59］：

究竟以哪一种方式环合，取决于酮的结构和催化剂酸的强度和用量。例如：

在制备 7-羟基吲哚类化合物时，应当预先将羟基进行保护，而后再进行吲哚环的合成。

新药开发中间体 6-(2-甲基-5-磺酸基-1*H*-吲哚-3-基) 己酸（**35**）的合成如下
[孙彦伟，马军营，孙超伟等.河北科技大学学报，2010，31（3）：93]：

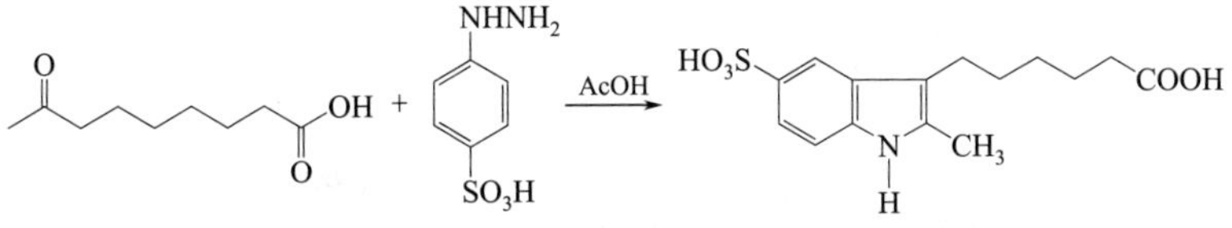

(90%) (**35**)

当使用芳香酮时产物比较单一。例如新药、染料中间体 2-苯基吲哚（**36**）
的合成（孙昌俊，王秀菊，曹晓冉.药物合成反应——理论与实践.北京：化学工
业出版社，2007：437）：

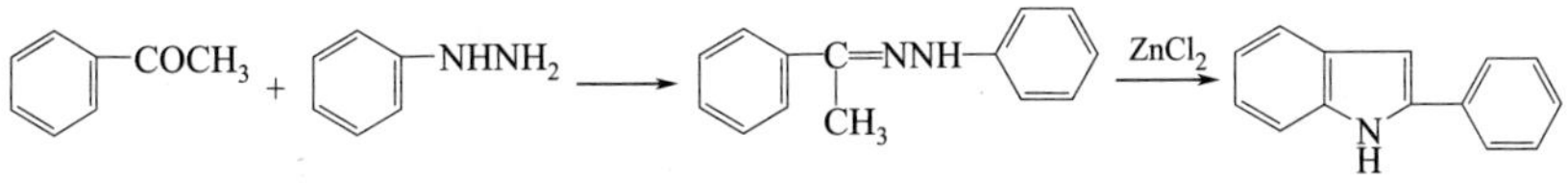

(89%)　　　　　　　　　　(79%) (**36**)

只有一个 α-氢的酮生成的腙，反应后得到假吲哚的衍生物。

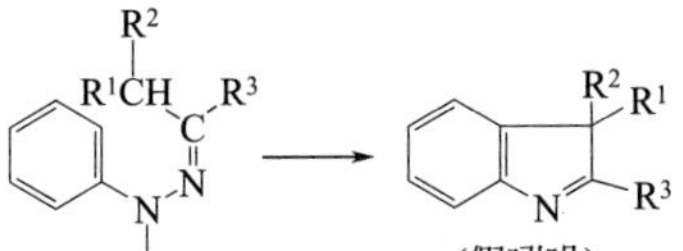

(假吲哚)

环己酮与苯肼反应生成的腙反应后生成四氢咔唑。

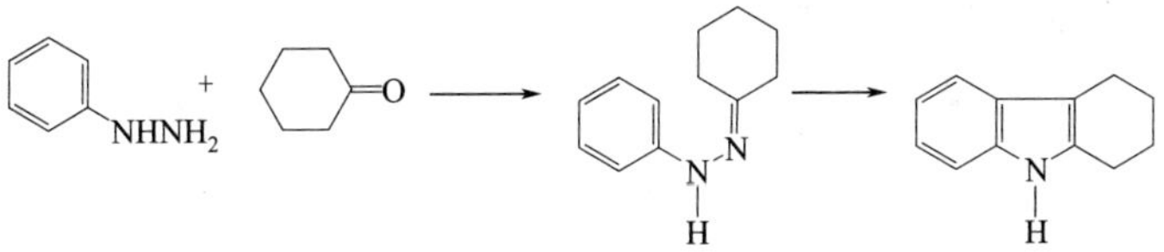

抗抑郁药丙辛吲哚盐酸盐中间体环辛并 [*b*] 吲哚的合成如下。

环辛并 [*b*] 吲哚（Indole [2,3-*b*] cyclooctane），$C_{14}H_{17}N$，199.31。白色
或浅黄色结晶。mp 75～77℃。不溶于水。

制法　孙昌俊，王秀菊，曹晓冉.药物合成反应——理论与实践.北京：化学
工业出版社，2007：452.

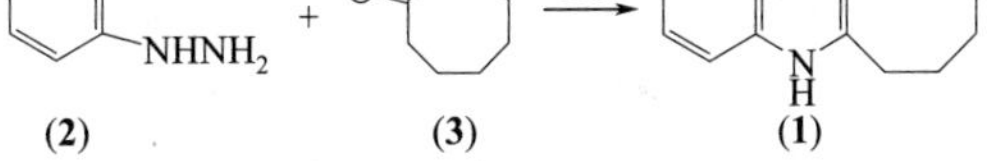

(**2**)　　　　　　　(**3**)　　　　　　(**1**)

于安有搅拌器、回流冷凝器、滴液漏斗的反应瓶中，加入水 80 mL，浓盐酸
27.4 mL，加热至回流，搅拌下滴加苯肼（**2**）17.2 g（0.16 mol），加完后，内
温 100℃滴加环辛酮（**3**）20 g（0.159 mol），约 40 min 加完，而后继续反应
4 h。反应结束后，倒入 400 mL 冰水中，剧烈搅拌，使黏稠物分散为颗粒状。
抽滤，水洗。乙醇中重结晶，得（**1**）25 g，收率 70%，mp 73～75℃。

若苯肼与环戊酮反应，则生成环戊并 [b] 吲哚 [薛震，张玉祥.化工中间体，2009，7：60；李梅香.化学于生物工程，2011，28（5）：21]。

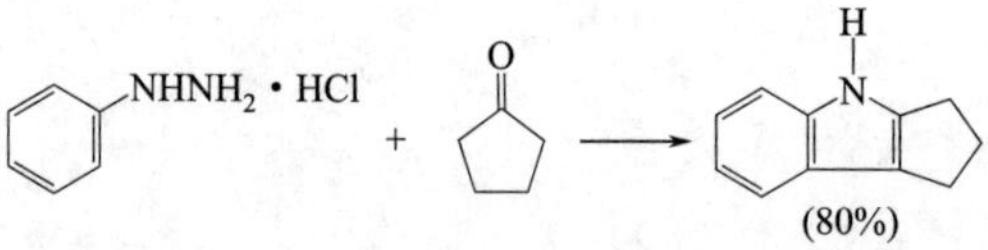

Fornicola H 等利用 Fischer 吲哚合成法成功合成了多环吲哚生物碱 [Fornicola H，Subburaj K，Muntgomery. J Org Lett，2002，4（4）：615]。

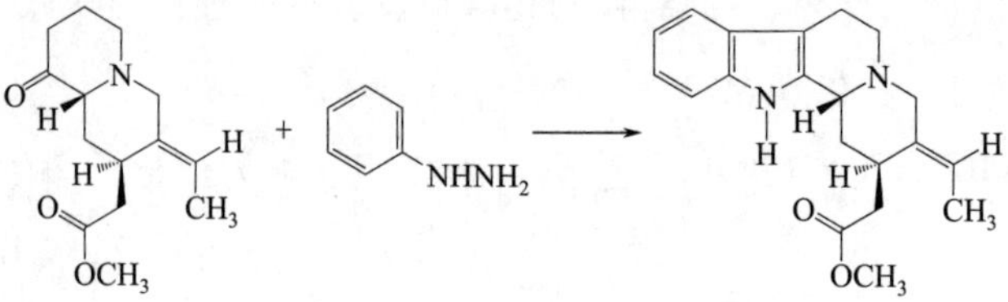

杂环酮与芳香肼生成的腙也可以发生该重排反应。例如：

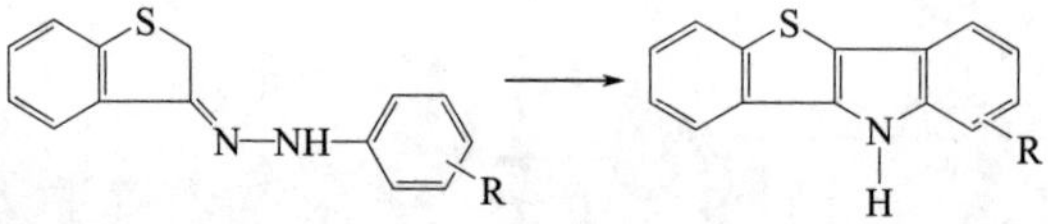

芳环上带有取代基的苯肼与醛、酮生成的腙也可以发生该反应。具有给电子基团的芳香肼生成的腙容易重排，而具有吸电子基团的芳香肼生成的腙重排反应要困难一些。但这种影响并不大。

2,6-二氯苯肼与酮生成的腙重排后其中一个氯原子要移位，一般生成 5，7-二氯吲哚衍生物。

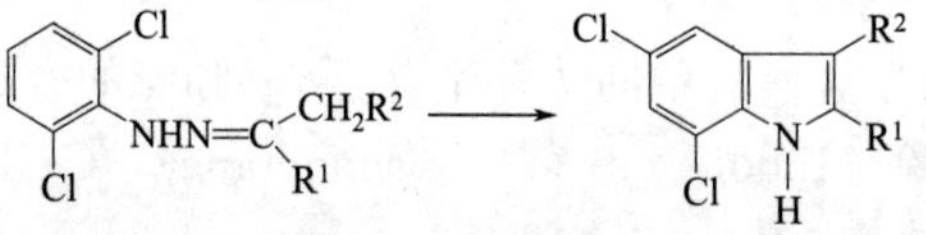

苯乙酮 2,6-二溴苯腙用无水氯化锌作催化剂在硝基苯中回流，生成少量的7-溴-2-苯基吲哚和几乎等量的 5，7-二溴-2-苯基吲哚和 7-溴-5-氯-2-苯基吲哚。

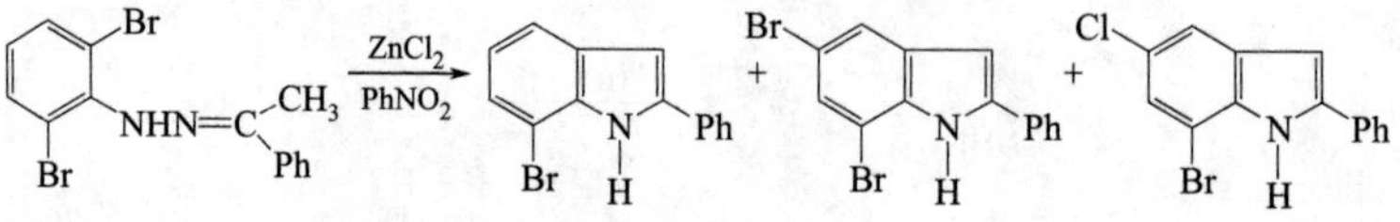

甲基乙基酮、二乙基酮、甲基正丙基酮等的 2,4-二硝基苯腙在硫酸-醋酸中反应，也可以生成吲哚类化合物。

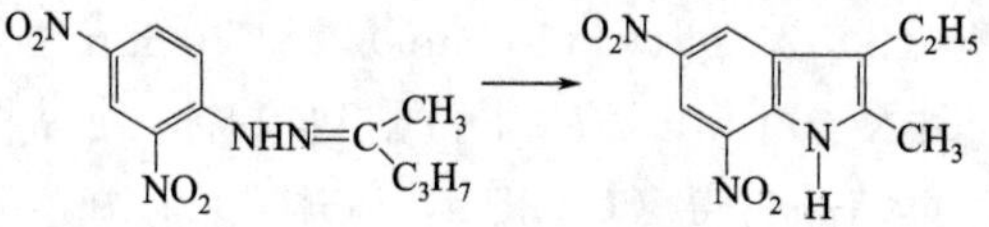

醛、酮与吡啶或喹啉的肼生成的腙也可以发生该重排反应。

反应原料腙一般有两种合成方法，一种方法是醛、酮与芳香肼直接缩合，另一种方法是通过 Japp-Klingemann 腙合成反应来制备。该方法是重氮盐与 β-酮酸酯在碱性或酸性条件下反应生成腙类化合物。例如：

反应机理如下。

反应中的需要的重氮盐可以由相应的芳香胺与亚硝酸钠在酸性条件下低温下反应来制备。

新药开发中间体 2-乙氧羰基-5-(2,6-二氯苄氧基) 吲哚的合成如下。

2-乙氧羰基-5-(2,6-二氯苄氧基) 吲哚 [2-Ethoxycarbonyl-5-(2,6-dichloro-benzyloxyl) indole]，$C_{17}H_{13}Cl_2NO_3$，350.20。固体。不溶于水，溶于乙醇、乙酸乙酯。

制法 张学辉，李行舟，于红，李松. 中国药物化学杂志，2006，16 (4)：236.

(E)-2-[2-[4-(2,6-二氯苄氧基) 苯基] 腙基] 丙酸乙酯 (**3**)：于安有搅拌器、温度计、滴液漏斗的反应瓶中，加入 4-(2,6-二氯苯氧基) 苯胺 (**2**) 6.38 g (23.8 mmol)，10 mL 乙醇，加热溶解。冷却，加入冰水混合物，冰盐浴冷却。剧烈搅拌下加入 4 mol/L 的盐酸 18.6 mL，生成泥浆状物。慢慢滴加由亚硝酸钠 1.47 g 溶于 5 mL 水的溶液，反应放热，控制滴加速度，保持反应体系在 0℃以下。加完后继续搅拌反应 1 h。迅速过滤，滤液冰浴中保存备用。

另于 150 mL 反应瓶中，加入 2-甲基乙酰乙酸乙酯 3.20 g（22 mol），30 mL 乙醇，而后加入醋酸钠 16.4 g 和溶有 0.5 g 氢氧化钾的 2 mL 水溶液，搅拌几分钟后，加入冰，置于冰盐浴中。搅拌下加入上述重氮盐溶液，有红色油状液体生成。室温搅拌反应 2 h。二氯甲烷提取，无水硫酸钠干燥。蒸出溶剂，得粗品（3）。过硅胶柱纯化，石油醚-乙酸乙酯（6∶1）洗脱，得红色固体（3）3.99 g，收率 44%。

2-乙氧羰基-5-（2,6-二氯苄氧基）吲哚（1）：于安有搅拌器、回流冷凝器（安氯化钙干燥管）的反应瓶中，加入化合物（3）3.99 g（12.6 mmol），20 mL 无水乙醇，回流溶解。通入干燥的氯化氢气体，反应放热，前 20 min 剧烈回流。继续通入氯化氢气体 1 h。减压蒸出溶剂，加入水，析出固体。过滤，水洗，干燥，得粗品（1）。过硅胶柱纯化，石油醚-乙酸乙酯（7∶1）洗脱，得化合物（1）2.01 g，收率 53%。

Wagaw S 等（Wagaw S，et al. J Am Chem Soc，1999，121，44：10251）报道，可以用如下方法来合成二苯基腙，由于二苯基腙不会发生 Fischer 重排反应，加入醛或酮后发生交换反应，生成醛、酮的腙，而后再进行 Fischer 重排反应生成吲哚类化合物。

脂肪烃类化合物与芳肼（腙）的 Fischer 吲哚环化也引起了人们的关注。脂肪烃原料易得，价格便宜，可以明显降低成本。Beller 研究了有机钛盐催化的氯代炔烃与烷基腙的反应，得到满意收率的吲哚衍生物（Khedkar V，Tillack A，Michalik K，Beller M. Tetrahydron Lett，2004，45：3123）。

Ackermann 等用 TiCl₄ 和 t-BuNH₂ 催化炔烃与腙的反应，发现反应具有很好的区域选择性（Ackermann L，Born R. Tetrahydron Lett，2004，45：3123）。

　　Fischer 吲哚合成法常用的催化剂有无机酸，如浓盐酸、干燥的氯化氢、硫酸、磷酸、多聚磷酸等；Lewis 酸如三氟化硼、氯化亚酮、氯化锌、四氯化钛等金属卤化物。其中氯化锌最有效；有机酸如甲酸、对甲苯磺酸等。有些反应也可以不使用催化剂。某些过渡金属以及微波辐射也可以促进该反应。某些有机碱也可以作为催化剂，例如 EtONa，NaB（OAc）$_3$H 等。也有在离子液体中进行该反应的报道。

　　在具体反应中，可以不必首先制备腙，而是在反应中将醛或酮与等量的芳香肼在醋酸中加热发生分子间的缩合生成腙、得到的腙不必分离，与催化剂一起直接加热，进行重排、脱氨反应，得到吲哚类化合物，操作简便。对于不同的化合物，反应收率差别很大。在中性高沸点溶剂如乙二醇中加热，通常可以得到比较满意的结果。

　　Fischer 吲哚合成通常有液相法、固相法和液-液两相法。其中液相法最常用。但由于生成的吲哚在酸性条件下的不稳定性，相继出现了液-液两相法和固相法。

　　在下面的反应中，采用液-液两相法合成吲哚类化合物，反应液为不溶于水的 1,2-二氯乙烷和酸性水溶液，反应中生成的吲哚立即进入有机相，脱离了水相的酸性环境，避免了吲哚类化合物的分解。

式中Y=OH、Br、Cl

　　固相法也用于 Fischer 吲哚合成，例如〔Yuan Cheng，Kevin T，et al. Tetrahedron Lett，1997，38（9）：1497〕：

　　固相法与组合化学相结合，避免了液相法溶剂用量大、产物分离、纯化难的麻烦。几种方法各具特点，视具体情况而选择。

　　Fischer 吲哚合成法虽然应用广泛，但收率低、区域选择性低是其两个缺点，其中收率低是长期以来备受关注的问题。收率低当然与生成副产物有关。Fischer 吲哚合成法的主要副产物有如下三种：双吲哚、吲哚啉和聚线性吲哚。如何提高产品收率、提高反应的选择性仍然是该反应的研究内容之一。

三、Benzidine 重排反应(联苯胺重排反应，Zinin 联苯胺重排反应)

　　硝基苯在碱性条件下用锌粉还原生成氢化偶氮苯，氢化偶氮苯类化合物在硫酸作用下发生重排，生成联苯胺类化合物，此反应称为联苯胺（Benzidine）重排。该反应一般重排到原来硝基的对位，若对位已有取代基，则重排到邻位。

　　该类反应是 Zinin N 于 1845 年首先发现的，因此又叫 Zinin 联苯胺重排。

　　若氢化偶氮苯的对位连有一个取代基，重排后生成对氨基二苯胺，此时的反应称为半联苯胺重排（Semidine 重排反应）。

　　关于该反应的反应机理，研究的比较详细，有多种不同的解释。

　　过去曾经认为该反应的反应机理是氢化偶氮苯首先均裂生成两个自由基或异裂生成正、负离子，而后再结合并失去质子，生成联苯胺。

按照上述观点，下面两种不同的氢化偶氮苯在一起进行反应时，应当得到三种不同的联苯胺：

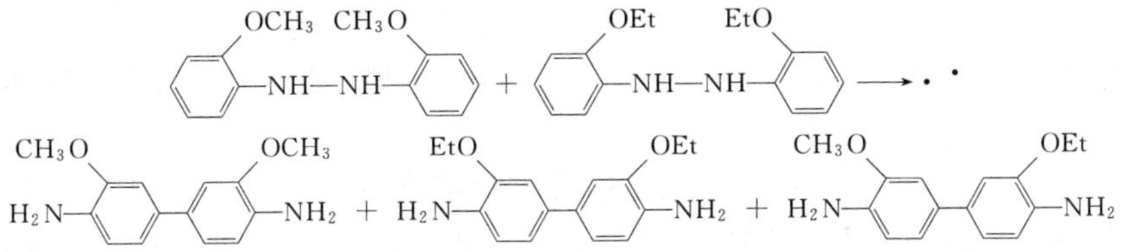

[1]　　　　　　　　　　[2]　　　　　　　　　　[3]

实际上并未得到 [3]，显然，这与氢化偶氮苯分裂为两个独立的部分的设想是矛盾的。反应不是在分子间进行的。

目前普遍接受的观点是重排发生在分子内，属于分子内的重排反应，可能的机理如下：

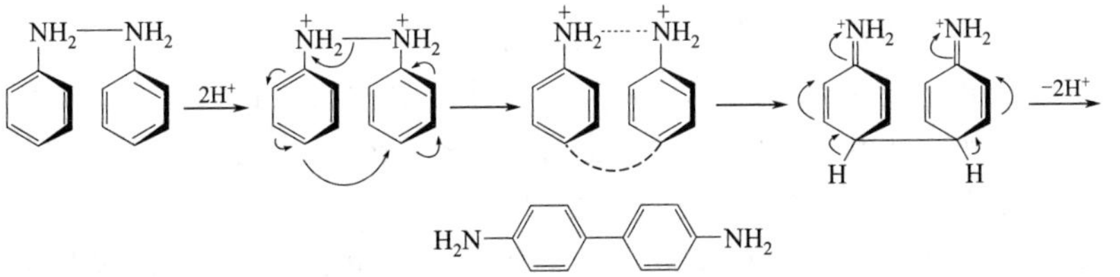

氢化偶氮苯两个氨基的氮原子首先结合两个质子，生成不稳定的双正离子，两个正电荷相互排斥，使得 N-N 键逐渐拉长并开始断裂；同时，由于氨基对位两个碳原子受静电吸引，逐渐接近，形成新的 C-C 键的同时，N-N 键完全断裂，最后生成联苯胺。整个过程是分子内的重排。类似于 [5,5] σ-迁移反应。

动力学研究对重排反应机理的推断是有益的。该重排反应的速率方程的一般形式如下：

$$\frac{-\mathrm{d}[反应物]}{\mathrm{d}t}=k_1[\mathrm{H}^+][反应物]+k_2[\mathrm{H}^+]^2[反应物]$$

对于反应物来说，反应级数是一级，而对于 [H^+]，反应级数随反应物的不同而不同。如反应物是 $CH_2=CH$—〇—$NHNH$—〇—$CH=CH_2$，无论酸性强度的高低，对于 [H^+] 都是一级反应。若反应物是 $t\text{-Bu}$—〇—$NHNH$—〇—$\text{Bu-}t$ 时，对于 [H^+] 都是二级反应。若反应物是 〇—$NHNH$—〇〇 时，对于

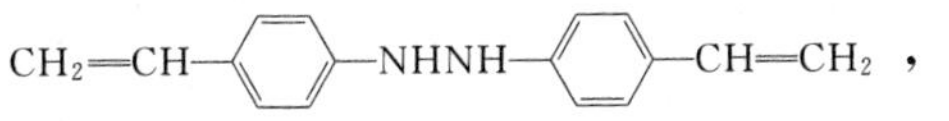

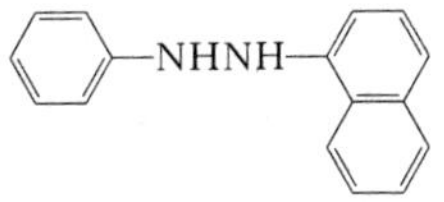

[H^+] 而言，反应级数与介质酸度大小有关，酸度低时对 [H^+] 是一级，酸度高时是二级。中等酸度是两种情况都有，级数出现分数。因此，氢化偶氮化合物的质子化起了非常重要的作用，很可能单质子化和双质子化的氢化偶氮化合物 〇—$\overset{+}{NH_2}NH$—〇 ， 〇—$\overset{+}{NH_2}\overset{+}{NH_2}$—〇 是重排反应中真正的活性中间体。

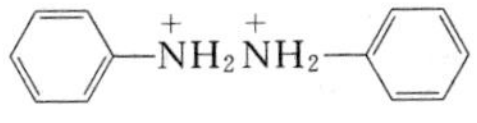

同位素标记法常用于机理研究。以两个氮原子都用^{15}N标记的氢化偶氮苯重排成$4,4'$-二氨基联苯和$2,4'$-二氨基联苯进行研究，结果是动力学同位素效应分别是1.002和1.063，说明在重排反应中N-N键的断裂是决定反应速率的一步反应。两个动力学同位素效应数值不同，则说明在反应过程中，活性中间体不止一个。

用对位以^{14}C标记的氢化偶氮苯作反应物进行重排，$4,4'$-二氨基联苯和$2,4'$-二氨基联苯的同位素效应值分别是1.028和1.001，说明$2,4'$-二氨基联苯基本上没有同位素效应。以上事实说明，在生成$4,4'$-位重排产物的决定速率步骤中，既有N-N键的断裂，同时又有C-C新键的形成；而在生成$2,4'$-位重排产物的决定速率步骤中，只有N-N键的断裂，没有C-C新键的形成。显然，重排反应中生成这两种产物的机理是不相同的。形成$4,4'$-位重排产物是一种协同反应过程。至于$2,4'$-位重排的反应机理仍有不少争议。

对于有些联苯胺重排反应，也可能是自由基型反应机理。

能够发生联苯胺重排反应的化合物是氢化偶氮苯类化合物，当然也包括含有萘环等的化合物。氢化偶氮苯的芳环上可以连有各种取代基，但氨基的邻、对位不能同时都被占领。因为重排不含发生在间位上。

例如合成抗病毒、抗免疫缺乏、抗癌等新药中间体$2,2'$-二磺酸基联苯胺的合成。

$2,2'$-二磺酸基联苯胺 （$4,4'$-Diaminobiphenyl-2，$2'$-disulfonic acid），$C_{12}H_{12}N_2O_6S_2$，344.36。mp>$300℃$。

制法 杨秉勤，郭媛，王云侠.应用化学，2002，19（11）：1118.

于安有搅拌器、温度计、滴液漏斗、回流冷凝器的反应瓶中，加入间硝基苯磺酸钠（**2**）27 g，37%的甲醛水溶液，0.3 g $2,3$-二氯-$1,4$-苯醌，30 mL水，搅拌下于$50\sim55℃$滴加30 g 48%的氢氧化钠溶液，约30 min加完。加完后于$50\sim60℃$搅拌反应30 min，再于$80\sim90℃$搅拌反应1 h，得化合物（**3**）的碱性水溶液。

加入30 g 30%的氢氧化钠水溶液，于$50℃$分批加入葡萄糖24 g，搅拌10 min，再升至$95℃$，搅拌反应5 h，得化合物（**4**）的水溶液。冷至室温，用稀盐酸调至中性，再加入30 mL浓盐酸，充分搅拌后放置10 h。过滤析出的棱柱形结晶，水洗，干燥，得化合物（**1**）14.1 g，总收率 81.5％，mp＞300℃。

　　氢化偶氮苯的制备方法主要是硝基苯的还原和偶氮化合物的还原。芳香族硝基化合物在碱性条件下用锌粉还原可以生成氢化偶氮苯类化合物，例如：

也可以在 Pd 催化剂存在下来还原。

偶氮化合物也可以被锌在碱性条件下还原为氢化偶氮苯类化合物。

（70％）

　　催化氢化、活泼金属以及连二亚硫酸钠是最常用的还原剂。硼烷可以在温和的条件下还原偶氮化合物而不影响分子中的硝基。

　　临床化验试剂 3,3′,5,5′-四甲基联苯胺的合成如下。

　　3,3′,5,5′-四甲基联苯胺（3,3′,5,5′-Tetramethylbenzidine），$C_{16}H_{20}N_2$，240.35。微褐色针状结晶。mp 168～169℃。

　　制法

（**2**）　　　　　　　　　　　　　　　　（**3**）

（**4**）　　　　　　　　　　　　　　　　（**1**）

　　2,2′,6,6′-四甲基偶氮苯（**3**）：于 2 L 烧杯中加入铁氰化钾 90.0 g，12.75 g 氢氧化钠固体，45 mL 蒸馏水。于另一烧杯中加入 2,6-二甲苯胺（**2**）6.0 g，再加入 125 mL1 mol/L 的盐酸，摇匀。将上述两种溶液分别加热至 95～96℃，搅拌下将两种溶液混合，反应剧烈进行，并在液面上形成黑红色焦油状物。加完后继续搅拌反应 5 min。冷却后乙醚提取 4 次。合并乙醚层，用 4 mol/L 的盐酸提取 4 次。弃去水层，乙醚层过滤。滤渣研细后用乙醚浸取，合并乙醚层。水洗 4 次，无水硫酸钠干燥。过滤，减压蒸出乙醚，得暗红色黏稠液体。过硅胶柱纯化，用氯仿-石油醚（1∶4）洗脱，得深红色针状结晶（**3**）0.9 g。

　　2,2′,6,6′-四甲基氢化偶氮苯（**4**）：于安有磁力搅拌器、回流冷凝器的反应瓶中，加入化合物（**3**）0.55 g，乙醚 75 mL，水 75 mL，95%的乙酸 10 mL，氯化铵 3.5 g，90%的锌粉 7.5 g，剧烈搅拌直至颜色褪去。过滤，分出有机层，水层用乙醚提取。合并乙醚层，密闭备用，得化合物（**4**）的乙醚溶液，直接用于下一步反应。

3,3′,5,5′-四甲基联苯胺（**1**）：上述化合物（**4**）的乙醚溶液，冷却下慢慢加入 6 mol/L 的硫酸 75 mL，充分搅拌，析出白色粉末，加完后继续搅拌反应 5 min，使析出完全。抽滤，乙醚洗涤，再用少量乙醇洗涤，得硫酸盐。将其加入 250 mL 乙醚和 250 mL 水中，用氢氧化钠溶液中和至固体完全溶解。分出有机层，水层用乙醚提取。合并乙醚层，无水硫酸钠干燥。蒸出乙醚，得淡褐色粉状结晶。无水乙醇中重结晶，得微褐色针状结晶（**1**），mp 168～169℃。

Park K H 和 Kang J S 发现，如下反应也可以顺利地进行该重排反应（Park K H and Kang J S. J Org Chem，1997，62：3794）。

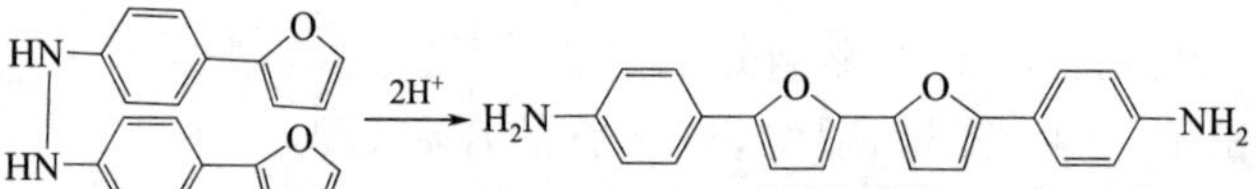

(75%) (**37**)

对于联苯胺重排反应，硫酸、盐酸是常用的催化剂，乙醇是常用的反应溶剂。有时重排反应也可以在醋酸中进行，或在含有氯化氢的苯、甲苯中进行。

在联苯胺重排反应中除了生成正常的联苯胺之外，还可能生成如下四种产物：

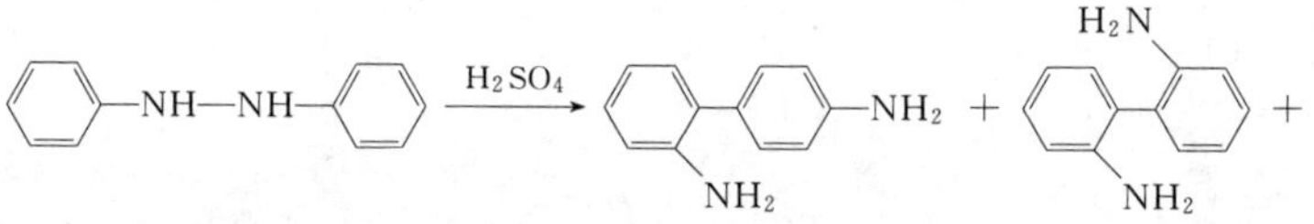

2,4′-二氨基联苯(约 30%)　2,2′-二氨基联苯(约 0.3%)

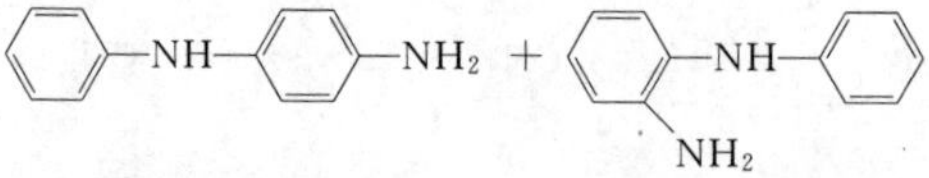

对半联苯胺(约 1%)　　邻半联苯胺(约 0.3%)

在这四种产物中，半联苯胺的生成量很少。但如果芳环上连有吸电子基团时，则半联苯胺的生成量明显增加。半联苯胺重排又叫 Jacobson 重排反应。

若反应物中一个芳环的对位已有取代基，则主要生成半联苯胺。

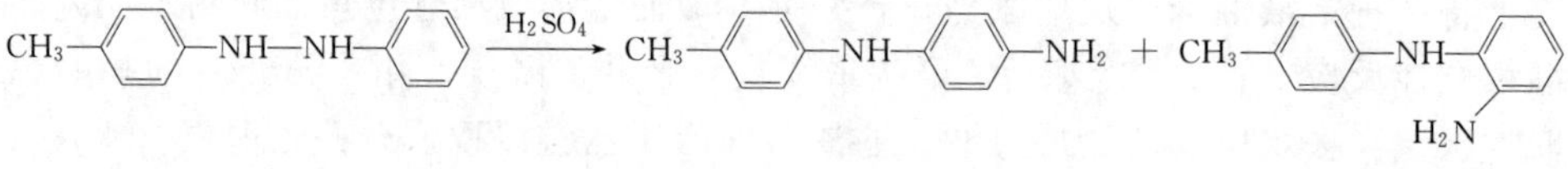

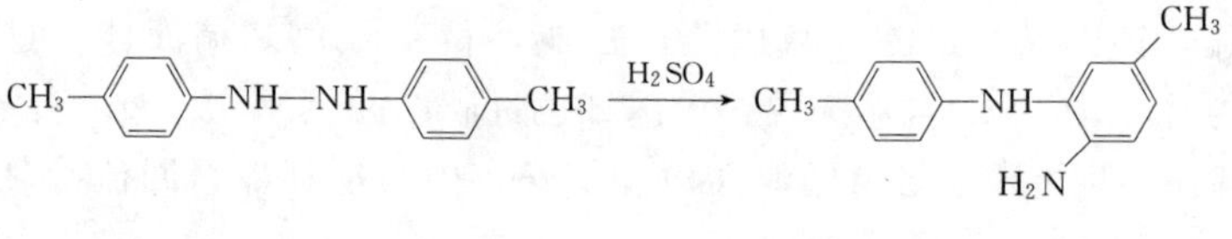

若反应物是不对称的 4,4′-二取代氢化偶氮苯，则重排后生成的产物与取代基的性质有关。生成的产物一般是给电子能力大的基团与—NH_2 处在对位的半联苯胺。例如：

$$CH_3-\!\!\!\bigcirc\!\!\!-NH-NH-\!\!\!\bigcirc\!\!\!-OCH_3 \xrightarrow{H_2SO_4} CH_3-\!\!\!\bigcirc\!\!\!-NH-\!\!\!\bigcirc\!\!\!-OCH_3,\ H_2N$$

若反应物的对位连有—SO_3H、—COOH、—Cl 等基团或原子时，重排过程中这些基团或原子将可能被取代，生成联苯胺。例如：

$$\bigcirc\!-NH-NH-\!\!\!\bigcirc\!\!\!-SO_3H \xrightarrow{H_2SO_4} H_2N-\!\!\!\bigcirc\!\!\!-\bigcirc\!\!\!-NH_2$$

$$\bigcirc\!-NH-NH-\!\!\!\bigcirc\!\!\!-COOH \xrightarrow{H_2SO_4} H_2N-\!\!\!\bigcirc\!\!\!-\bigcirc\!\!\!-NH_2$$

N-取代的氢化偶氮苯也可以发生联苯胺重排反应。例如：

$$\bigcirc\!-NH-\overset{CH_3}{\underset{}{N}}-\bigcirc \xrightarrow{H_2SO_4} H_2N-\!\!\!\bigcirc\!\!\!-\bigcirc\!\!\!-NHCH_3\ +\ H_2N-\!\!\!\bigcirc\!\!\!-\bigcirc\!\!\!-NHCH_3$$

N-乙酰基氢化偶氮苯在无机酸（$HClO_4$）中重排，几乎定量地得到重排产物。

$$\bigcirc\!-\overset{COCH_3}{\underset{}{N}}-NH-\bigcirc \xrightarrow{HClO_4} H_2N-\!\!\!\bigcirc\!\!\!-\bigcirc\!\!\!-NHCOCH_3$$

又如如下反应：

$$\bigcirc\!-\overset{CH_3}{\underset{CH_3}{N}}-\overset{CH_3}{\underset{}{N}}-\bigcirc \xrightarrow{H_2SO_4} CH_3HN-\!\!\!\bigcirc\!\!\!-\bigcirc\!\!\!-NHCH_3$$

二苯并二氮杂环辛烷在 $HCl\text{-}CH_3OH$ 中于 0℃ 反应，重排后得到螺环化合物，这是一种稳定的邻半胺重排反应。

$$\xrightarrow{HCl\text{-}CH_3OH}$$

该类反应除了可能生成多种异构体之外，另一副反应是歧化反应，即部分被氧化，部分被还原。

$$R-\!\!\!\bigcirc\!\!\!-NH-NH-\!\!\!\bigcirc\!\!\!-R \longrightarrow R-\!\!\!\bigcirc\!\!\!-N\!\!=\!\!N-\!\!\!\bigcirc\!\!\!-R\ +\ 2R-\!\!\!\bigcirc\!\!\!-NH_2$$

在有些反应中甚至歧化反应成为主要反应，例如：

$$Ph-\text{C}_6\text{H}_4-NH-NH-\text{C}_6\text{H}_4-Ph \xrightarrow{H^+} \begin{cases} Ph-\text{C}_6\text{H}_4-N=N-\text{C}_6\text{H}_4-Ph \\ + \\ 2\ Ph-\text{C}_6\text{H}_4-NH_2 \end{cases} + Ph-\text{C}_6\text{H}_4-NH-\text{C}_6\text{H}_3(NH_2)(Ph)$$

(75%)   (25%)

萘的类似物也可以发生该重排反应。例如，2,2′-氢化偶氮萘重排后生成 2,2′-二氨基-1,1′-联萘。在有些情况下还会生成二苯并咔唑。2,2′-二氨基-1,1′-联萘是合成具有 C2 对称因素的手性试剂和手性催化剂的重要前体，其光学活性异构体及其衍生物在不对称合成中有广泛的应用。其一种合成方法如下。

2,2′-二氨基-1,1′-联萘（2,2′-Diamino-1,1′-binaphthyl），$C_{20}H_{16}N_2$，284.36。白色结晶，mp 186~188℃。

制法 Shine H J，et al，J Am Chem Soc，1985，107（11）：3218.

于安有搅拌器、温度计、通气导管的反应瓶中，加入 2,2′-氢化偶氮萘（**2**）1.136 g（0.004 mol），70%的二氧六环水溶液 500 mL，冷至 0℃。另外由高氯酸锂 21.2 g（0.199 mol），71%的高氯酸 0.142 g（0.001 mol）和 500 mL 70% 的二氧六环水溶液混合，配制成溶液，并冷却至 0℃。冰浴冷却，剧烈搅拌下将两种溶液迅速混合，通入无氧氮气。几分钟后，抽出 200 mL，于反应溶液氮气保护下于 0℃反应 24 h 可以 100%地转化。反应瓶中的溶液反应一定时间后，由于转化率低，加入 40%的氢氧化钠溶液调至碱性以淬灭反应。碱性溶液中的未反应的化合物（**2**），鼓泡通入氧气进行氧化 4~5 h，生成化合物（**3**）。根据分离的产物计算转化率。

将上述氧化溶液于室温下旋转浓缩至干，剩余物用苯提取。苯溶液用 10% 的盐酸提取，水层用氨水中和，过滤，水洗，干燥，得粗品化合物（**1**），mp 190~191℃。苯层室温浓缩至干，剩余物溶于最少量的 95%的热乙醇中，冷却，过滤，得化合物（**3**）。乙醇母液浓缩至干，得暗棕色固体。将此固体溶于乙醚，滤去不溶物，乙醚溶液浓缩至干，剩余物为（**1**）与（**3**）的混合物，通过柱层析可以分离，化合物（**3**）mp 153~155℃。总收率 97%~99%。

也可以用如下方法来合成（谭端明，吴建安，汪波，徐尊乐. 有机化学，2001，21：64）。

该化合物具有手性，两种异构体的结构如下。

(R)　　　　　　(S)

N-2-萘基-N'-苯基肼重排后则生成如下化合物。

四苯基肼很容易生成二苯胺基自由基，却不能发生该重排。在浓硫酸中会慢慢生成 p,p'-二苯氨基联苯。在稀硫酸中则生成二苯胺和二苯基羟胺。

Nozoe T 等发现，草酚酮与芳基生成的氢化偶氮化合物在酸性条件下也很容易的进行该重排反应（Nozoe T，et al. Chem Lett，1986：1577）。

参考文献

［1］ 孙昌俊等. 重排反应原理与应用. 北京：化学工业出版社.

［2］ 孙昌俊，曹晓冉，王秀菊. 药物合成反应——理论与实践. 北京：化学工业出版社，2007.

［3］ Micheal B. Smith, Jerry March. March 高等有机化学——反应、机理与结构. 李艳梅译. 北京：化学工业出版社，2010.

［4］ 闻韧. 药物合成反应. 第二版. 北京：化学工业出版社，2003.

［5］ Jie Jack Li. Name Reactions. Third Expanded Edition. New York：Springer Berlin Heideberg, 2006.

［6］ 陈仲强，陈虹. 现代药物的制备与合成：第一卷. 北京：化学工业出版社，2008.

［7］ 陈芬儿. 有机药物合成法：第一卷. 北京：中国医药科技出版社，1999.

［8］ 金寄春. 重排反应. 北京：高等教育出版社，1990.

［9］ 杜汝励. 分子重排反应. 北京：人民教育出版社，1981.

［10］ 黄宪，王彦广，陈振初. 新编有机合成化学. 北京：化学工业出版社，2003.

［11］ 黄培强. 有机人名反应、试剂及规则. 北京：化学工业出版社，2007.

化合物名称索引